全国高职高专院校装备制造大类专业规划教材
“互联网+”新形态信息化教材

液压与气动技术

徐春荣　李海荣　主编

天津大学出版社
TIANJIN UNIVERSITY PRESS

图书在版编目（CIP）数据

液压与气动技术 / 徐春荣，李海荣主编. -- 天津 ： 天津大学出版社，2025. 5. --（全国高职高专院校装备制造大类专业规划教材）（“互联网+”新形态信息化教材）. -- ISBN 978-7-5618-8020-3

Ⅰ. TH137；TH138

中国国家版本馆CIP数据核字第2025EW9281号

出版发行	天津大学出版社
地　　址	天津市卫津路92号天津大学内（邮编：300072）
电　　话	发行部：022-27403647
网　　址	www.tjupress.com.cn
印　　刷	河北鑫彩博图印刷有限公司
经　　销	全国各地新华书店
开　　本	787mm×1092mm　1/16
印　　张	14.5
字　　数	362千
版　　次	2025年5月第1版
印　　次	2025年5月第1次
定　　价	46.00元

本书编写委员会

主　编　徐春荣　李海荣

副主编　郭　晓　刘　莹

单臣玉　郭风忠

前言

Preface

本书为全国高职高专院校装备制造大类规划教材，根据多年教学经验和教改实践编写而成。本书以培养现代装备制造业急需的高素质技术技能人才为目标，深入贯彻“产教融合、理实一体”的职业教育理念，立足液压与气动技术的工程实践应用，构建“理论够用、实践为重、技能递进”的课程体系，助力学生掌握液压与气动系统的核心技术与操作技能。

随着智能制造、工业自动化的快速发展，液压与气动技术作为工业领域的核心支撑技术，广泛应用于工程机械、智能装备、生产流水线等场景。本书深度对接装备制造、机械加工、自动化控制等行业岗位需求，引入企业真实案例与典型设备，将工业双泵液压站、气动机械手等实际工业场景转化为学习项目，且每个项目均参照企业生产流程设计，让学生在解决实际问题的过程中，熟悉行业标准与操作规范。

本书以“做中学、学中做”为指导思想，采用“项目化任务驱动”模式，将全书内容整合为8个项目共25个任务。其中，理论知识以“必需、够用”为度，重点讲解液压泵与液压缸的工作原理、压力控制与速度控制回路的搭建方法、气动元件的选型与调试技巧等核心内容，并通过“动动脑”“动动手”等版块引导学生主动思考；实践环节紧密围绕真实设备展开，让学生在实训中掌握管路连接、参数调节、故障排查等技能。

本书高度重视职业素养与工匠精神的培养，每个项目均设置“任务验收考核”环节，涵盖基础知识、操作规范、团队协作、安全意识等方面；同时，融入“大国工匠”案例，如徐立平、张帅坤等工匠事迹，培养学生精益求精、爱岗敬业的职业精神。

本书内容从基础入门到综合应用循序渐进，项目1以液压千斤顶为载体，帮助学生理解液压传动的基本原理；项目2~项目8层层递进，逐步引入汽车起重机、组合机床、压力机等复杂系统，解析液压与气动系统的设计、安装和调试方法；每个任务均配备清晰的原理图、实物图与操作步骤，并通过“知识拓展”“善思问道”等版块拓宽学生视野。

本书可作为高职院校机械制造、机电一体化、工业自动化等专业的教材，也可作为工业领域从业人员的岗位培训教材。本书通过理论与实践的深度融合，助力学生掌握液压与气动技术的核心技能，成为能胜任设备安装、系统调试、维护维修等岗位的高素质技术技能人才。

校企合作企业宁夏点享企业管理咨询有限公司机械制造高级工程师郭风忠参与了本书的编写，在此表示感谢。

由于编者水平有限，书中难免有不妥之处，欢迎广大读者和同行专家批评指正。

编者

2025 年 5 月

目录

Contents

项目 1

液压传动基础知识

学习导读

在生活中，当汽车轮胎损坏后，人们可以使用液压千斤顶将汽车支撑起来，从而替换汽车轮胎。那么，你知道液压千斤顶是如何工作的吗？为何依靠小小的液压千斤顶，一个普通人的力量就可以抬起几吨重的汽车呢？

其实，液压千斤顶之所以能以小博大，是因为它应用了液压传动原理。液压传动技术在我们的日常生活和生产中应用非常广泛，如挖掘机利用液压系统完成铲斗的各种抓取动作（图 1-1（a））、汽车利用液压系统完成方向盘的转向助力（图 1-1（b））、飞机利用液压系统完成起落架的启闭动作（图 1-1（c））等。

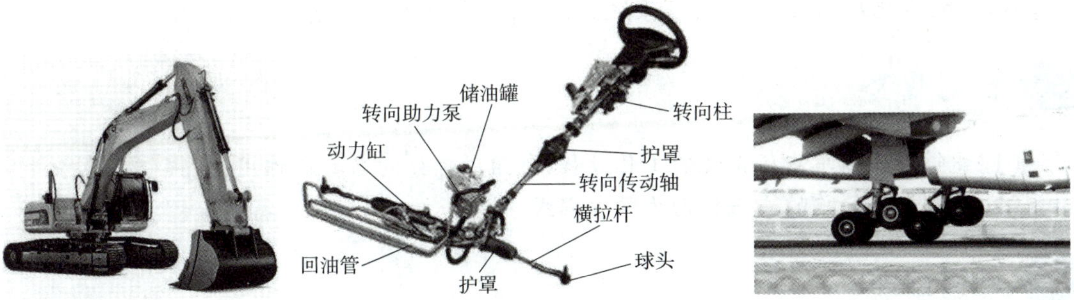

（a）挖掘机　（b）汽车方向盘　（c）飞机起落架

图 1-1　液压系统使用场景

项目描述

本项目以液压千斤顶这一结构相对简单的液压设备为载体，通过分析其工作过程和结构组成，以及在液压实训台上搭建并调试液压千斤顶的模拟液压系统，帮助学生理解液压传动的基本原理，了解液压传动涉及的一些基本概念和常用参数，掌握液压传动力学基础知识，正确、合理地选用液压油。液压千斤顶实物图如图 1-2 所示。

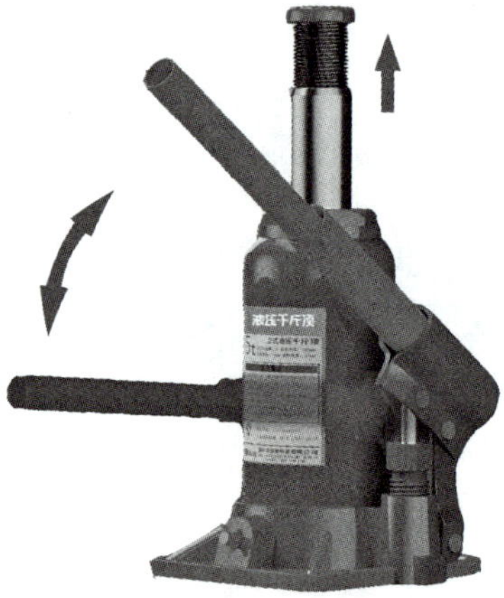

图 1-2　液压千斤顶实物图

任务 1.1　认识液压千斤顶

任务发布

要认识液压系统，必须从具体实例入手，解析液压系统的工作过程。本任务通过深入观察液压千斤顶的工作过程并进行操作，探讨液压系统是如何实现执行装置动作要求和进行能量转换的；在此基础上，总结液压系统的组成，熟悉液压系统的特点及应用。

任务要求

（1）能够说出简单液压系统的工作过程、各组成部分的名称及作用；

（2）能够计算简单的液压传动力学方程式。

任务目标

1. 知识目标

（1）掌握液压系统的基本工作原理；

（2）了解液压系统的组成及各部分的作用；

（3）了解液压传动的优缺点；

（4）掌握液压传动力学基础知识。

2. 能力目标

（1）能够说出液压传动的应用场合；

（2）能够说出简单液压系统的工作过程、各组成部分的名称及作用；

（3）能够运用液体静力学基本方程求液体的压力，并知道压力的变化规律。

3. 素养目标

（1）培养学生理论结合实际的能力；

（2）培养学生对专业的热爱及兴趣；

（3）培养学生良好的职业道德修养。

1.1.1　认识液压千斤顶的工作过程

液压千斤顶是日常生活中经常用到的一种重物举升工具和设备，其因为结构紧凑，轻巧便捷，工作平稳，且具有自锁作用，故使用广泛，一般用于支撑小汽车、石块等重物。图 1-1-1 所示为液压千斤顶的剖视图和结构原理图。下面通过分析液压千斤顶的工作过程，揭示液压传动的工作原理及其本质。

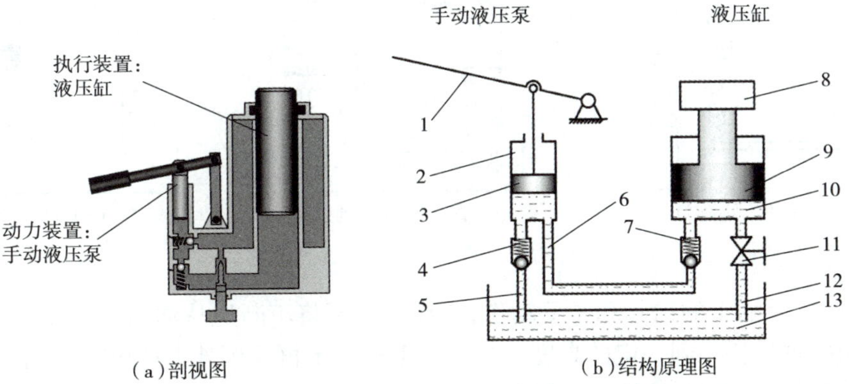

图 1-1-1　液压千斤顶的剖视图和结构原理图

1—杠杆手柄；2—小活塞缸；3—小活塞；4、7—单向阀；5、6、12—油管；8—重物；9—大活塞；10—大活塞缸；11—截止阀；13—油箱

液压千斤顶利用液压传动的基本原理，以手动液压泵为动力装置，以液压缸为执行装置，通过其中的液压系统放大人的手臂所提供的作用力，从而完成重物的抬升动作。

1. 液压千斤顶的工作过程分析

由图 1-1-1（b）可以看出，液压千斤顶主要由液压缸、手动液压泵、油箱、控制阀等组成。其中，大活塞 9 和大活塞缸 10 组成液压缸；杠杆手柄 1、小活塞缸 2、小活塞 3、单向阀 4 和 7 组成手动液压泵；油箱 13 和油管 5、6、12 以及其他阀组组成工作回路。在系统中，活塞和缸体之间既能保持良好的配合关系，又能实现可靠的密封。下面通过对液压千斤顶工作过程的分析，初步了解液压系统的基本工作原理。

微课　液压千斤顶的工作原理

1)初始状态

如图 1-1-1(b)所示,在初始状态下,杠杆手柄未受外力,单向阀 4 和 7 在弹簧力作用下处于关闭状态,截止阀 11 也处于关闭状态,此时系统中的液压油无法流动,因此整个系统处于静止状态。

2)手动液压泵吸油过程

如图 1-1-2(a)所示,当杠杆手柄 1 向上抬起时,带动小活塞 3 向上运动。因为两缸体形成的连通空间为封闭空间,所以当小活塞 3 向上运动时,小活塞下腔密封容积增大,形成局部真空,使单向阀 4 打开,单向阀 7 关闭,在大气压力的作用下,油箱 13 中的液压油被吸入小液压缸中。

3)手动液压泵压油过程

如图 1-1-2(b)所示,当杠杆手柄 1 压下时,小活塞 3 下腔密封容积减小,油压升高,使单向阀 4 关闭,单向阀 7 打开,小活塞缸中的液压油被压入大活塞缸中,被压入大活塞缸中的液压油将大活塞 9 顶起,并顶起重物。

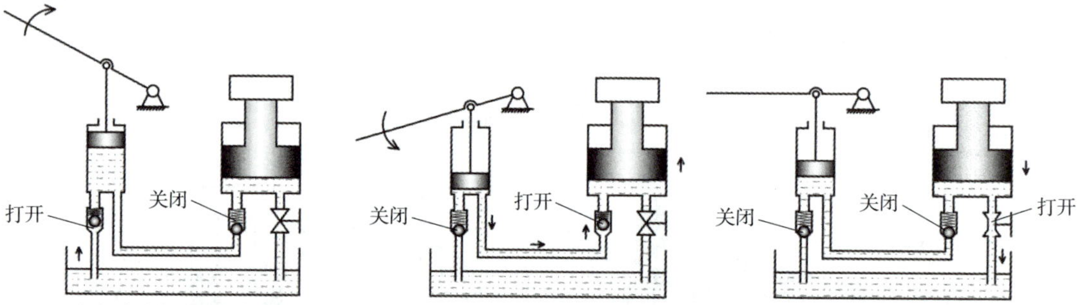

(a)手动液压泵吸油过程　(b)手动液压泵压油过程　(c)复位过程

图 1-1-2　液压千斤顶的工作过程

重复杠杆手柄 1 的抬起和压下动作,手动液压泵将不断地从油箱中吸油并压入大活塞缸中,从而把重物托举到一定的高度。当杠杆手柄 1 不再受到外力作用时,大活塞 9 也不会因为重物的作用而下降,此即为液压千斤顶的自锁作用。

4)复位过程

当液压千斤顶使用完成后,需要对其进行复位和收纳,这时只需打开截止阀 11(图 1-1-2(c)),大活塞 9 可以在自重和外力作用下实现回程,大活塞缸中的液压油会经截止阀 11 流回油箱,从而实现液压千斤顶的复位动作。

2. 液压传动的工作原理及其本质

通过液压千斤顶工作过程的分析可知,液压传动是利用液压油作为工作介质传递运动和动力的一种传动方式。当压下杠杆手柄 1 时,小活塞 3 输出压力油,即将机械能转换成液压油的压力能;压力油经过管道 6 及单向阀 7,推动大活塞 9 举起重物,又将液压油的压力能转换成机械能。由此可见,液压传动的工作原理是以受压液体为工作介质,通过液压元件密封容积的变化传递运动,并通过系统内部受压液体的压力传递动力。液压系统可以通过对受压液体的压力、流量和方向的控制与调节来满足工作部件在力、速度和方向上的要求。

液压装置在本质上是一种能量转换装置，它实现了机械能—液压能—机械能的转换过程。液压传动工作的条件是必须在密闭容器内进行，并且空间容积要发生周期性变化。

1.1.2　认识液压系统的组成与特点

1. 液压系统的组成

在液压传动中，将由零件组成并完成特定功能的组件称为元件，如液压缸、液压泵和控制阀等；将由元件组成并完成特定功能的典型环节称为回路，如方向控制回路、压力控制回路、速度控制回路等；将控制回路与执行机构协同工作完成特定功能的组合称为系统。

下面通过分析液压千斤顶液压系统各部分的作用（表 1-1-1），总结一般液压系统的组成。

表 1-1-1　液压千斤顶液压系统各部分的作用

序号	零件名称	组成元件名称	作用
1	杠杆手柄	手动液压泵	能量转换装置，将机械能转换为液体的压力能
2	小活塞		
3	小活塞缸		
4	大活塞	液压缸	能量转换装置，将液体的压力能转换为机械能
5	大活塞缸		
6	单向阀	控制阀	控制液压系统中液体流动的方向和通断
7	截止阀		
8	油管	其他元件	用以输送液体、储存液体等，保证系统可靠、稳定地工作
9	油箱		
10	液压油	工作介质	传递能量

通过以上分析可以看出，一个完整的液压系统一般由以下五部分组成。

（1）动力元件：将原动机输入的机械能转换成液体的压力能的元件，液压系统中的动力元件是液压泵，常见液压泵的结构形式有齿轮泵、叶片泵、柱塞泵、螺杆泵。

（2）执行元件：将液体的压力能转换成机械能的元件，其作用是驱动负载做直线往复运动或回转运动，常见的液压执行元件有液压缸和液压马达。

（3）控制元件（即各种液压阀）：在液压系统中控制和调节液体的压力、流量和方向的元件。根据控制功能的不同，液压阀可分为压力控制阀、流量控制阀和方向控制阀。

（4）辅助元件：包括蓄能器、过滤器、冷却器、加热器、油管、管接头、油箱、压力计、流量计、密封装置等，具有连接、储油、过滤和测量油液压力等辅助作用。

（5）工作介质：液压系统中传递运动和动力的液压油。

2. 液压系统的表达

图 1-1-1 是用结构示意图表示的液压系统的工作原理图，但在实际工作中，除少数特殊情况外，一般都采用《流体传动系统及元件 图形符号和回路图 第 1 部分：图形符号》

（GB/T 786.1—2021）所规定的液压图形符号来绘制液压系统。

通常用国家标准图形符号表达的液压千斤顶系统如图 1-1-3 所示。

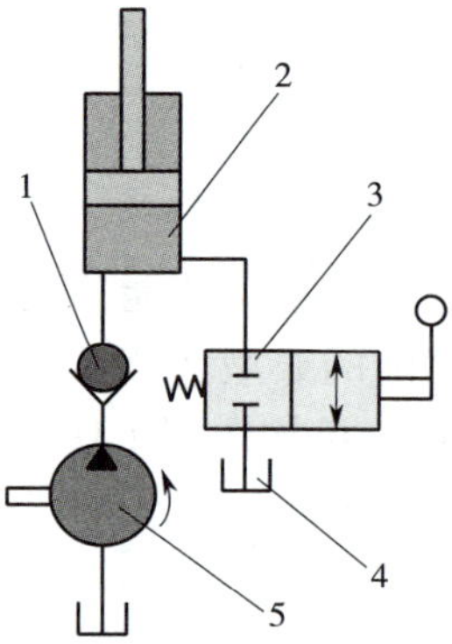

图 1-1-3　液压千斤顶图形符号表达图

1—单向阀；2—液压缸；3—二位二通换向阀；4—油箱；5—液压泵

用图形符号表达各液压元件时，需注意以下几点：

（1）图形符号只表示元件的职能及连接系统的通路，不表示元件的具体结构和参数，也不表示元件在系统中的实际安装位置；

（2）图形符号中油液流动方向用箭头表示，通常换向阀中的箭头只表示油口的连通状态，并不表示实际流动方向；

（3）图形符号均以元件的静止位置或零位表示，当系统的动作另有说明时，可作例外处理。

3. 液压系统的特点及应用

1）液压传动的优点

（1）布局、安装方便灵活。由于液压系统由油管连接，所以借助油管的连接可以方便灵活地布置传动机构，这也是液压传动比机械传动优越的地方。

慕课　液压系统的特点及应用

（2）体积小，输出力大，易实现低速重载运动。在同等功率情况下，液压装置体积小，重量轻，结构紧凑。例如，相同功率的液压马达的重量只有电动机的 10%。

（3）便于实现过载保护，使用安全可靠。液压系统设置了溢流阀，当液压系统的压力超过设定压力时，溢流阀阀芯将打开，液压油经溢流阀流回油箱，从而确保液压系统的压力不会超过设定压力；同时，由于各种元件的运动都在油液中完成，能够自润滑，故元件使用寿命较长。

（4）易于调整输出力和输出速度。只要调整压力控制阀即可轻易调整液压装置输出力。在液压系统中，借助于流量阀或变量泵、变量电机，可以实现无级调速，且调速范围大，可达 1∶2 000，并可在液压装置运行的过程中进行实时调速。

（5）工作性能好。液压装置工作平稳，反应速度快，冲击小，能够快速启动、停止，频繁换向。

（6）易于实现自动化控制。液压控制阀操作简单方便，特别是机、电、液配合使用时，能很容易地实现复杂的自动循环工作。

（7）液压元件已实现标准化、系列化和通用化，便于设计、制造、维修和推广使用。

2）液压传动的缺点

（1）不能保证严格的传动比。液压系统中，液压油的泄漏和可压缩性会影响执行元件运行的精确性。

（2）能量损失较大。液压系统是将机械能转换为液体的压力能，再把液体的压力能转换为机械能来做功，能量经两次转换损失较大，故其能源使用效率比传统机械低很多。

（3）液压传动性能对温度敏感。由于油温变化会影响液压油的黏度，进而影响液压系统的工作稳定性，因此不宜在温度很高或很低、温度变化很大的情况下工作。

（4）液压元件的制造成本较高。为了防止液压系统的内外泄漏损耗，对液压元件的加工精度要求较高，加工工艺较为复杂。

（5）液压控制元件的运动、油液的流动基本在密闭环境中进行，故液压系统出现故障时难以直观发现，故障诊断较困难，要求维修人员有较强的系统分析能力与故障排查能力。

（6）易造成环境污染。密封不良会造成液压油外泄，污染工作场所，还有引起火灾的危险。另外，在高压、高速的情况下，液压传动通常会产生较大的噪声污染。

动动脑：

认真想想，生活中常见的运用液压传动的场所有哪些？

3）液压传动的应用

液压技术与气动、机械、电气和电子技术互相补充，已发展成为实现生产过程自动化的一个重要手段，在机械工业、冶金工业、轻纺工业、食品工业、化工、交通运输、航空航天、国防建设等各个部门得到广泛的应用。由于液压技术有许多突出优点，从民用到国防，从一般传动到精确度很高的控制系统，液压技术都得到了广泛的应用，常用在国防工业中，如飞机、坦克、导弹等；在机床工业中，如磨床、铣床、组合机床等；在冶金工业中，如电炉控制系统、平炉装料、转炉控制等；在工程机械中，如挖掘机、汽车起重机、平地机、压路机等；在农业机械中，如联合收割机、拖拉机等；在锻压机械中，如压力机、模锻机、空气锤等；在汽车工业中，如液压自卸式汽车、液压高空作业车、消防车等。

1.1.3　液压传动力学基础知识

由液压千斤顶的工作性能可知，它可以以较小的力举起很重的物体，那么液压千斤顶中的压力是怎样产生的呢？为什么它可以在输入较小的力的情况下获得较大的输出力呢？下面将全面解析液压系统中压力的形成过程，并介绍压力的表达方式及帕斯卡原理。

1. 液体静力学基础

液体静力学研究的是静止液体的力学性质。所谓静止，是指液体内部质点之间没有相对运动，液体中的任意部分都是受力平衡的。

1)液体静压力及其特性

静止液体在单位面积上受到的法向力称为静压力，静压力在物理学中被称为压强，在液压传动中则简称“压力”，用符号 p 表示，即

$$p=\frac{F}{A} \tag{1-1-1}$$

式中　A——液体有效作用面积(m^2);

F——液体有效作用面积 A 上所受到的法向力(N)。

我国计量压力采用的法定计量单位为 Pa(帕斯卡，简称“帕”)，由于此单位很小，液压技术中习惯用其倍数单位 MPa(兆帕)。

液体静压力具有以下两个重要特性:

(1)液体静压力垂直于承压面，其方向和该面的内法线方向一致;

(2)静止液体内任一点所受到的压力在各个方向上都相等。

动动手:

根据液体静压力的两个特性，动手画出其示意图。

2)液压系统中压力的表示方法

液压系统中的压力通常有绝对压力、相对压力(表压力)、真空度三种表示方法。

因为在地球表面上一切物体都受到大气压力的作用，而且是自成平衡的，所以在实际的压力测量中有两种测量基准:第一种以绝对真空为基准;第二种以大气压力为基准。根据测量基准的不同，可以得到三种压力表示方法的定义。

(1)绝对压力(p_{abs})，即以绝对真空为基准零值测得的压力。

(2)相对压力，即以大气压力(p_{at})为基准零值时测得的压力，这也是大多数压力表测得的压力，因此也称为表压力。如不特别指明，液压、气压传动中提到的压力均为表压力。

(3)真空度。当绝对压力低于大气压力时，习惯上称为出现真空，因此某点的绝对压力比大气压力小的那部分数值称为该点的真空度。

绝对压力、相对压力和真空度的关系如图 1-1-4 所示。

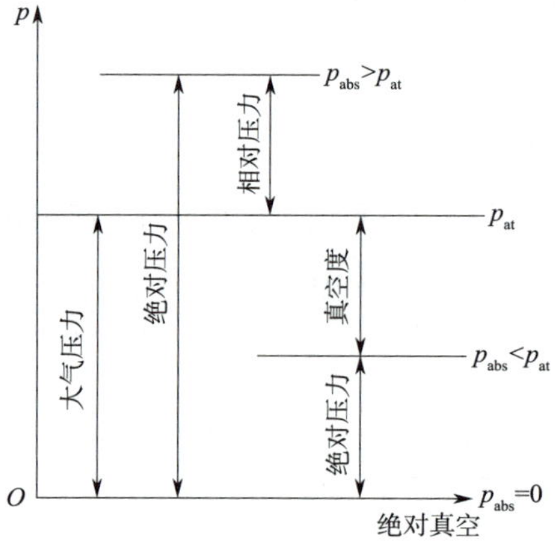

图 1-1-4　绝对压力、相对压力和真空度的关系

3）液体静力学基本方程

根据液体静压力的定义，可求得液体表面以下任一深度 h 处的压力。在重力作用下的静止液体的受力情况如图 1-1-5（a）所示，为求 A 处液体的压力大小，可假想其中有如图 1-1-5（b）所示的一个高度为 h、底面积为 ΔA 的微小液柱，其上表面的压力为 p_0，下表面的压力为 p。由于该微小液柱处于静止状态，故其在垂直方向上的力的平衡关系为

$$p\Delta A = p_0\Delta A + \rho gh\Delta A \tag{1-1-2}$$

式中　ρ——液体的密度（kg/m³），则 $\rho gh\Delta A$ 为该微小液柱的重力。

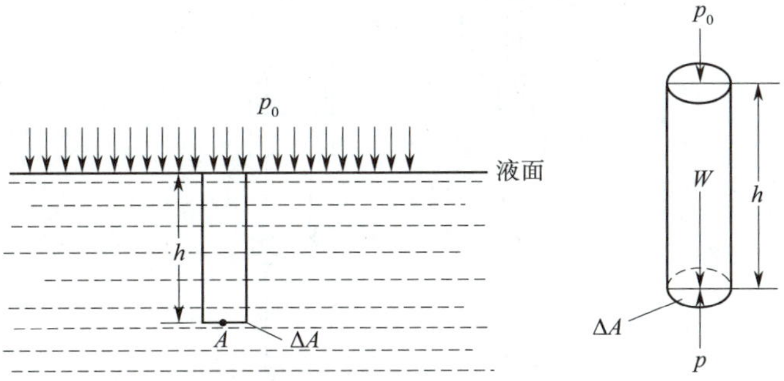

（a）受力情况　（b）微小液柱

图 1-1-5　重力作用下静止液体的受力情况

化简式（1-1-2），可得

$$p = p_0 + \rho gh \tag{1-1-3}$$

式（1-1-3）称为液体静力学基本方程。根据式（1-1-3）可得出以下结论。

（1）静止液体内任一点的压力由两部分组成：一部分是液体上表面上的外压力 p_0；另一部分是液体自重对该点的压力 ρgh。

（2）静止液体内的压力随着深度 h 增大而线性增大。

（3）在连通器里，只要静止液体的深度 h 相同，其压力就相等。由压力相等的点组成的面称为等压面，等压面通常与重力方向垂直，且在均匀静止的液体中是水平面。

（4）在液压系统中，通常由外力产生的压力是很大的，而液压系统的安装高度 h 一般不超过 10 m，所以由液体重力产生的压力 ρgh 相对来说是极小的，常可忽略不计，从而可近似认为整个液体内部的压力是相等的。

4）静压力的传递——帕斯卡原理

由液体静力学基本方程可知，对于密封容器内的静止液体，当液体表面所受压力 p_0 发生变化时，容器内任一点的压力将发生同样大小的变化。也就是说，在密封容器内施加于静止液体内任一点的压力可以等值地传到液体内部各点，这就是帕斯卡原理或静压传递原理。

根据帕斯卡原理和静压力的特性可知，液压传动不仅可以进行力的传递，而且还能将力放大和改变力的方向。

如图 1-1-6 所示为帕斯卡原理的应用。其中，右侧小液压缸的截面面积为 A_1，左侧大液压缸的截面面积为 A_2，两个活塞受到的外作用力分别为 F_1、F_2，则两个液压缸中的压力可表示为 $p_1=F_1/A_1$、$p_2=F_2/A_2$。由于两个液压缸相互连通而构成密闭容器，根据帕斯卡定理有

$p_1=p_2$，由此可知：

$$F_2=\frac{A_2}{A_1}F_1 \quad (1\text{-}1\text{-}4)$$

由式（1-1-4）可知，由于 $A_2/A_1>1$，所以用较小的力 F_1 就可以产生很大的力 F_2。液压千斤顶和水压机就是根据此原理制成的。

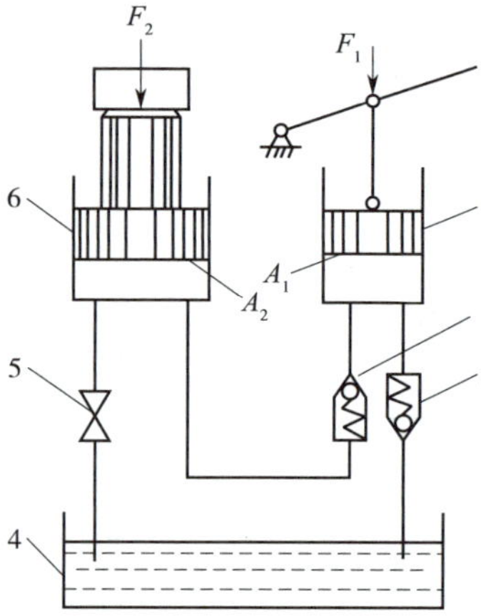

图 1-1-6　帕斯卡原理的应用

1—小液压缸；2—排油单向阀；3—吸油单向阀；4—油箱；5—截止阀；6—大液压缸

另外，如果大液压缸的活塞上没有负载，即 $F_2=0$，则当略去活塞重量及其他阻力时，不论怎样推动小活塞都不能在液体中形成压力（此时液体压力 $p=0$）。这就说明了一个很重要的液压性质，即在液压传动中，负载决定工作压力，而与流入的流体多少无关。

2. 液体动力学基础

液体动力学研究的是液体运动和引起运动的原因，即研究液体流动时的速度和压力变化规律。

1）流量与平均流速

液体在管道中流动时，垂直于流动方向的截面称为通流截面。在单位时间内流过某一通流截面的液体体积称为流量，用符号 q 表示，即

$$q=\frac{V}{t} \quad (1\text{-}1\text{-}5)$$

式中　V——液体通过通流截面的体积（m^3）；

t——液体通过通流截面的时间（s）；

q——流量（m^3/s）。

流量的国际单位为 m^3/s，常用单位为 L/min，它们之间的换算关系为 $1\ m^3/s=6\times10^4$ L/min。

在实际液体流动中，由于黏性摩擦力的作用，通流截面上流速的分布规律难以确定，流速计算比较困难。为了方便计算，引入平均流速的概念，即假定液体在通流截面上各点的流速均匀分布，用符号 v 表示。流量和平均流速的关系为

$$v=\frac{q}{A} \quad (1\text{-}1\text{-}6)$$

式中　v——液体的平均流速(m/s);

A——液体通过通流截面的面积(m^2);

q——流量(m^3/s)。

由式(1-1-6)可知,液压系统运动速度的大小取决于流量的大小,而与系统压力大小无关。

在液压系统中,压力 p 和流量 q 是流体传动中最基本、最重要的两个参数,它们相当于机械传动中的力和速度,它们的乘积即为功率,用符号 P 表示,即

$$P = pq \tag{1-1-7}$$

雷诺实验证明液体的流动状态有层流和紊流两种,如图 1-1-7 所示。层流时,液体的质点沿管路分层流动,层与层之间互不干扰;紊流时,液体的质点除沿管路流动外,还有横向运动,杂乱无章。层流时,液体流速较低,质点受黏性约束,不能随意流动,黏性力起主导作用;紊流时,液体流速较高,黏性约束作用减弱,惯性力起主导作用。

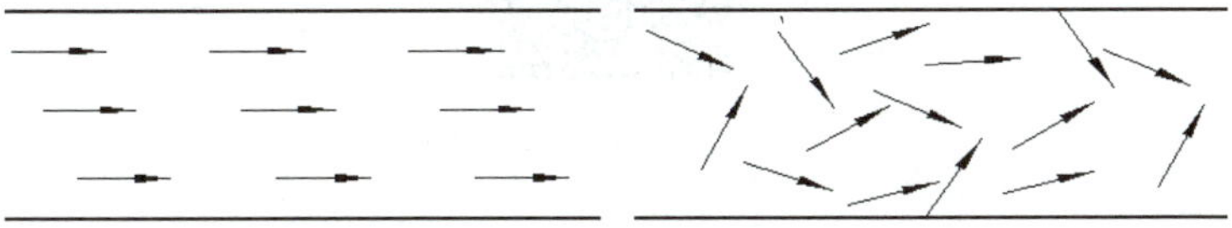

(a)层流　　(b)紊流

图 1-1-7　液体的流动状态

2)连续性方程

质量守恒是自然界的客观规律,不可压缩液体的流动过程也遵守质量守恒定律。对稳流而言,液体在单位时间内流过同一管道两个不同截面的体积应当相等,如图 1-1-8 所示,即有

$$q_1 = q_2 \tag{1-1-8}$$

又因为 $q = vA$,则有

$$v_1A_1 = v_2A_2 \tag{1-1-9}$$

式中　v_1、v_2——在通流截面 1 和 2 上的平均流速(m/s);

A_1、A_2——通流截面 1 和 2 的面积(m^2)。

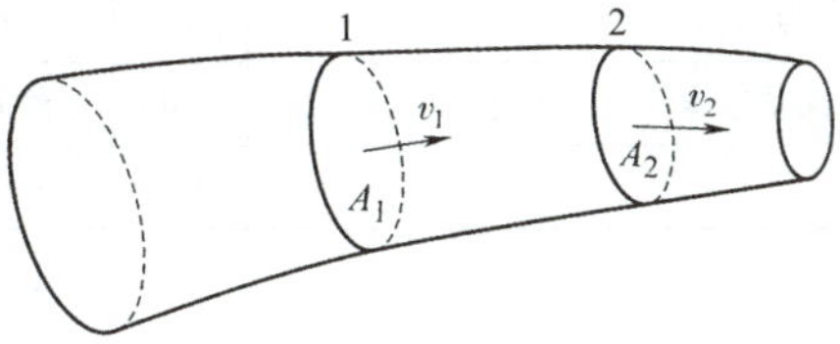

图 1-1-8　液体流动的连续性

由此可知:

(1)在液压传动中,液压缸输入、输出的速度与活塞面积成反比;

(2)液压千斤顶杠杆手柄摆动的速度越快,小活塞往复运动挤进大活塞缸内的液体流量就越大,大活塞上升速度就越快,所以说,当活塞有效面积一定时,其运动速度取决于流量。

知识拓展：

在液压系统中，由于某些原因液体压力在瞬间突然升高，会产生很高的压力峰值，这种现象称为液压冲击。

在液压系统中，当某点压力低于液体所在温度下的空气分离压力时，原来溶于液体中的气体会分离出来而产生大量气泡，这种现象称为空穴现象。空穴现象多发生在阀口和液压泵的吸油口处。

善思问道

液压传动技术的发展

任务验收考核

姓名			学号		
任务名称	考核要点	考核要求	配分	评分标准	得分
认识液压千斤顶	1. 基础知识（80 分）	（1）举出一些应用液压系统的实例	5	一个实例给 1 分	
		（2）说出液压系统各组成部分的名称和作用	15	每种给 3 分	
		（3）列举液压传动的优缺点	20	一个要点给 2 分，完全正确满分	
		（4）运用静力学基本方程求液体的静压力，并知道压力的变化规律	15	根据求解步骤给分	
		（5）运用连续性方程求解简单问题	15	根据求解步骤给分	
		（6）正确识读压力表、流量计等仪表	10	一种仪表给 5 分	
	2. 课堂纪律（20 分）	（1）不迟到或早退	10	迟到或早退各扣 5 分	
		（2）遵守课堂纪律	10	根据实际情况给分	
合计			100	总分	

习题与测试

1. 填空题

（1）液压传动是以__________为工作介质进行能量传递和控制的一种传动形式。

(2)液压系统主要由________、________、________、________及________等部分组成。

(3)执行元件是把________转换为________以驱动工作机构的输出装置。一般执行元件可分为________与________两类。

(4)液体在管道中存在________和________两种流动状态,液体的流动状态可用________来判断。

(5)流量连续性方程是________定律在流体力学中的表达形式,而伯努利方程是________定律在流体力学中的表达形式。

2. 选择题

(1)把机械能转换成液体压力能的装置是( )。

A. 动力元件　B. 执行元件　C. 控制元件　D. 辅助元件

(2)( )又称为表压力。

A. 绝对压力　B. 相对压力　C. 大气压力　D. 真空度

(3)在液压传动中,压力一般指压强,在国际单位制中,它的单位是( )。

A. 帕　B. 牛顿　C. 瓦　D. 牛米

(4)在密闭容器中施加于静止液体内任一点的压力能等值地传递到液体中所有地方,这称为( )。

A. 能量守恒定律　B. 动量守恒定律　C. 质量守恒定律　D. 帕斯卡原理

3. 简答题

(1)液压传动的优点是什么?

(2)三种不同的压力表示方法是什么?

(3)在静止液体中,压力与深度呈现什么样的关系?

(4)液压系统由哪些基本部分组成? 各部分的作用是什么?

(5)绘制液压系统图时,为什么采用图形符号?

任务 1.2　认识液压千斤顶工作介质的应用

任务发布

液压千斤顶将液压油作为工作介质进行动力传递。在液压系统中,液压油还对液压装置的机构、零件起到润滑、冷却和防锈作用。若液压系统的压力、温度和流速在很大范围内发生变化,则液压油的质量会直接影响液压系统的工作性能,因此合理地选用液压油是很重要的,为此需要了解液压油的相关知识。

任务要求

（1）能够根据液压千斤顶的工况特点正确选用液压油；
（2）了解液压油牌号表达的意义，能正确判断液压油的黏度。

任务目标

1. 知识目标
（1）了解液压油的基本性质；
（2）掌握黏度的表示方法、液压油牌号的意义和种类；
（3）掌握正确选用液压油的方法。
2. 能力目标
（1）能说出各种型号液压油的特性和用途；
（2）能够正确合理地选择和使用液压油。
3. 素养目标
（1）培养学生规范操作的职业习惯；
（2）培养学生的安全意识和环保意识。

1.2.1 认识液压油

液压油有很多种类型和型号可供选择，一般用手接触这些油液时会感觉它们有的“稀”些，而有的“稠”些；人们常说“液压油的温度过低，黏度高，不利于液压泵吸入”；也常看到液压设备在长时间使用后，设备维护人员会进行液压油的更换。由此可见，使用或维护液压设备时，必须首先了解该设备使用什么类型和型号的液压油（图 1-2-1）。

图 1-2-1　液压油

液压油是液压系统最常见的工作介质之一，是液压设备内的“血液”，它具有传递动力、减少元件间的摩擦、隔离磨损表面、控制元件表面氧化、冷却液压元件等功能。油液中的污染物一旦混入液压系统内，就会加速液压元件的磨损、烧伤甚至破坏，同时也会引起液压阀的动作失灵以及噪声、振动，从而导致液压缸动作不稳定、爬行、速度下降，或者引起液压泵吸油困难等问题。据有关统计,液压系统中75%以上的故障与液压油有关。因此,液压油是否清洁不仅影响液压系统的工作性能和液压元件的使用寿命,而且直接关系到液压设备能否正常运行。

可见,认识液压油的性质,明确如何选用合适的液压油以及如何净化液压油等是学习液压技术的基本要求。

1. 了解液压油的作用和种类

1)液压油的作用(图1-2-2)

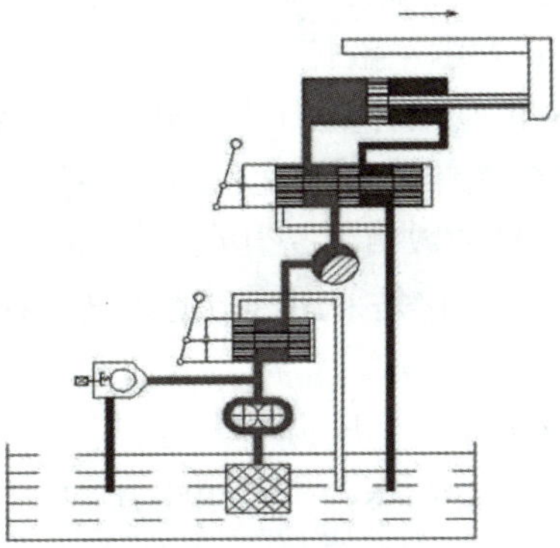

图1-2-2　液压油的作用

微课　液压油的作用及分类

(1)传递运动与动力。液压油是液压系统的工作介质,液压泵将机械能转换成液压油的压力能,液压油将压力能传至系统各处。由于液压油本身具有黏性,因此在传递过程中会产生一定的能量损失。

(2)润滑。液压元件内各移动部件都受到液压油的充分润滑,从而降低元件磨损,延长元件使用寿命。

(3)密封。液压油本身的黏性对细小的间隙有密封的作用。

(4)冷却。液压系统损失的能量会变成热量,并被液压油带出。

2)液压油的种类

液压油主要有矿物油型、乳化型和合成型三大类。

(1)矿物油型液压油主要由石油炼制而成,并添加了抗氧化剂和防锈剂等添加剂,它是用途最广泛的一种液压油。其缺点是耐火性差,不能用在高温、易燃、易爆的场合。

(2)乳化型液压油抗燃性能好,主要用于有起火危险的场合及要求高效润滑和冷却的液压系统。乳化型液压油包含水包油型乳化液和油包水型乳化液两种类型;水包油型乳化液的价格低,但润滑性差,会侵蚀油封和金属;油包水型乳化液的抗磨性、防锈性好,且具有抗燃性,但稳定性较差。

(3)合成型液压油是一种化学合成溶剂,其性能良好,具有以上两类液压油的优点。

2. 认识液压油的物理性质

1)密度

液体单位体积内的质量称为液体的密度。液体的密度会随着温度或压力的变化而变化,但通常变化不大,可以忽略不计。矿物油型液压油的密度为0.85~0.95 g/cm³;油包水型液压油含油较多，密度为 0.92~0.94 g/cm³；水包油型液压油含水较多，密度为 1.05~1.1 g/cm³。

一般计算中，取矿物油型液压油密度 ρ=900 kg/m³。

2）黏性

液体在外力作用下流动时，液体分子间的内聚力会阻碍分子之间进行相对运动，从而产生一种内摩擦力，这种现象称为液体的黏性。液体只有在流动时才会呈现出黏性。

Ⅰ. 黏度的分类

液体黏性的大小用黏度来表示，常用的黏度有动力黏度、运动黏度和相对黏度三种。

（1）动力黏度是液体在单位速度梯度下流动或有流动趋势时相接触的液层间单位面积上产生的内摩擦阻力，用符号 μ 表示。液体的动力黏度越大，流动液体的内摩擦阻力也越大；反之，液体的动力黏度越小，流动液体的内摩擦阻力也就越小。

（2）运动黏度是动力黏度与液体密度的比值，用符号 υ 表示。习惯上使用运动黏度标定液体的黏度。例如，液压油牌号的数值就是其在 40 ℃时的运动黏度 υ 的平均值。

（3）相对黏度又称为条件黏度，它是采用特定的黏度计在规定条件下测出的液体黏度。

Ⅱ. 黏度与压力和温度的关系

（1）黏度与压力的关系：液压油所受压力增大时，其分子间的距离减小，内聚力增大，黏度也随之略有增大。在中低压系统内，压力变化很小，压力对液压油黏度的影响可以忽略不计。当压力较高（大于 10 MPa）或压力变化较大时，需要考虑压力对液压油黏度的影响。

（2）黏度与温度的关系：液压油对温度的变化很敏感，温度上升，其黏度降低；温度下降，其黏度增大。液压油黏度随温度变化的这种性质称为黏温特性。液压油黏度降低，会造成泄漏增加、磨损增加、效率降低等问题；而其黏度增大，会造成流动困难、液压泵转动不易等问题。液压油工作时温度若超过 60 ℃，就必须加装冷却器，因为液压油温度在 60 ℃以上时，每超过 10 ℃，其劣化速度就会加倍。在设备实际运行过程中，液压油的黏温特性要好，也就是黏度随温度的变化越小越好。

3）压缩性

液体受压力作用而使体积缩小的性质称为液体的可压缩性。液压油的可压缩性很小，故一般认为液压油是不可压缩的。

当液压油中混有空气时，其可压缩性会显著增大，而这会严重影响液压系统的工作性能。在要求较高或压力变化较大的液压系统中，应力求减少液压油中混入的气体及其他易挥发物质的含量。

4）其他性质

液压油除具有以上基本物理性质外，还有其他一些物理及化学性质，如稳定性、抗泡沫性、抗乳化性、防锈性、润滑性及相容性等，它们都对液压油的选择和使用有重要影响，这些性质需要在精炼的矿物油中加入各种添加剂来实现。

1.2.2 液压油的识别及选用

1. 液压油的识别

如前所述，液压油主要有矿物油型、合成型和乳化型三种。

矿物油型液压油的主要类型有普通液压油、抗磨液压油、低温液压油、高黏度指数液压油、液压导轨油及其他专用液压油（如航空液压油、舵机液压油等），它们都是以全损耗系统油为基础原料，在其精炼后按需要加入适当的添加剂制得。矿物油型液压油的润滑性和防锈性较好，黏度等级范围较宽，因而在液压系统中应用很广。

合成型液压油主要有水-乙二醇液、磷酸酯液和硅油等，乳化型液压油有水包油型乳化液和油包水型乳化液。合成型液压油和乳化型液压油的抗燃性好，主要用于有抗燃要求的液压系统中。

液压油采用统一的命名方式，一般形式为类别-品种-牌号。例如 L-HV22，其中 L 是润滑剂及有关产品类别代号，HV 表示低温液压油，22 是液压油的牌号。不同类型液压油的特性和用途见表 1-2-1。

表 1-2-1　不同类型液压油的特性和用途

类型	名称	代号	特性和用途
矿物油型	普通液压油	L-HL	在精制矿物油中加入添加剂，提高油液的抗氧化和防锈性能；适用于一般设备的中低压系统
	抗磨液压油	L-HM	在 L-HL 中加入添加剂，改善油液的抗磨性能；适用于工程机械、车辆液压系统
	液压导轨油	L-HG	在 L-HM 中加入添加剂，改善油液的黏温特性；适用于机床中液压和导轨润滑合用的系统
	低温液压油	L-HV	可用于环境温度为-40~-20 ℃的高压系统
	高黏度指数液压油	L-HR	在 L-HL 中加入添加剂，改善油液的黏温特性；适用于对黏温特性有特殊要求的低压系统
合成型	水-乙二醇液	L-HFC	难燃，黏温特性和抗腐蚀性好，能在-30~60 ℃范围内使用；适用于有抗燃要求的中低压系统
	磷酸酯液	L-HFDR	难燃，抗磨性和抗氧化性良好，能在-54~135 ℃范围内使用，但有毒；适用于有抗燃要求的高压精密系统
乳化型	水包油型乳化液	L-HFAE	含油量为 5%~10%，含水量为 90%~95%，另加各种添加剂；其特点是难燃，黏温特性好，有一定的防锈能力，但润滑性差，易泄漏
	油包水型乳化液	L-HFB	含油量为 60%，含水量为 40%，另加各种添加剂；其特点是有较好的润滑性、防锈性、抗燃性，但使用温度不能高于 65 ℃

动动脑：

生活中给自行车链条润滑和防锈应该采用哪种润滑油？

2. 液压油的选用

1）对液压油的性能要求

在液压传动中，液压油既是传动介质，又起到润滑作用，故对液压油的性能提出以下要求：

（1）具有合适的黏度和良好的黏温特性；

（2）润滑性能好，腐蚀性小，抗锈性好；

（3）质地纯净，含有极少量的杂质、水分和水溶性酸碱，无毒、无味，废料易处理，成本低等；

（4）对金属和密封件有良好的相容性；

（5）氧化稳定性好，长期工作不易变质；

（6）抗泡沫性和抗乳化性好；

（7）体积膨胀系数小，比热容大；

（8）在高温环境下具有较高的闪点，起到防火作用，而在低温环境下具有较低的凝点。

2）液压油的具体选用

Ⅰ. 液压油选用的原则

合理选用液压油是确保液压设备正常工作的基础，一般应根据液压系统的使用性能和工作环境等因素确定液压油的品种。

当液压油的品种确定后，应根据液压系统的工作压力、环境、温度及工作部件的运动速度等因素选择合适黏度的液压油。在选择黏度等级时应注意以下几个方面的情况。

（1）按工作机械的不同要求选用。精密机械与一般机械对黏度的要求不同，为了避免温度升高引起机件变形、影响工作精度，精密机械宜采用黏度较低的液压油。例如，对于机床液压伺服系统，为保证伺服机构动作的灵敏性，宜采用黏度较低的液压油。

（2）按液压泵的类型选用。液压泵是液压系统的动力元件，其在液压系统中的运动速度、压力和温升都较高，工作时间也较长，因而对液压油黏度的要求较严格，选择液压油黏度时要考虑液压泵的性能要求；否则，可能导致液压泵磨损加快，容积效率降低，甚至可能破坏液压泵的吸油条件。不同类型的液压泵对液压油的黏度有不同的要求，液压泵常用液压油的黏度范围见表 1-2-2。

表 1-2-2　液压泵常用液压油的黏度范围

液压泵类型		液压油黏度 υ_{40}（mm^2/s）	
		液压系统温度为 5~40 ℃	液压系统温度为 40~80 ℃
齿轮泵		30~70	65~165
叶片泵	$p<7$ MPa	30~50	40~75
	$p\geq 7$ MPa	50~70	55~90
径向柱塞泵		30~80	65~240
轴向柱塞泵		40~75	70~150

（3）按液压系统的工作压力选用。通常当液压系统工作压力较高时，宜采用黏度较高的液压油，以免系统泄漏过多，效率过低；当液压系统工作压力较低时，宜采用黏度较低的液压油，以减少压力损失。例如，机床液压传动的工作压力一般低于 6.3 MPa，多采用黏度为 20~60 mm^2/s 的液压油；工程机械液压系统的工作压力属于高压，多采用黏度较高的液压油。

（4）考虑液压系统的环境温度。矿物油型液压油的黏度受温度的影响很大，为保证其在工作温度时有较合适的黏度，还必须考虑周围环境温度的影响。当周围环境温度高时，为减少泄漏，应选用黏度较高的液压油；当周围环境温度低时，应选用黏度较低的液压油。

（5）考虑液压系统中工作部件的运动速度。当液压系统中工作部件的运动速度很高时，液压油的运动速度也高，压力损失随之增大，而泄漏相对减少，因此宜采用黏度较低的液压油；反之，当液压系统中工作部件的运动速度较低时，每分钟所需的油量很小，而泄漏相对较大，对液压系统的运动速度影响也较大，因此宜采用黏度较高的液压油。

Ⅱ. 液压油的合理使用

（1）使用前要验明油品的牌号、性能等是否符合要求。

（2）液压系统要清洗干净后方可使用液压油。

（3）新液压油使用前要过滤，液压油不能与其他物品混放。

（4）要严格控制污染，防止水、气、固体杂物混入液压系统。

（5）要定期检查液压油质量和油面高度。

（6）要保证油箱的温度不超过液压油最高允许温度，通常不超过 70 ℃，否则应进行冷却调节。

3）液压油的变质

引起液压油变质的原因很多，其中比较常见的原因有以下几个方面。

（1）水分蒸发对液压油的性质有影响。例如，含水液压油的水分蒸发会使水包油型液压油的浓度增加，黏度上升，防火性能下降；水分蒸发也会使油包水型液压油的黏度下降。

一般来讲，液压油的水分蒸发除与温度有关外，还与蒸发面积、容器的气体空间和密封程度及大气压力有关。所以，在使用液压油时，为了保证液压油质量，应从这些方面加以注意。

（2）在空气作用下，液压油会发生氧化变质，使其颜色变深，酸度增大。值得注意的是，各种金属都是氧化的催化剂，尤其是铜，更能加快液压油的污染和变质。

（3）杂质和水分侵入液压油，也会引起液压油的污染和变质。

（4）液压油中混入轻质油，会使其黏度和闪点下降；混入重质油，会使其酸值和残碳增大；混入含有不同添加剂的油品，可能使其性能提高，也可能使其性能下降。这些都表明液压油中一旦混入异种油品，既会影响液压油质量，又会影响系统运行。

1.2.3　液压油污染的控制

一般情况下，液压系统中的多数故障与液压油受到污染有关，因此控制液压油的污染十分重要。

1. 液压油污染的原因

液压油中的污染物有残留污染物、侵入污染物和生成污染物三种。

（1）残留污染物是指液压系统的管道及液压元件内的型砂、切屑、磨料、焊渣、锈片、灰尘等污垢，这些污垢在系统使用前清洗时未被清洗干净，在液压系统工作时被带入液压油中。

（2）侵入污染物是指外界的灰尘、砂粒等，它们在液压系统工作过程中通过往复伸缩的活塞杆、流回油箱的漏油等进入液压油中。另外，在对液压系统进行检修时，稍不注意也会使灰尘、棉绒等进入液压油中。

（3）生成污染物是指液压系统本身不断产生且直接进入液压油中的污垢。例如，金属和密封材料的磨损颗粒、过滤材料脱落的颗粒或纤维以及液压油因温度升高氧化变质而生成的胶状物等。

2. 液压油污染的危害

液压油污染严重时，将直接影响液压系统的工作性能，使液压系统经常发生故障和液压元件使用寿命缩短，造成这些危害的原因主要是污垢中的颗粒。对于液压元件来说，固体颗粒进入元件中会使液压元件的滑动部分磨损加剧，并可能堵塞液压元件中的节流孔、阻尼孔或使阀芯卡死，从而造成液压系统的故障；而水分和空气的混入会使液压油的润滑能力降低并使其加速氧化变质，若产生气蚀，则会使液压元件加速腐蚀，从而使液压系统出现振动、爬行等。

动动脑：

举例说明生活中遇到的液压油污染的情况。

3. 防止液压油污染的措施

造成液压油污染的原因多而复杂，而且液压油自身又在不断产生胶状物，因此要彻底解决液压油的污染问题是很困难的。为了延长液压元件的使用寿命，保证液压系统可靠工作，将液压油污染控制在某一限度以内是较为切实可行的方法。对液压油的污染控制工作主要从两方面入手：一是防止污染物侵入液压系统；二是把已经侵入液压系统的污染物从系统中清理出去。

为防止液压油污染，在实际工作中应采取以下措施。

（1）使液压油在使用前保持清洁。液压油在运输和保管过程中都会受到环境污染，新的液压油看上去很清洁，其实很“脏”，必须将其静置数天并经过滤后方可加入液压系统中使用。

（2）使液压系统在装配后、运转前保持清洁。液压元件在加工和装配过程中必须清洗干净，液压系统在装配后、运转前应彻底进行清洗，最好用系统工作中使用的液压油清洗，且清洗时油箱除通气孔（加防尘罩）外必须全部密封，密封件不可有飞边、毛刺。

（3）使液压油在工作中保持清洁。液压油在工作过程中会受到环境污染，因此应尽量防止工作中空气和水分的侵入。为完全消除水分、空气和污染物的侵入，应采用密封油箱，通气孔上设置空气滤清器，防止尘土、磨料和冷却液侵入，还应经常检查并定期更换密封件和蓄能器中的胶囊。

（4）采用合适的过滤器。这是控制液压油污染的重要手段。应根据液压设备的要求，在液压系统中选用不同过滤方式、不同精度和不同结构的过滤器，并定期检查和清洗滤油器和油箱。

（5）定期更换液压油。更换新液压油前，必须先清洗一次油箱，当系统较脏时，可用煤油清洗，煤油排尽后再注入新液压油。

（6）控制液压油的工作温度。液压油的工作温度过高会对液压装置不利，也会使液压油本身加速变质，产生各种生成物，缩短其使用寿命。一般液压系统的工作温度最好控制在 65 ℃以下，机床液压系统的工作温度则应控制在 55 ℃以下。

善思问道

15 号航空液压油背后的故事

任务验收考核

姓名			学号		
任务名称	考核要点	考核要求	配分	评分标准	得分
认识液压千斤顶工作介质的应用	1. 基础知识（80 分）	（1）合理选用液压油	6	根据实际情况打分	
		（2）说出液压油的四种作用	16	每种作用给 4 分	
		（3）掌握液压油的三种类型以及特性	18	每个类型和特性给 6 分	
		（4）说出液压油选用的原则	15	五个方面，每个方面给 3 分	
		（5）完成液压油的加注及排出	16	根据完成情况给分	
		（6）说出液压油污染的主要原因	9	每种原因给 3 分	
	2. 课堂纪律（20 分）	（1）不迟到或早退	10	迟到或早退各扣 5 分	
		（2）遵守课堂纪律	10	根据实际情况给分	
合计			100	总分	

习题与测试

1. 填空题

（1）液压油是液压系统的工作介质，其作用主要包括__________、__________、__________、__________。

（2）造成液压油污染的原因是多方面的，总体来说可分为__________、__________、__________。

（3）液压油的品种可分为__________、__________和__________三类。

（4）工作压力较高的液压系统宜选用黏度__________的液压油，以减少泄漏；执行机构运动速度较高时，为了减小液流的功率损失，宜选用黏度__________的液压油；温度较高的液压系统宜选用黏度__________的液压油，以减少泄漏。

2. 选择题

(1)对液压油黏度影响较大的因素是(　　)。

A. 压力　　B. 温度　　C. 流量　　D. 流速

(2)对于黏度指数较大的液压油,其(　　)。

A. 黏度随温度变化较大　　B. 黏度随温度变化较小

C. 黏度不随温度变化　　D. 不能确定

(3)若液压系统的工作压力较高,应选用(　　)的液压油。

A. 黏度指数较大　　B. 黏度较大　　C. 黏度指数较小　　D. 黏度较小

(4)液压油的黏度较小,则液压系统的(　　)。

A. 压力增大　　B. 压力损失增大　　C. 流量增大　　D. 流量损失增大

(5)我国生产的机油和液压油采用 40 ℃时的(　　)作为其牌号。

A. 动力黏度　　B. 恩氏黏度　　C. 运动黏度　　D. 赛氏黏度

3. 简答题

(1)液压油的性能指标是什么?说明各性能指标的含义。

(2)选用液压油主要应考虑哪些因素?

(3)液压系统中液压油被污染的主要原因是什么?

(4)液压系统中液压油具有哪些主要的物理性质?

任务 1.3　简单液压回路的搭建

任务发布

通过实训所用的液压与气动综合实训平台(简称"液压实训台"),让学生观察、分析具体液压元件的分类及作用,加深学生对常见液压元件的认识和了解。

本任务的实训目的是让学生初步了解液压元件的形状和名称,熟悉液压实训台的组成、功能和简单操作,进一步理解液压油的作用、种类及性质,培养学生的学习兴趣。

任务要求

(1)了解液压实训台的组成及作用;

(2)能够对液压实训装置进行正确操作与维护保养;

(3)认识液压系统的主要元件。

任务目标

1. 知识目标

（1）掌握液压实训装置的结构功能和操作方法；

（2）熟悉常见液压元件的名称及应用。

2. 能力目标

（1）能够识别常见的液压元件；

（2）能够完成给定液压回路的搭建，并能正确操作液压实训装置。

3. 素养目标

（1）培养学生认真规范、细致严谨的学习态度；

（2）培养学生的实践动手能力。

1.3.1　液压实训装置的组成

液压实训装置由液压与气动综合实训平台（图 1-3-1）、全自动轧钢冲压模拟装置以及工业双泵液压站（图 1-3-2）三大部分组成。

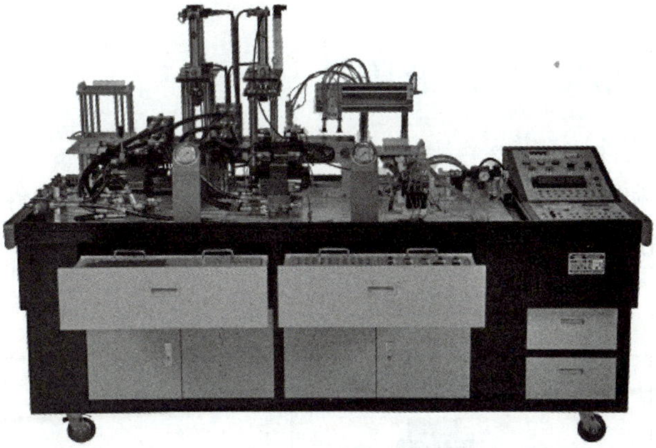

图 1-3-1　液压与气动综合实训平台

液压与气动综合实训平台主要由实训平台、液压元件模块、叠加阀实训模块、气动元件模块、电气控制模块、液压与气动仿真软件、测控仪表、装调工具、实训配件、电脑桌等组成。

全自动轧钢冲压模拟装置由气动上料实训模块、传送实训模块（液压马达控制）、轧钢实训模块（双缸同步）、冲压实训模块和下料实训模块（气动机械手）组成，通过 PLC 可以完成独立站点的运行，也可以组成系统并实现联动控制。

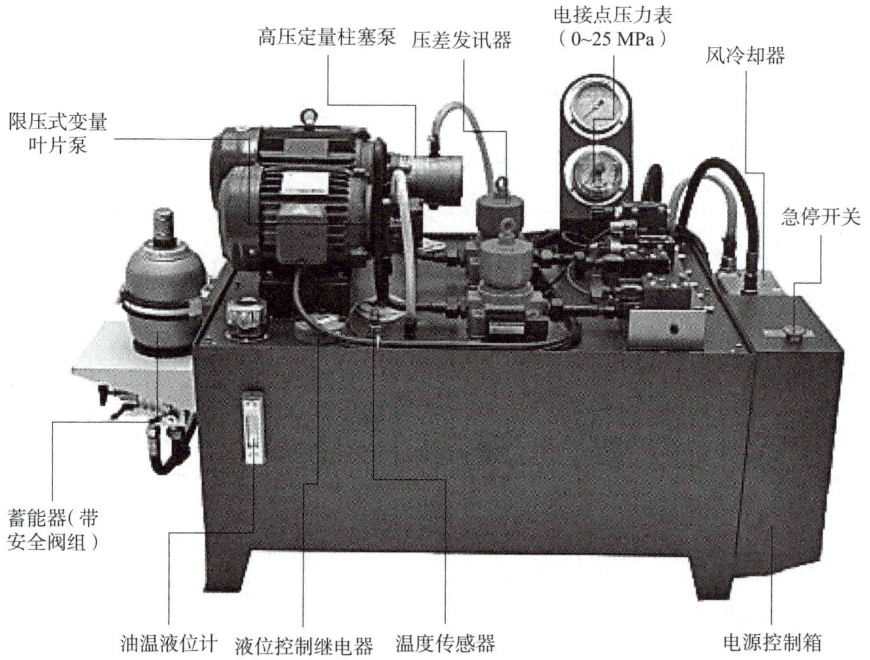

图 1-3-2　工业双泵液压站

1.3.2　认识主要液压元件及液压源

1. 认识主要液压元件

液压元件的种类和规格很多，主要有动力元件、执行元件、控制元件及各种辅助元件等，其名称、实物图及作用见表 1-3-1。

表 1-3-1　液压元件名称、实物图及作用

序号	名称	实物图	作用
1	直动式溢流阀		调压稳压，安全保护
2	直动式减压阀		降低液压系统中某个分支的压力
3	先导式溢流阀		溢流稳压，限压保护
4	直动式顺序阀		控制液压系统各执行元件先后顺序动作

续表

序号	名称	实物照片	作用
5	液压缸		执行元件,将液压能转化成机械能
6	电磁换向阀		控制执行元件的启动、停止或变换运动方向
7	液控单向阀		保压、锁紧和平衡回路
8	单向节流阀		实现单向流动控制与流量调节
9	三通接头		油管与油管、油管与液压元件之间可拆卸的连接件
10	压力表		显示被测部位液压油压力大小
11	压力继电器	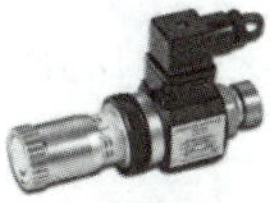	将液压信号转换为电信号
12	液压泵		动力源,将机械能转化成液压能

2. 认识液压源

液压泵站是液压装置的动力源,液压泵站与驱动装置用油管连接。

3. 液压设备的保养与维护及注意事项

若缺乏有效的保养与维护,液压设备可能出现故障,导致停机损失,并缩短使用寿命,增加维修成本。因此,了解并实施科学的保养与维护策略,对保障液压设备的高效稳定运行至关重要。液压设备的保养与维护及注意事项如下。

(1)实验工作台应放置平稳,平时应注意清洁,长时间不用时最好加盖防尘布。

(2)更换实验挂箱前,应关闭实验工作台电源;更换实验挂箱时动作要轻,防止强烈碰撞;不得带电插拔实验挂箱的电源插头。

（3）安装液压元件或调节旋钮时动作要轻，防止液压元件碰伤或旋钮开关损坏。

（4）连接液压管路前，应使液压泵处于停止状态；电气接线前必须先断开电源，严禁带电接线，接线完毕要检查无误后方能运行。

（5）保持液压油清洁是系统正常运行的关键，使用时应确保无杂质进入；应定期观察油箱的液压油位，使其保持在油标中间液面位置，以便有足够的液压油供系统运行。

（6）实验时如有异常现象、系统漏油、快速接头未接好等，应停机检查，排除故障后再运行系统；当实验暂停时间较长时，应使液压泵卸荷或按下停止按钮关闭泵源。

（7）实验完毕应及时关闭各电源开关，整理好实验器件，并放至指定位置。

1.3.3 简单液压回路的搭建

对图 1-3-3 所示锅炉门升降示意图，要求用一个双作用液压缸来控制锅炉门的升降。在锅炉门升降过程中，必须一直按住操作杆。

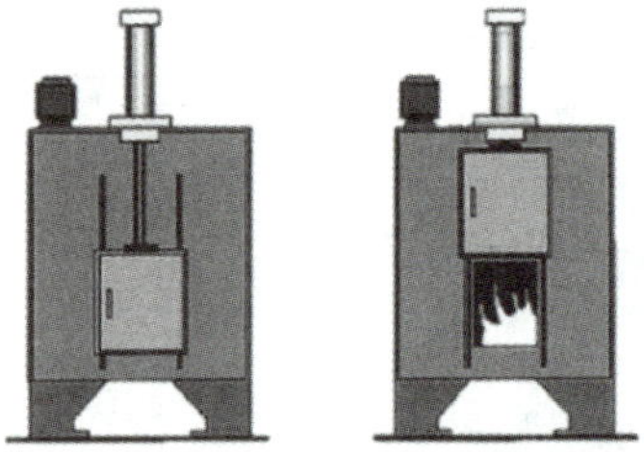

图 1-3-3 锅炉门升降示意图

慕课 简单液压回路的分析与搭建

根据要求绘制出图 1-3-4 所示锅炉门升降液压回路图，该回路可以由一个二位四通电磁换向阀来控制双作用液压缸的伸出与收回，以实现锅炉门的升降控制。

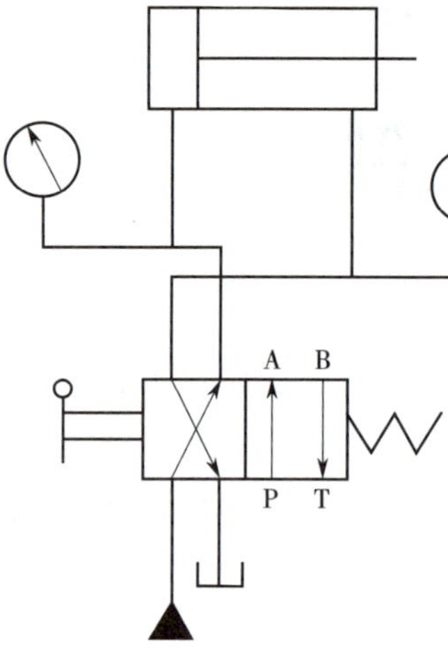

图 1-3-4 锅炉门升降液压回路图

简单液压回路的搭建步骤：

（1）熟悉设备及其使用方法，包括电源模块的连接、液压泵的启动、换向阀的调节等；

（2）根据图 1-3-4 进行液压回路的连接和检查，实训中要规范操作，小组成员协作完成；

（3）连接无误后，空载启动液压泵；

（4）打开液压泵及电源，设置泵口压力至 3 MPa；

（5）切换换向阀，观察液压缸的运动情况是否符合控制要求；

（6）分析和解决实训中出现的问题；

（7）完成实训并经教师检查评估后，关闭液压泵，切断电源，拆下管线，将各元件放回原位置，做好实训室整理清洁工作。

善思问道

国内液压技术现状与趋势

任务验收考核

姓名			学号		
任务名称	考核要点	考核要求	配分	评分标准	得分
简单液压回路的搭建	1. 动手操作能力（80 分）	（1）读懂液压原理图	10	按实际情况给分	
		（2）正确选择液压元件，并摆放整齐	15	每种元件给 1 分	
		（3）液压元件安装操作规范	15	每处不规范扣 1 分	
		（4）液压回路搭建好后无漏油	10	每处漏油扣 1 分	
		（5）搭建的液压回路正确	30	每处错误扣 2 分	
	2. 职业素养（20 分）	（1）实验前准备充分	5	每处错误扣 1 分	
		（2）操作过程中积极参与，互帮互助，团结协作	5	操作过程中发现不参与实训、影响团队合作的现象，每种扣 1 分	
		（3）实验后工作台整理干净	5	工作台有一处垃圾扣 1 分	
		（4）各液压元件放回原处，且摆放整齐	5	每个元件摆放不整齐扣 1 分	
合计			100	总分	

习题与测试

根据平面磨床工作台液压系统原理图（图 1-3-5）和工作原理设计实验步骤，并在实验室搭建液压回路。

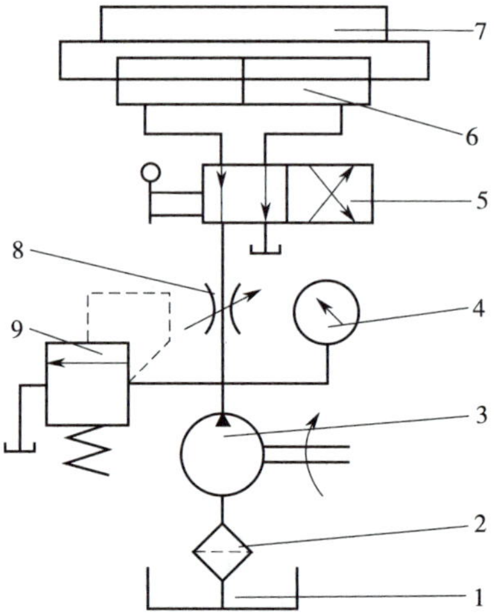

图 1-3-5　平面磨床工作台液压系统原理图

1—油箱；2—过滤器；3—液压泵；4—压力表；5—换向阀；6—液压缸；7—工作台；8—节流阀；9—溢流阀

该系统的工作原理：电动机驱动液压泵 3 旋转，液压泵 3 输出的液压油经节流阀 8、换向阀 5 进入液压缸 6 的右腔，推动活塞使工作台 7 向左运动，此时液压缸 6 左腔的液压油经换向阀 5 回到油箱 1；如果换向阀 5 换向，则液压油经换向阀 5 进入液压缸 6 的左腔，推动活塞使工作台向右运动，并使液压缸 6 右腔的液压油经换向阀 5 流回油箱 1。其中，工作台的运动速度由节流阀 8 调节，改变节流阀 8 开口的大小，可以改变进入液压缸 6 的液压油流量，从而控制工作台移动速度，多余液压油经溢流阀 9 流回油箱 1。调节溢流阀 9 弹簧的预压力就能调整液压泵出口的液压油压力，在此回路中，溢流阀与动力元件定量泵并联，因此它对系统起到了稳压溢流的作用。

项目 2

汽车起重机液压系统的搭建

学习导读

汽车起重机(图 2-1)是将起重机构安装在普通汽车或特制汽车底盘上的一种起重机，其驾驶室与起重操纵室分开设置。汽车起重机的优点是局部机动性好、适用性强、能在野外作业、操作简便灵活、转移迅速，广泛应用于交通运输、城市建设、消防救援、材料搬运等领域。汽车起重机采用液压起重技术，具有承载能力大、抗冲击和振动以及可在恶劣环境下工作等优点。

图 2-1　汽车起重机

汽车起重机进行重物吊装作业时，重物的吊起和放下通过一个双作用液压缸活塞杆的伸出和缩回来实现。同时，汽车起重机工作时，要求支腿机构中的四条液压支腿将整车抬起，使汽车轮胎离开地面，以保证载荷不会直接作用在轮胎上，且液压支腿能长时间保持位置不变，防止起吊重物时出现“软腿”现象；当转移作业现场时，要将汽车起重机的液压支腿收回，使汽车恢复行驶能力。

项目描述

本项目以汽车起重机工作过程中的重物吊装及支腿支撑的动作为例，对升降液压系统及支腿液压系统进行学习。观察不同液压设备中的液压泵及液压缸，以便能够选用适当的液压动力元件及执行元件进行液压回路的搭建；在分析汽车起重机升降液压回路过时，选取适当的换向阀，并进行换向回路的搭建；在分析汽车起重机支腿液压回路时，选取适当的液压控制阀，并进行液压锁紧回路的搭建。如图 2-2 所示为汽车起重机液压系统原理图。

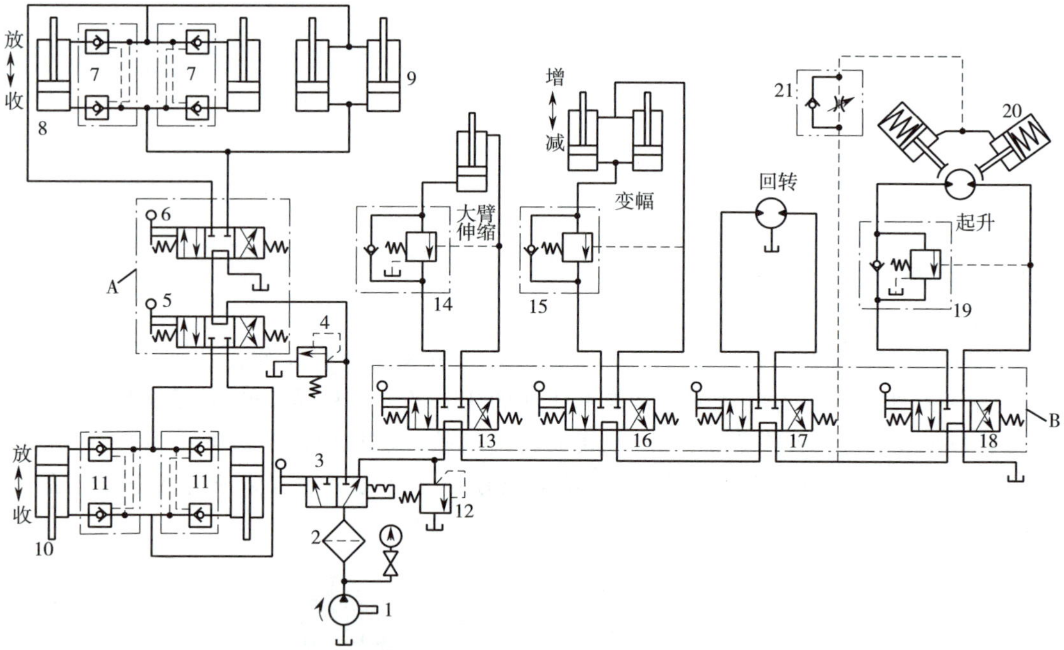

图 2-2　汽车起重机液压系统原理图

1—液压泵；2—过滤器；3—二位三通手动换向阀；4、12—溢流阀；5、6、13、16~18—三位四通手动换向阀；7、11—液控单向阀；8—后支腿液压缸；9—锁紧缸；10—前支腿液压缸；14、15、19—平衡阀；20—单作用液压缸（制动缸）；21—单向节流阀

任务 2.1　液压泵的选用

任务发布

液压泵是液压系统的动力元件，也是液压系统的心脏，为系统提供动力。液压泵为液压系统提供一定流量和压力的液压油，是液压系统中不可或缺的核心元件。在液压系统中，液压泵是一种能量转换装置，它将原动机输出的机械能转换为工作液体的压力能，再以压力、流量的形式输入液压系统中。

任务要求

(1)能够理解液压泵的工作原理,并掌握液压泵的性能参数;
(2)能够正确选用液压泵。

任务目标

1. 知识目标

(1)掌握液压泵的工作原理及其正常工作需具备的条件;
(2)掌握液压泵的性能参数及其计算方法;
(3)掌握液压泵的类型和结构原理。

2. 能力目标

(1)能够绘制液压泵的图形符号;
(2)能够正确进行液压泵的性能参数计算;
(3)能够正确选用液压泵。

3. 素养目标

(1)培养学生分析和解决问题的能力;
(2)培养学生良好的语言表达能力。

2.1.1　液压泵的工作原理及性能参数

液压动力装置又称液压泵站,其包括液压泵、驱动用原动机、油箱、(安全或定压)溢流阀、控制阀、蓄能器、冷却器、过滤器、液压泵站的启动箱和控制柜等。液压泵站的配置灵活多变,可随着设备的变化而改动,所以至今市场上也没有一个固定的标准和统一的型号。

微课　单柱塞液压泵的工作原理

1. 液压泵的工作原理

液压泵都是依靠密封容积变化的原理工作的,因此一般称为容积式液压泵。如图 2-1-1 所示为液压泵的实物图。

如图 2-1-2 所示为单柱塞液压泵的工作原理图。其中,柱塞 2 装在泵体 3 中,并形成一个密封容积 a,柱塞 2 在弹簧 4 的作用下始终压紧在偏心轮 1 上,原动机驱动偏心轮 1 旋转,使柱塞 2 做往复运动,而密封容积 a 的大小随之发生周期性的变化。当密封容积 a 由小变大时,密封容积腔内形成局部真空,油箱中的液压油便在大气压力的作用下,经油管顶开单向阀 6,并进入密封容积腔中实现吸油,此时单向阀 5 关闭。随着偏心轮的转动,密封容积 a 由大变小,密封容积腔内液压油压力则由小变大,当其达到一定值时便顶开单向阀 5 并进入液压系统而实现压油,此时单向阀 6 关闭。这样,液压泵就将原动机输入的机械能转换为液压油的压力能。随着原动机驱动偏心轮不断旋转,液压泵就不断实现吸油和压油。

图 2-1-1　液压泵的实物图

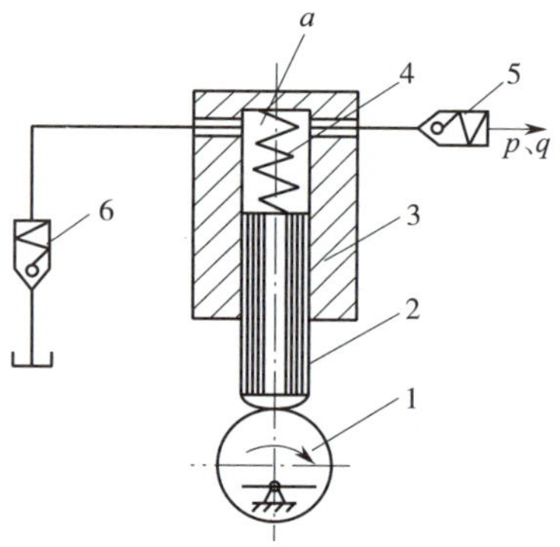

图 2-1-2　单柱塞液压泵的工作原理图

1—偏心轮；2—柱塞；3—泵体；4—弹簧；5、6—单向阀；
a——密封容积

由此可知，液压泵是通过密封容积的变化来完成吸油和压油的，其排量的大小取决于密封容积变化的大小，而与偏心轮转动的次数及液压油压力的大小无关，故称为容积式液压泵。为了保证液压泵正常工作，对液压系统有以下三点要求：

（1）具有若干个密封且周期性变化的容积，密封容积由小变大时吸油，由大变小时压油；

（2）具有相应的配油机构，将吸油腔和压油腔分开，配油机构保证密封容积由小变大时只与吸油管连通，而由大变小时只与压油管连通，这样可以使液压泵有规律地实现吸油和压油；

（3）油箱内的液体压力必须大于或等于大气压力，这是容积式液压泵能够吸入液压油的必要外部条件。

动动脑：

根据单柱塞液压泵的工作原理，描述容积式液压泵吸油、压油的具体过程。

2. 液压泵的主要性能参数

液压泵的主要性能参数包括压力、流量、排量、功率和效率等。

1）压力

（1）液压泵的工作压力（p），指液压泵实际工作时输出液体的实际压力，其大小取决于负载。

（2）液压泵的额定压力（p_n），指液压泵按正常工作试验标准规定的能连续运转的最高工作压力。液压泵正常工作时，系统压力不允许超过此值，超过此值就会过载。

（3）液压泵的最高允许压力（p_m），指液压泵按试验标准规定，允许短时间超过额定压力运行的最大压力值。超过此压力，液压泵的泄漏会迅速增加。

2）排量和流量

（1）液压泵的排量（V），指液压泵每转一周，由其密封容积几何尺寸变化计算得到的排出液压油的体积，其单位为 L/r。排量可调节的液压泵为变量泵，排量不可调节的液压泵为定量泵。

（2）液压泵的流量，指液压泵在单位时间内排出液压油的体积，包括理论流量、实际流量和公称流量。

①液压泵的理论流量（q_t），指在不考虑液压泵泄漏流量的条件下，液压泵在单位时间内所排出的液压油体积，即有

$$q_t = Vn \tag{2-1-1}$$

式中　V——液压泵的排量（m^3/r）；

n——泵轴的转速（r/s）。

②液压泵的实际流量（q），指液压泵在某一具体工况下，单位时间内所排出的液压油体积，它等于理论流量 q_t 减去泄漏和压缩损失的流量 q_l，即有

$$q = q_t - q_l \tag{2-1-2}$$

③液压泵的公称流量（q_n），指液压泵在正常工作条件下，试验标准规定必须保证的输出流量。

3）功率

（1）液压泵的输入功率 P_i，指驱动液压泵主轴的机械功率，即有

$$P_i = \omega T_i = 2\pi n T_i \tag{2-1-3}$$

式中　T_i——泵轴上的实际输入转矩；

ω——泵轴上的实际输入角速度；

n——泵轴的转速。

（2）液压泵的输出功率（P_o），指在液压系统中液压油所具有的压力和流量的乘积，即有

$$P_o = pq \tag{2-1-4}$$

式中　p——液压泵在工作过程中的压力；

q——液压泵在工作过程中的实际流量。

4）效率

液压泵的输出功率总是小于输入功率，两者之差即为功率损失。液压泵存在三种能量损失，即容积损失、摩擦损失和压力损失，分别用容积效率 η_v、机械效率 η_m 和液压效率表示。其中，压力损失很小，通常忽略不计；而液压效率一般都在 0.99 以上，可取为 1。

Ⅰ. 容积效率 η_v

由于液压泵存在泄漏，从而造成流量上的损失，因此液压泵的实际流量 q 总是小于其理论流量 q_t，则泵的容积效率 η_v 为

$$\eta_v = \frac{q}{q_t} \tag{2-1-5}$$

Ⅱ. 机械效率 η_m

由于液压泵内有各种摩擦损失（机械摩擦、液体摩擦），因此液压泵的实际输入转矩 T_i 总是大于其理论转矩 T_t，则泵的机械效率 η_m 为

$$\eta_m = \frac{T_t}{T_i} \tag{2-1-6}$$

Ⅲ. 液压泵的总效率 η

液压泵的输出功率与输入功率的比值称为泵的总效率，即有

$$\eta = \frac{P_o}{P_i} = \eta_m \eta_v \qquad (2\text{-}1\text{-}7)$$

例 2-1 某液压泵的输出压力 p=10 MPa，转速 n=1 450 r/min，排量 V=46.2 mL/r，容积效率 η_v =0.95，总效率 η =0.9。求液压泵的输出功率和驱动泵的电动机的功率。

解 （1）求液压泵的输出功率：

液压泵的实际流量为

$$q = q_t \eta_v = Vn\eta_v = 46.2 \times 10^{-3} \times 1\,450 \times 0.95\ \text{L/min} = 63.64\ \text{L/min}$$

液压泵的输出功率为

$$P_o = pq = \frac{10 \times 10^6 \times 63.64 \times 10^{-3}}{60}\ \text{W} = 10.6 \times 10^3\ \text{W} = 10.6\ \text{kW}$$

（2）求电动机的功率：

$$P_i = \frac{P_o}{\eta} = \frac{10.6}{0.9}\ \text{kW} = 11.8\ \text{kW}$$

常见液压泵的容积效率和总效率见表 2-1-1。

表 2-1-1　常见液压泵的容积效率和总效率

类型	齿轮泵	叶片泵	柱塞泵
容积效率 η_v	0.7~0.9	0.80~0.95	0.85~0.98
总效率 η	0.6~0.8	0.75~0.85	0.75~0.90

动动脑：

液压泵的流量和压力之间似乎存在着一种微妙的关系。在不同的工作场景下，例如负载突然变化时，液压泵是如何调整流量和压力来维持系统的正常运行呢？

3. 液压泵的图形符号

液压泵的图形符号见表 2-1-2。

表 2-1-2　液压泵的图形符号

类型	单向定量液压泵	双向定量液压泵	单向变量液压泵	双向变量液压泵
图形符号	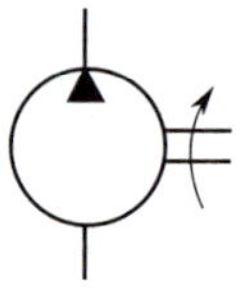	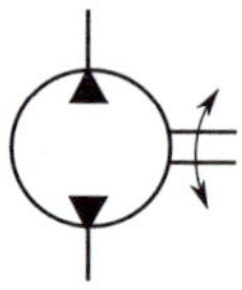	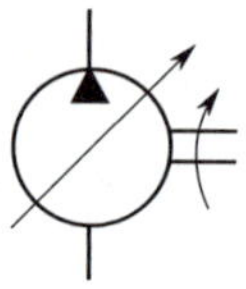	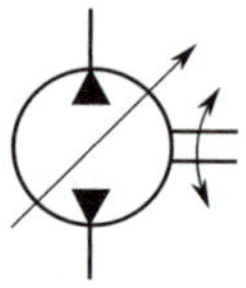

动动手：

抄写描画液压泵的图形符号，一定要记住这些图形符号。

2.1.2　齿轮泵

齿轮泵是一种常用的动力元件。齿轮泵的主要优点是结构简单、制造方便，价格低廉、体积小、重量轻、自吸性能好，而且对油的污染不敏感，工作可靠，便于维护修理；其缺点是流量脉动大、噪声大、排量不可调（定量泵）。常见的齿轮泵有外啮合和内啮合两种结构形式。

慕课　齿轮泵的工作原理及结构特性分析

1. 外啮合齿轮泵

1）外啮合齿轮泵的工作原理

外啮合齿轮泵的剖面结构图如图 2-1-3 所示，工作原理图如图 2-1-4 所示。其中，泵体 1 内相互啮合的主、从动齿轮 2 和 3 与两端盖及泵体一起构成许多密封工作腔，主、从动齿轮的啮合点将左、右两腔隔开，形成了吸、压油腔，当主、从动齿轮按图示方向旋转时，右侧吸油腔内的轮齿脱离啮合，密封工作腔容积不断增大，形成局部真空，油液在大气压力作用下从油箱经吸油管进入吸油腔，并被旋转的轮齿带入左侧压油腔；而左侧压油腔内的轮齿不断进行啮合，使密封工作腔容积减小，油液受挤压并经压油口压出被排往系统中，这就是齿轮泵的吸油和压油过程，齿轮连续运转，齿轮泵就连续不断地完成吸油和压油的动作。

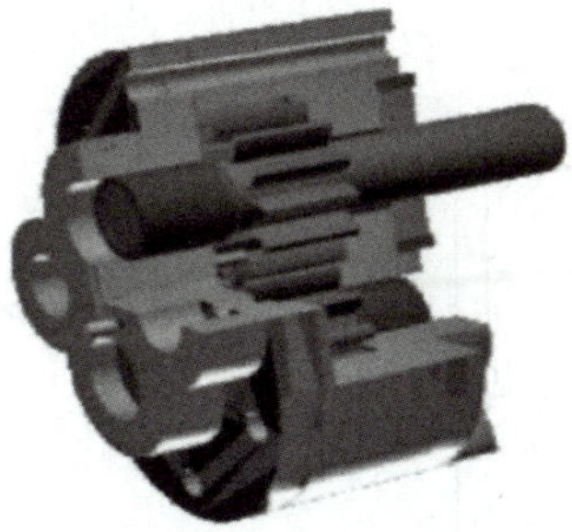

图 2-1-3　外啮合齿轮泵的剖面结构图

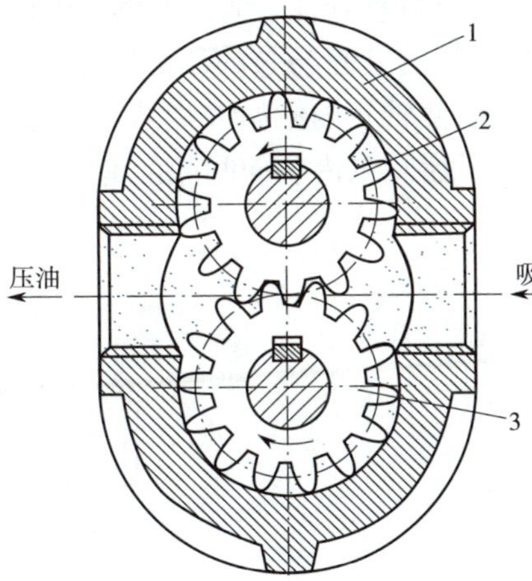

图 2-1-4　外啮合齿轮泵的工作原理图

1—泵体；2—主动齿轮；3—从动齿轮

齿轮泵中齿轮啮合点处的齿面接触线将吸油腔和压油腔分开，起到配油作用，因此不需要单独设置配油装置，这种配油方式称为直接配油。

外啮合齿轮泵可作为液压系统的动力源，也可作为润滑泵、输油泵使用。如图 2-1-5 所示为外啮合齿轮泵的三维模型及爆炸视图。

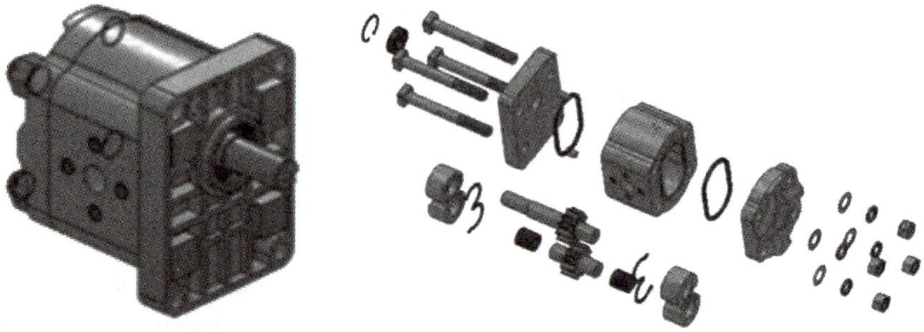

图 2-1-5　外啮合齿轮泵的三维模型及爆炸视图

2）外啮合齿轮泵的结构问题

Ⅰ. 泄漏问题

在外啮合齿轮泵中，压油腔的油液通过间隙向吸油腔泄漏是不可避免的，而且压力越高，通过间隙泄漏的油液越多。外啮合齿轮泵压油腔的压力油主要通过三种途径泄漏到吸油腔中：一是通过齿轮啮合线处的泄漏；二是通过泵体内孔和齿顶间的径向泄漏；三是通过齿轮两端面和端盖间的轴向泄漏。在这三种泄漏中，齿轮端面和端盖间的油液泄漏量最大，其泄漏量可占总泄漏量的 75%~80%。外啮合齿轮泵的压力越高，造成的泄漏量也就越大。因此，外啮合齿轮泵一般只适用于工作压力较低的场合。

为了提高外啮合齿轮泵的耐压能力和容积效率，实现外啮合齿轮泵的高压化，需要从结构上采取措施，对轴向间隙进行自动补偿。如图 2-1-6 所示为采用浮动轴套的外啮合齿轮泵轴向间隙自动补偿装置，该齿轮泵的一端轴套是固定的，而另一端轴套是浮动安装的，浮动轴套外侧的空腔与泵的压油腔相通。当该齿轮泵工作时，浮动轴套受油压的作用而压向齿轮端面，使轴套内侧始终紧贴在齿轮端面上，压力越高，轴向间隙越小，从而补偿了轴向间隙，减小了齿轮泵内轴向间隙的泄漏量。

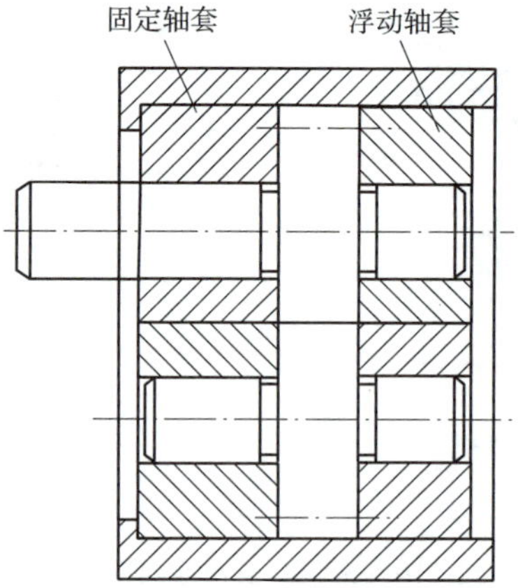

图 2-1-6　采用浮动轴套的外啮合齿轮泵轴向间隙自动补偿装置

Ⅱ. 困油现象

外啮合齿轮泵要平稳工作，齿轮啮合的重叠系数必须大于 1，也就是要求在一对齿轮即将脱离啮合时，后面的一对齿轮就要开始啮合。当两对轮齿同时啮合时，留在轮齿间的油液被困在了两对轮齿和前、后泵盖所形成的一个密闭空间中。如图 2-1-7（a）所示，当齿轮继续旋转时，这个密闭空间的容积逐渐减小，直到两个啮合点 A、B 处于节点两侧的对称位置时，密封容积减至最小，如图 2-1-7（b）所示。由于油液的可压缩性很小，当封闭空间的容积减小时，被困的油液受到挤压，压力急剧上升，油液从零件结合面的缝隙中被强行挤出，使齿轮和轴承受到很大的径向力。当齿轮继续旋转时，这个密封容积又逐渐增大到图 2-1-7（c）所示的最大位置，密封容积增大又会造成局部真空，使油液中溶解的气体分离出来，从而产生空穴现象。这些都将使外啮合齿轮泵产生强烈的振动和噪声，这就是困油现象。

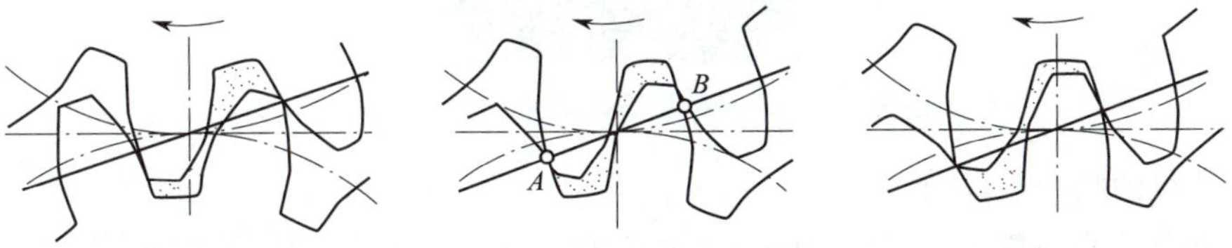

（a）密封容积减小　（b）密封容积最小　（c）密封容积最大

图 2-1-7　外啮合齿轮泵的困油现象

消除困油现象的方法通常是在外啮合齿轮泵的两侧端盖上开卸荷槽，如图 2-1-8 所示。在端盖上开卸荷槽的要求是当密封容积由大变小时它要与压油腔相通，当密封容积由小变大时它要与吸油腔相通，且两卸荷槽的间距应保证吸、压油腔始终隔开。

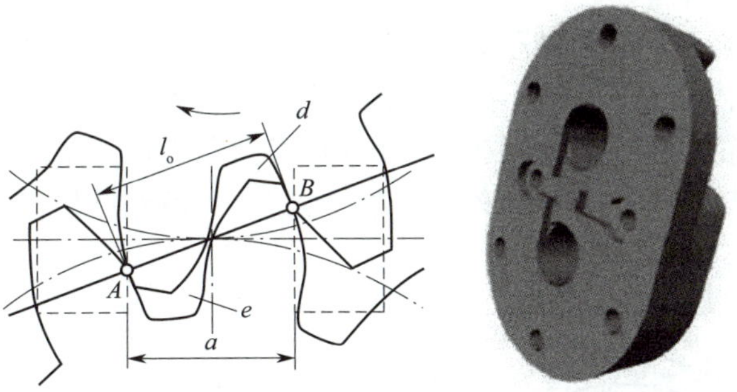

图 2-1-8　在外啮合齿轮泵两侧端盖上开设的卸荷槽

Ⅲ. 不平衡的径向力

在外啮合齿轮泵中，油液作用在齿轮外圆上的压力是不相等的，从吸油腔（低压腔）到压油腔（高压腔）压力沿齿轮旋转方向逐渐增大。因此，齿轮受到不平衡的径向力，工作压力越高，径向不平衡力就越大。径向不平衡力过大时，能使泵轴弯曲，从而使齿轮与泵体接触并产生摩擦，同时也加速了轴承的磨损，这是影响外啮合齿轮泵寿命的主要原因。为了减小外啮合齿轮泵不平衡的径向力，可以采用缩小压油口或开设径向力平衡槽的方法来解决这个问题。

3）外啮合齿轮泵的应用特点

一般外啮合齿轮泵具有结构简单、制造方便、重量轻、自吸性能好、价格低廉及对油液污染不敏感等特点，但由于不平衡的径向力、困油现象及泄漏的影响，一般工作压力较低。另外，其流量脉动较大，噪声也大，因而常用于负载小、功率小的机床设备及机床辅助装置（如送料、夹紧）等不重要的场合，在工作环境较差的工程机械上也广泛应用。

2. 内啮合齿轮泵

内啮合齿轮泵可分为渐开线齿形和摆线齿形等，如图 2-1-9 所示为渐开线齿形内啮合齿轮泵的实物图。

图 2-1-9　渐开线齿形内啮合齿轮泵实物图

1）渐开线内啮合齿轮泵

渐开线内啮合齿轮泵由主动小齿轮、从动外齿圈、月牙填隙块等组成，如图 2-1-10（a）所示。当主动小齿轮带动从动外齿圈旋转时，左半部轮齿逐渐退出啮合，密封容积增大，形成真空，进行吸油。随着齿轮的进一步旋转，右半部轮齿逐渐进入啮合，进入齿槽的油液被带到压油腔，密封容积随之减小，油液从压油口压出，在进行压油的主动小齿轮和从动外齿圈之间要装一月牙填隙块，以便将吸、压油腔分隔开。

2）摆线内啮合齿轮泵

摆线内啮合齿轮泵又称摆线转子泵，它由配油盘（前、后泵盖）、外转子（从动外齿圈）和偏心安装在泵体内的内转子（主动小齿轮）等组成，且内、外转子相差一齿，如图 2-1-10（b）所示。摆线内啮合齿轮泵工作时，内转子带动外转子同向旋转，所有内转子的轮齿都将进入啮合，并形成若干个密封腔。随着内、外转子的啮合旋转，各密封腔容积发生变化，从而实现泵的吸油和压油。

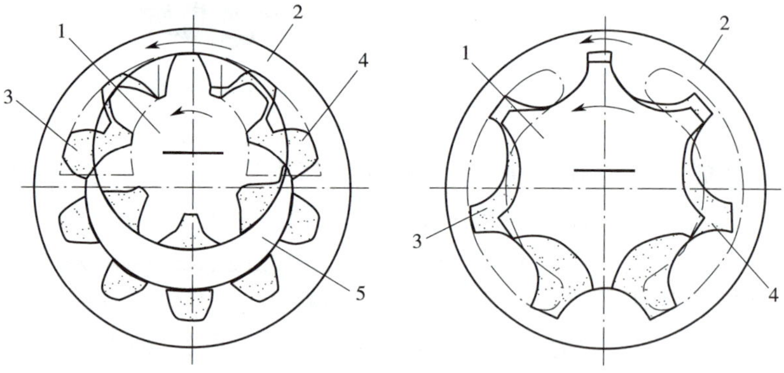

（a）渐开线内啮合齿轮泵　　（b）摆线内啮合齿轮泵

图 2-1-10　内啮合齿轮泵结构示意图

1—主动小齿轮；2—从动外齿圈；3—吸油腔；4—压油腔；5—月牙填隙块

与外啮合齿轮泵相比，内啮合齿轮泵内可做到无困油现象，且流量脉动小，同时内啮合齿轮泵有结构紧凑、尺寸小、重量轻、运转平稳、噪声低等优点且在高转速工作时有较高的容积效率，但它在低速、高压下工作时，压力脉动大，容积效率低，所以一般适用于中、低压系统。

知识拓展：

液压泵噪声的产生

（1）液压泵的压力和流量脉动引起液压泵构件的振动。这种振动还有可能引起谐振，谐振频率能达到流量脉动频率的 2 倍及以上。若液压泵的基本工作频率以及谐振频率与系统的自然频率相一致，则噪声会大大加强。

（2）液压泵的工作腔从与吸油腔相通转入与压油腔相通，或从与压油腔相通转入与吸油腔相通时，所产生的流量和压力的突变会增强噪声。

（3）空穴现象。当液压泵吸油腔中的压力小于油液所在温度下的空气分离压力时，溶解在油液中的空气会析出变成气泡。当油液进入液压泵的高压腔时气泡被压破，形成局部高频压力冲击，从而引起噪声。

（4）由于液压泵内管道通流截面突然扩大和缩小、急弯、通道截面过小而引起的液体紊流、旋涡及喷流，使噪声加大。

（5）由于轴承磨损、传动轴弯曲等机械原因引起的机械噪声。

2.1.3　叶片泵

叶片泵在机床、工程机械、船舶、压铸及冶金设备中应用十分广泛。叶片泵具有流量均匀、运转平稳、噪声低、体积小、重量轻等优点，但其缺点是对油液污染较敏感，且转速不能太高。

叶片泵按泵轴旋转一周的吸、排油次数可分为单作用叶片泵和双作用叶片泵两种。单作用叶片泵结构复杂，制造成本较高，但额定压力较低，所以一般只适用于低压、小功率且需要调速的液压系统；与单作用叶片泵相比，双作用叶片泵结构简单，流量均匀性好，工作压力较高，故应用更广泛。在实际应用中，双作用叶片泵只能做成定量泵，单作用叶片泵可做成多种变量泵。

1. 单作用叶片泵

1）单作用叶片泵的工作原理

单作用叶片泵的工作原理图和实物图如图 2-1-11 所示。单作用叶片泵，由定子、转子、叶片、吸油区、压油区等组成。其中，定子内表面是圆柱形，定子和转子间有偏心距；叶片装在转子槽中，并可在槽内滑动，当转子回转时，由于离心力的作用，使叶片紧靠在定子内壁上，从而就在定子、转子、叶片和两侧配油盘间形成若干个密封的工作空间。当转子按图示的方向旋转时，右部的叶片逐渐伸出，叶片间的工作空间逐渐增大，产生真空，从而通过吸油口和配油盘上的窗口将油吸入；左部的叶片被定子内壁逐渐压进转子槽内，密封的工作空间逐渐缩小，密封腔的油液经配油盘另一窗口和压油口被压出而输出到系统中。

慕课　单作用叶片泵的工作原理及结构特性分析

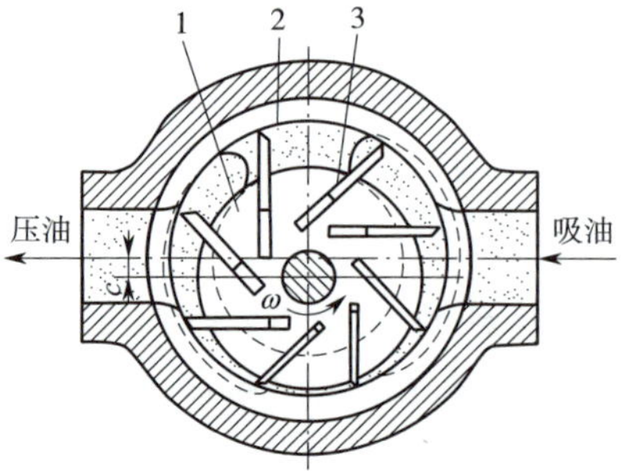

（a）工作原理图

（b）实物图

图 2-1-11　单作用叶片泵的工作原理图和实物图

1—转子；2—定子；3—叶片

2）单作用叶片泵的变量特性

图 2-1-12（a）所示为限压式变量叶片泵的工作原理图，图 2-1-12（b）所示为其变量特性曲线。其中，转子 1 的中心 O_1 是固定的，定子 2 可以左右移动，在限压弹簧 3 的作用下，定子 2 被推向右端，使定子中心 O_2 和转子中心 O_1 之间有一初始偏心距 e_0，它决定了泵的最大流量，e_0 的大小可用调节螺钉 6 调节；泵的限定压力 p_B 可通过调节螺钉 4 来改变限压弹簧 3 的压缩量而获得。

设限压弹簧 3 的预紧力为 F_s，当泵的工作压力小于限定压力 p_B 时，则 $p_A<F_s$，定子不移动，偏心距 e 保持不变，泵的输出流量基本上维持在最大水平。图 2-1-12（b）所示变量特性曲线 AB 段稍有下降是由泵的泄漏引起的；当泵的工作压力增大并大于限定压力 p_B 时，则 $p_A \geqslant F_s$，定子左移，偏心距 e 减小，泵的流量也减小。泵的工作压力越高，偏心距就越小，泵的流量也就越小。当泵的压力达到极限压力 p_C 时，偏心量接近零，泵不再有流量输出。

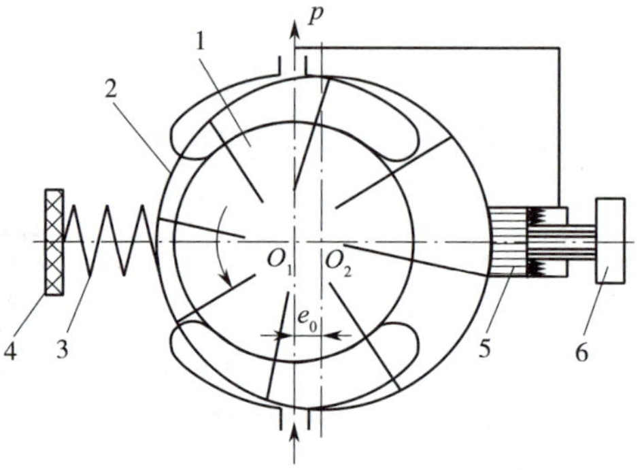

（a）工作原理图

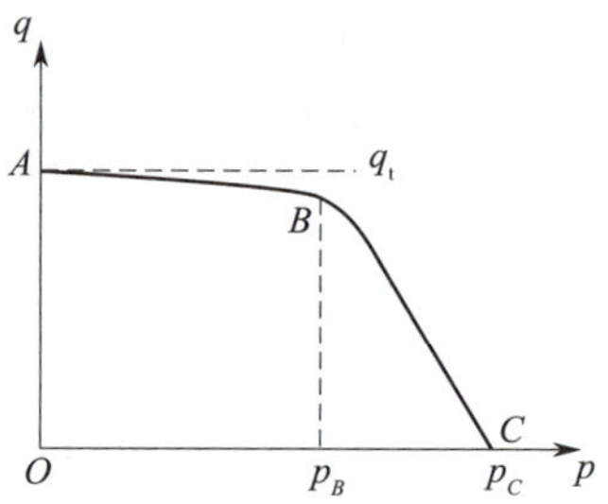

（b）变量特性曲线

图 2-1-12　限压式变量叶片泵的工作原理图及其变量特性曲线

1—转子；2—定子；3—限压弹簧；4、6—调节螺钉；5—反馈缸柱塞

3）单作用叶片泵的工作特性

单作用叶片泵的转子每转一周，每个工作空间完成一次吸油和压油，故称为单作用叶片泵。此类叶片泵从吸油腔到压油腔液压力逐渐升高，转子周围所受的径向液压力不平衡，故又称为非平衡式叶片泵。

4）单作用叶片泵的结构特点和应用范围

单作用叶片泵的定子和转子存在一定的偏心距 e，改变偏心距 e 的大小，就可改变泵的排量，从而成为变量泵；若改变偏心距 e 的方向，则可改变泵的吸、压油方向，从而成为双向泵。在泵工作过程中，转子受到不平衡的径向液压力，泵的工作压力越高，不平衡的径向力越大，因此这种泵的工作压力不能太高。

由上所述，单作用叶片泵作为变量泵使用时，其轴承受径向作用力，且易磨损，泄漏大，压力不高，噪声大，因此它一般适用于机床、注塑机械等。

2. 双作用叶片泵

1）双作用叶片泵的工作原理

微课　双作用叶片泵的工作原理

双作用叶片泵也由定子、转子、叶片和配油盘等组成，但与单作用叶片泵不同的是双作用叶片泵的转子和定子中心重合，定子内表面由两段长半径圆弧、两段短半径圆弧和四段过渡曲线组成。

双作用叶片泵的工作原理图和实物图如图 2-1-13 所示。当转子顺时针方向转动时，叶片在离心力作用下径向伸出，其顶部在定子内曲线上滑动。此时，由两叶片、转子外圆、定子内曲线及两侧配油盘所组成的密闭工作腔的容积不断变化。在密封空间从小圆弧经过渡曲线运动到大圆弧的过程中，叶片外伸，密封空间容积增大，形成局部真空，这就使得油液被吸入油箱；在密封空间从大圆弧经过渡曲线运动到小圆弧的过程中，叶片被定子内壁逐渐压入转子槽内，密封空间容积减小，使得油液从压油口压出。当转子不停地旋转时，双作用叶片泵就不停地完成吸油和压油的动作。

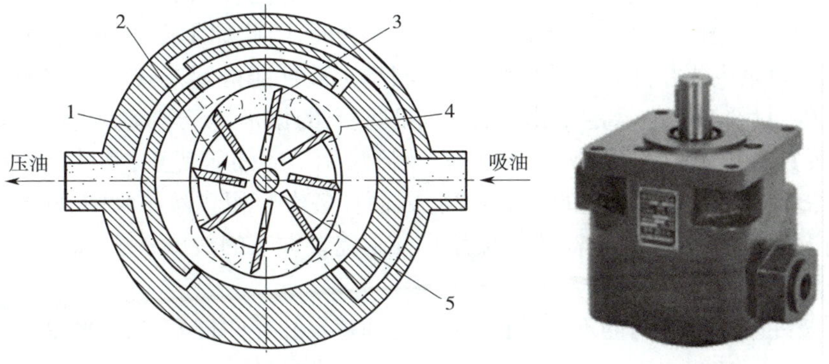

（a）工作原理图　　（b）实物图

图 2-1-13　双作用叶片泵的工作原理图和实物图

1—定子；2—转子；3—叶片；4—配油盘；5—转动轴

2）双作用叶片泵的工作特性

双作用叶片泵的转子每转一周，每个工作空间完成两次吸油和压油，故称为双作用叶片泵。此类叶片泵的两个吸、压油区沿径向对称分布，转子周围所受的径向液压力平衡，故又称为平衡式叶片泵。

3）双作用叶片泵的结构特点和应用范围

双作用叶片泵的配油盘上开有三角槽和环形沟槽，三角槽能防止系统压力突跳；同时避免困油现象，也能减缓流量和压力脉动并减小噪声。环形沟槽与压油腔和转子叶片槽底部相通，使叶片底部通压力油，防止压油区叶片内滑。在双作用叶片泵上，定子内表面的曲线由四段圆弧和四段过渡曲线组成，常采用性能较好的等加速等减速曲线。

双作用叶片泵一般为定量泵，其轴承径向受力是平衡的，故寿命较长；同时，双作用叶片泵的结构比较紧凑，流量均匀，噪声小，一般适用于机床、注塑机、液压机、起重运输机械、工程机械和飞机等。

知识拓展：

液压泵噪声的控制

（1）尽量消除液压泵内油液压力的急剧变化。

（2）在液压泵的出口处安装消声器，可以吸收液压泵的压力脉动和流量脉动。

（3）采用内径较大的吸油管，减小管道局部阻力；采用大容量吸油过滤器，防止空气混入油液等，从而防止空穴现象的产生。

（4）液压泵的压油管选用橡胶软管进行隔振，装在油箱上的液压泵使用橡胶垫进行减振。

（5）合理设计液压泵，提高零件刚度，以减小机械噪声。

2.1.4　柱塞泵

柱塞泵是依靠柱塞在缸体内往复运动，使密封工作腔的容积发生变化，从而实现吸油和压油的。由于柱塞泵的柱塞与缸体内孔均为圆柱表面，因此加工方便，配合精度高，密封性能好；同时，柱塞泵主要零件处于受压状态，使材料强度性能得到充分利用，故柱塞泵常做成高压泵。此外，只要改变柱塞的工作行程就能改变泵的排量，易于成为单向或双向变量泵。所以，柱塞泵具有压力高、结构紧凑、效率高及流量调节方便等优点；其缺点是结构较为复杂，有些零件对材料及加工工艺的要求较高，因而在各类容积式液压泵中，柱塞泵的价格最高。一般情况下，柱塞泵常用于高压大流量和流量需要调节的液压系统，如龙门刨床、拉床、压力机、起重机械等设备的液压系统。

柱塞泵按柱塞排列方向的不同，可分为轴向柱塞泵和径向柱塞泵，如图 2-1-14 所示。

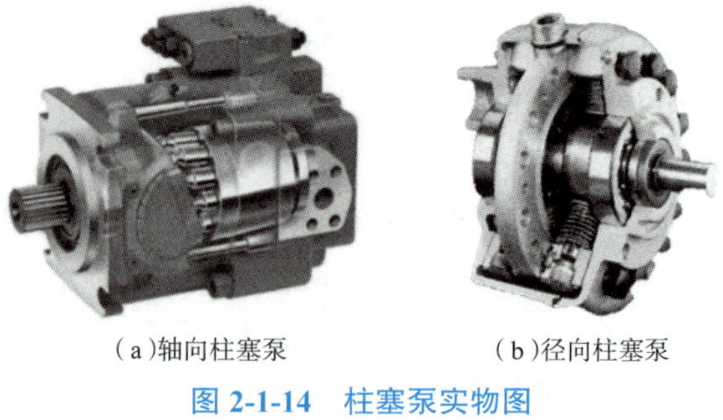

（a）轴向柱塞泵　　（b）径向柱塞泵

图 2-1-14　柱塞泵实物图

1. 轴向柱塞泵

轴向柱塞泵的柱塞都平行于缸体的中心线，并均匀分布在缸体的圆周上。轴向柱塞泵按结构特点又可分为斜盘式和斜轴式两类，下面仅介绍斜盘式轴向柱塞泵。

微课　斜盘式轴向柱塞泵的工作原理

1）斜盘式轴向柱塞泵的工作原理

斜盘式轴向柱塞泵的工作原理图和实物图如图 2-1-15 所示。由于泵的传动轴中心线与缸体中线重合，故又称为直轴式轴向柱塞泵。斜盘式轴向柱塞泵主要由斜盘 1、柱塞 2、缸体 3 和配油盘 4 等组成。其中，斜盘相对于缸体倾斜一个 γ 角，当泵正常工作时，缸体由轴带动旋转，斜盘和配油盘固定不动，在柱塞底部弹簧的作用下，柱塞头部始终紧贴斜盘。当缸体按图示方向旋转时，由于斜盘和弹簧的共同作用，柱塞产生往复运动，各柱塞与缸体间的密封腔容积便发生增大或缩小的变化。这样，就可以通过配油盘上的窗口 a 进油、窗口 b 压油。

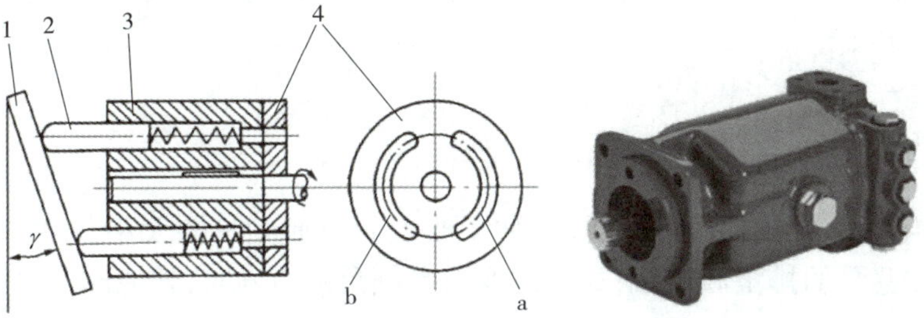

（a）工作原理图　　（b）实物图

图 2-1-15　斜盘式轴向柱塞泵的工作原理图和实物图

1—斜盘；2—柱塞；3—缸体；4—配油盘；a、b—窗口

2）斜盘式轴向柱塞泵的特点

Ⅰ. 端面间隙

由图 2-1-15（a）可见，使缸体紧压配油盘端面的作用力，除机械装置或弹簧的推力外，还有柱塞孔底部台阶面上所受的液压力，此液压力比弹簧力大得多，而且随泵的工作压力增大而增大。由于缸体始终受到液压力的作用，从而使它紧贴配油盘，所以端面间隙就得到自动补偿。

Ⅱ. 滑靴及静压支撑

图 2-1-15（a）所示的柱塞以球形头部直接接触斜盘而滑动，这种轴向柱塞泵由于柱塞头部与斜盘平面理论上为点接触，因而接触应力大，极易磨损。因此，一般轴向柱塞泵都在柱塞头部装设一滑靴，从而形成滑靴式结构，如图 2-1-16 所示。滑靴是按静压轴承原理设计的，缸体中的压力油经过柱塞球头的中间小孔流入滑靴油室，使滑靴和斜盘间形成液体润滑，改善柱塞头部和斜盘的接触情况，有利于保证轴向柱塞泵在高压、高速下工作。

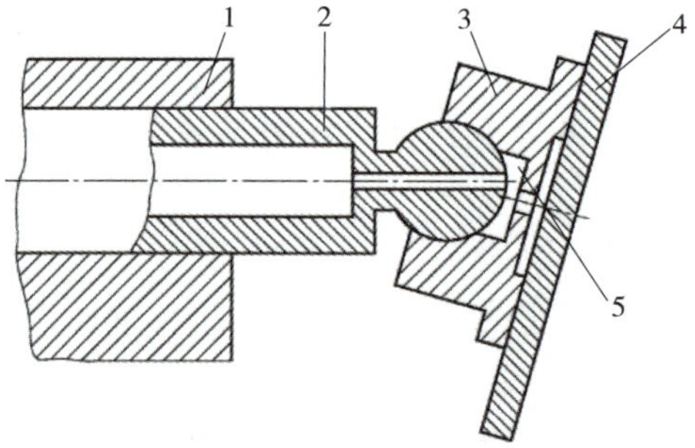

图 2-1-16 滑靴式结构图

1—缸体；2—柱塞；3—滑靴；4—斜盘；5—油室

3）斜盘式轴向柱塞泵的输出流量

设斜盘式轴向柱塞泵的柱塞个数为 z，柱塞直径为 d，柱塞孔的分布圆直径为 D，斜盘倾角为 γ，则当缸体转动一周时泵的排量和实际输出流量分别为

$$V=\frac{\pi d^2}{4}Dz\tan\gamma \tag{2-1-8}$$

$$q=\frac{\pi d^2}{4}Dzn\eta_v\tan\gamma \tag{2-1-9}$$

从式（2-1-8）和式（2-1-9）可以看出，如果改变斜盘倾角 γ 的大小，就能改变柱塞的行程，从而改变柱塞泵的排量和流量；如果改变斜盘倾角 γ 的方向，就能改变泵的吸油和压油的方向，即可做成双向变量泵。

2. 径向柱塞泵

1）径向柱塞泵的工作原理

微课 径向柱塞泵的工作原理

径向柱塞泵的工作原理图如图 2-1-17 所示。其中，柱塞 1 径向排列装在缸体 2 中，缸体 2 由原动机带动连同柱塞 1 一起旋转，所以缸体 2 一般也称为转子，柱塞 1 在离心力（或低压油）的作用下顶紧定子 4 的内壁。当转子按图示方向旋转时，由于定子和转子之间有偏心距 e，柱塞绕经上半周时向外伸出，柱塞底部的密封容积逐渐增大，形成局部真空，因此经过衬套 3（压紧在转子内，并和转子一起旋转）上的油孔从配油轴 5 的吸油口 b 吸油；当柱塞转到下半周时，定子内壁将柱塞向里推，柱塞底部的密封容积逐渐减小，并向配油轴的压油口 c 压油。当转子回转一周时，每个柱塞底部的密封容积完成一次吸、压油，转子连续运转即完成连续的吸、压油工作。在径向柱塞泵的工作过程中，配油轴固定不动，油液从配油轴上半部的两个油孔 a 流入，从下半部的两个油孔 d 压出。为了进行配油，在配油轴和衬套接触的部分加工出上、下两个缺口，形成吸油口 b 和压油口 c，剩下的部分形成封油区。封油区的宽度应能封住衬套上的吸、压油孔，以防吸油口和压油口相连通，但尺寸也不能大得太多，以免产生困油现象。

2）径向柱塞泵的结构特点

径向柱塞泵具有很好的耐冲击性能，且流量大，工作压力较高，工作可靠，但因其径向尺寸大，结构复杂，自吸能力差，且配油轴在不平衡径向液压力的作用下易于磨损，泄漏间隙不易补偿。

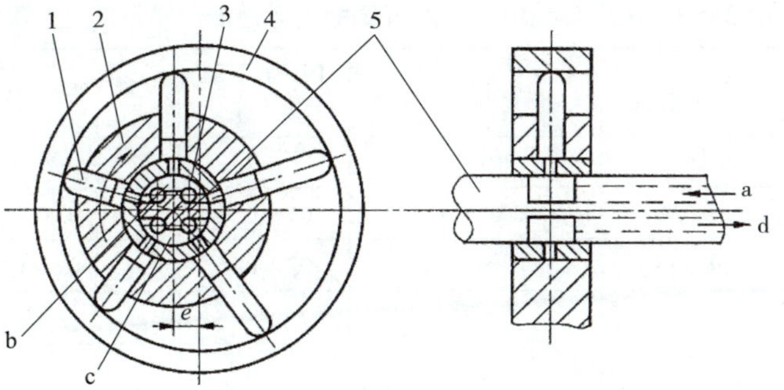

图 2-1-17　径向柱塞泵的工作原理图

1—柱塞；2—缸体；3—衬套；4—定子；5—配油轴；a、d—油孔；b—吸油口；c—压油口

3）径向柱塞泵的输出排量和流量

当径向柱塞泵的转子和定子之间的偏心距为 e 时，柱塞在缸体孔中的行程为 $2e$，设柱塞个数为 z，柱塞直径为 d，则泵的排量为

$$V=\frac{\pi d^2}{4}2ez \qquad (2\text{-}1\text{-}10)$$

设泵的转数为 n，容积效率为 η_v，则泵的实际输出流量为

$$q=\frac{\pi d^2}{4}2ezn\eta_v=\frac{\pi d^2}{2}ezn\eta_v \qquad (2\text{-}1\text{-}11)$$

从式（2-1-11）可以看出，径向柱塞泵是变量泵，其输出流量可随偏心距 e 的调整而改变，如果改变偏心的方向，还可做成双向变量泵。

动动脑：

液压泵是如何将电动机或发动机的机械能精确地转换成液体的压力能的？以柱塞泵为例，当柱塞在凸轮和弹簧的作用下上下运动时，密封容积不断变化，这个过程中机械能和压力能是如何逐步转换的？

2.1.5　液压泵的选用

1. 液压泵的选择

液压泵是向液压系统提供一定流量和压力的油液的动力元件，它是每个液压系统不可缺少的核心元件。合理地选择液压泵，对于降低液压系统的能耗、提高系统的效率、减小噪声、改善工作性能和保证系统可靠工作都十分重要。通常选择液压泵的原则是根据主机工况、功率大小和系统对工作性能的要求，首先确定液压泵的类型，然后按液压系统所要求的压力、流量确定液压泵的规格和型号。表 2-1-3 给出了液压系统中常用液压泵的主要性能的比较及应用范围。

表 2-1-3　液压系统中常用液压泵的主要性能比较及应用范围

类型	齿轮泵	双作用叶片泵	限压式变量叶片泵	轴向柱塞泵	径向柱塞泵
工作压力（MPa）	<2	6.3~21	≤7	20~35	10~20
容积效率	0.70~0.95	0.80~0.95	0.80~0.90	0.90~0.98	0.85~0.95
总效率	0.60~0.85	0.75~0.85	0.70~0.85	0.85~0.95	0.75~0.92
流量调节	不能	不能	能	能	能
流量脉动	大	小	中等	中等	中等
自吸特性	好	较差	较差	较差	差
对油液污染的敏感性	不敏感	敏感	敏感	敏感	不敏感
噪声	大	小	较大	大	大
单位功率造价	低	中等	较高	高	高
应用范围	机床、工程机械、农机、航空、船舶	机床、注塑机、压力机、起重运输机械、工程机械、飞机	机床、注塑机	工程机械、锻压机械、起重运输机械、矿山机械、冶金机械、船舶、飞机	机床、压力机、船舶机械

2. 液压泵的安装和使用

要想使液压泵获得满意的使用效果，单靠产品本身的高质量是不能完全保证的。在实际使用过程中，液压泵往往由于安装、使用、维护以及油路设计不当，在未到设计寿命期限时就会损坏。因此，在安装和使用液压泵时要充分考虑其正常工作要求，具体如下：

（1）液压泵与其他机械连接时，要保证同心或采用挠性连接；

（2）要了解液压泵承受径向力的能力，不能承受径向力的液压泵不得将皮带轮、齿轮等传动件直接装在输出轴上；

（3）液压泵泄漏油管要畅通，一般不接背压，当泄漏油管太长或因某种需要而接背压时，其压力大小不得超过低压密封所允许的数值；

（4）外接的泄油管应能保证壳体里充满油液，防止停车时液压泵壳体里的油液全部流回油箱，从而保持泵的内部压力，以免因油液流失而导致泵体损坏或性能下降。

善思问道

起重机厂发展史：北京起重机厂

任务验收考核

姓名			学号		
任务名称	考核要点	考核要求	配分	评分标准	得分
液压泵的选用	1. 基础知识（80 分）	（1）说出液压泵的主要性能参数	5	说出一个给 1 分	
		（2）简单描述液压泵的工作原理	5	说出给 5 分	
		（3）描述外啮合齿轮泵的工作原理及特点	10	说出工作原理给 5 分，说出特点给 5 分	
		（4）描述内啮合齿轮泵的工作原理及特点	10	说出工作原理给 5 分，说出特点给 5 分	
		（5）说出叶片泵的缺点和优点	10	说出缺点给 5 分，说出优点给 5 分	
		（6）描述两种叶片泵的工作原理及特点	20	说出工作原理给 5 分，说出特点给 5 分	
		（7）说出两种柱塞泵的工作原理及特点	20	说出工作原理给 5 分，说出特点给 5 分	
	2. 课堂纪律（20 分）	（1）不迟到或早退	10	迟到或早退各扣 5 分	
		（2）遵守课堂纪律	10	根据实际情况给分	
合计			100	总分	

习题与测试

1. 填空题

（1）液压泵的性能参数主要包括________、________、________、________和效率等。

（2）齿轮泵有________和________两种结构形式。

（3）按照工作原理，叶片泵可分为________和________两类。

（4）柱塞泵按柱塞排列方向的不同，可分为________和________。

（5）输出流量不能调节的液压泵称为________泵，可调节的液压泵称为________泵。外啮合齿轮泵属于________泵。

2. 选择题

（1）下列不能成为双向变量液压泵的是（　　）。

A. 双作用叶片泵　　B. 单作用叶片泵　　C. 轴向柱塞泵　　D. 径向柱塞泵

（2）通常情况下，柱塞泵多用于（　　）系统。

A. 高压　　B. 低压　　C. 中压

（3）限制齿轮泵压力提高的主要因素是（　　）。

A. 流量脉动　　B. 困油现象　　C. 泄漏　　D. 径向不平衡力

(4)在齿轮泵的齿轮端面上安装自动补偿装置的目的是减少(　　)的产生。

A. 泄漏　　B. 径向不平衡力　　C. 困油现象

(5)液压系统中的压力大小取决于(　　)。

A. 液压泵额定压力　　B. 负载　　C. 液压泵的流量

3. 简答题

(1)描述齿轮泵的工作原理以及优缺点。

(2)描述叶片泵的工作原理以及优缺点。

(3)描述柱塞泵的工作原理以及优缺点。

任务 2.2　液压缸的选用

任务发布

液压缸作为液压系统的执行元件,是完成液压系统不同作业任务的关键部分,通常在液压泵输出的液压油的作用下带动不同的执行机构完成指定的动作。液压系统中,常见的执行元件有液压缸和液压马达,它们将液压能转换为机械能,以驱动工作机构进行直线运动(液压缸)、摆动运动(液压缸、液压马达)或转动(液压马达)。

任务要求

(1)能够理解液压缸、液压马达的工作原理,并掌握液压缸的性能参数;

(2)能够正确选用液压缸和液压马达。

任务目标

1. 知识目标

(1)掌握液压缸的工作原理和结构特点;

(2)掌握液压缸的速度和推力的计算;

(3)掌握液压马达的工作原理和结构特点;

(4)掌握液压马达的性能参数及其计算方法。

2. 能力目标

(1)能够根据液压缸的特点区分各类液压缸;

(2)能够根据不同的工作环境选择合适的液压缸;

(3)能够通过铭牌了解液压马达的性能参数;

(4)能够根据液压马达的特点、不同的工作环境选择合适的液压马达。

3. 素养目标

（1）培养学生分析问题和解决问题的能力；

（2）培养学生的专业技术能力。

2.2.1　液压缸的工作原理及性能参数

1. 液压缸的工作原理

汽车起重机伸缩臂的伸出与缩回，均是依靠液压缸的动作带动实现的。液压缸属于液压系统的执行元件，它是将液压能转变为机械能，并做直线往复运动（或摆动运动）的液压执行元件。液压缸结构简单，工作可靠，用它来实现往复运动时可免去减速装置，并且没有传动间隙，运动平稳，因此在各种液压系统中得到广泛应用，也是液压系统中最常用的执行元件。图 2-2-1 所示为单杆活塞式液压缸的图形符号和实物图。

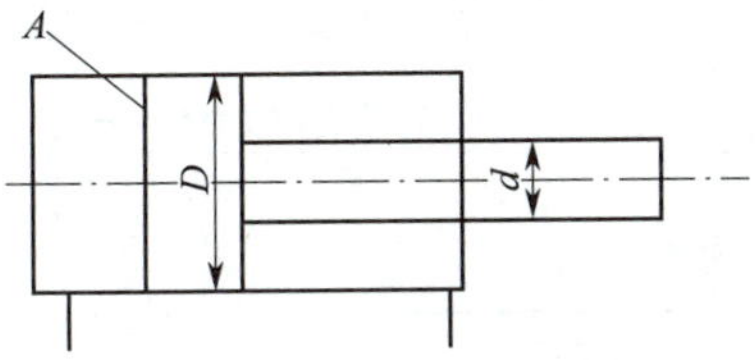

（a）图形符号

（b）实物图

图 2-2-1　单活塞杆式液压缸的图形符号和实物图

2. 液压缸的性能参数

液压缸的主要性能参数包括压力、输出力、输出速度、速比和功率。

1）液压缸的压力

Ⅰ. 工作压力 p

油液作用在活塞单位面积上的法向力称为工作压力，单位为 Pa，其值为

$$p=\frac{F_L}{A} \tag{2-2-1}$$

式中　F_L——活塞杆承受的总负载；

A——活塞的有效工作面积。

由此表明，液压缸的工作压力是由于负载的存在而产生的，负载越大，液压缸的工作压力也越大。

Ⅱ. 额定压力 p_n

额定压力也称为公称压力，是液压缸能长期工作的最高压力。国家标准规定的液压缸公称压力系列为 0.63、1、1.6、2.5、4、6.3、10、16、20、25、31.5 和 40 MPa。

Ⅲ. 最高允许压力 p_{max}

最高允许压力也称为试验压力，是液压缸在瞬间能承受的极限压力。通常情况下，$p_{max}≤1.5p_n$。

2）液压缸的输出力

液压缸的理论输出力 F 等于油液的压力和工作腔有效面积的乘积，即 $F=pA$。

由于图 2-2-1 所示液压缸为单活塞杆式，两腔的有效面积不同，因此在相同压力条件下，液压缸往复运动的输出力也不同；同时，液压缸内部存在密封圈阻力、回油阻力等，故液压缸的实际输出力要小于理论输出力。

3）液压缸的输出速度和速比

Ⅰ. 液压缸的输出速度

$$v=\frac{q}{A} \qquad (2\text{-}2\text{-}2)$$

式中 v——液压缸的输出速度（m/s）；

A——液压缸工作腔的有效面积（m^2）；

q——输入液压缸工作腔的流量（m^3/s）。

Ⅱ. 液压缸的速比 λ_v

对于如图 2-2-1 所示的单活塞杆式液压缸，由于两腔的有效面积不同，液压缸在活塞前进时的输出速度 v_1 与活塞后退时的输出速度 v_2 也不同，通常将液压缸往复运动输出速度之比称为速比，用符号 λ_v 表示。

液压缸的速比不宜过小，以免活塞杆过细，稳定性不好，其推荐值见表 2-2-1。

表 2-2-1　液压缸速比推荐值

工作压力 p（MPa）	≤10	12.5~20	>20
速比 λ_v	1.33	1.46~2	2

4）液压缸的功率

Ⅰ. 输出功率 P_o

液压缸的输出功率是液压缸在单位时间内输出的机械能，单位为 W，其值为

$$P_o=Fv \qquad (2\text{-}2\text{-}3)$$

式中 F——作用在活塞杆上的外负载（N）；

v——活塞的平均运动速度（m/s）。

Ⅱ. 输入功率 P_i

液压缸的输入功率是液压缸在单位时间内输入的液压能，单位为 W，它等于压力和流量的乘积，即

$$P_i=pq \qquad (2\text{-}2\text{-}4)$$

式中 p——液压缸的工作压力（Pa）；

q——液压缸的输入流量（m^3/s）。

由于液压缸内存在能量损失（摩擦和泄漏），因此输出功率小于输入功率。

动动脑：

液压缸是将液压能转换为机械能的元件。当液压能转换为机械能时，能量转换过程中的损耗主要体现在哪些方面？

2.2.2　液压缸的分类及结构

1. 液压缸的分类

液压缸的类型较多，按用途可分为两大类，即普通液压缸和特殊液压缸。普通液压缸按液压力作用情况可分为单作用式液压缸和双作用式液压缸。其中，单作用式液压缸在液压力的作用下只能向一个方向运动，其反向运动需要依靠重力或弹簧力等外力来实现；双作用式液压缸依靠液压力可实现正、反两个方向的运动。单作用式液压缸又可分为活塞式液压缸和柱塞式液压缸两大类，其中活塞式液压缸应用最广；而双作用式液压缸又可分为单活塞杆液压缸和双活塞杆液压缸两大类。

液压缸按结构形式可分为活塞式液压缸、柱塞式液压缸和摆动式液压缸三类。其中，活塞式液压缸和柱塞式液压缸可实现往复运动，输出推力和速度；摆动式液压缸则能实现小于 360° 的往复摆动，输出转矩和角速度。工程中以活塞式液压缸应用最为广泛。

1）活塞式液压缸

活塞式液压缸有双杆活塞缸和单杆活塞缸两种，其图形符号如图 2-2-2 所示。

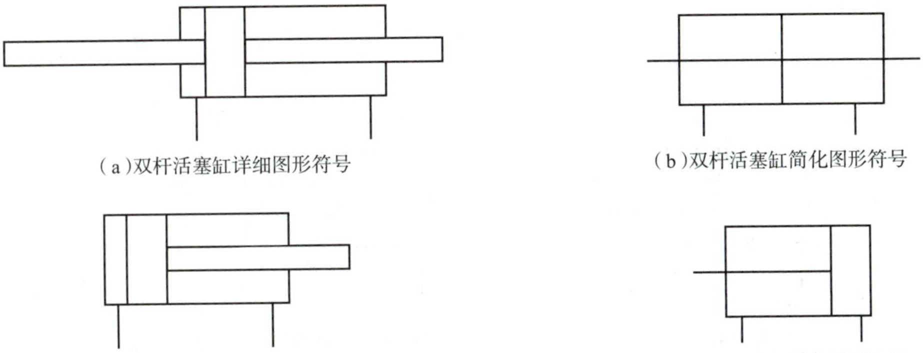

（a）双杆活塞缸详细图形符号　（b）双杆活塞缸简化图形符号

（c）单杆活塞缸详细图形符号　（d）单杆活塞缸简化图形符号

图 2-2-2　活塞式液压缸的图形符号

Ⅰ. 双杆活塞缸

双杆活塞缸的两侧均装有活塞杆。双杆活塞缸的固定方式有缸体固定和活塞杆固定两种。图 2-2-3（a）所示为缸体固定式双杆活塞缸结构，它的进、回油口设置在缸体两端，其运动范围约为液压缸有效行程的 3 倍，占地面积较大，一般用于中小型液压设备。图 2-2-3（b）所示为活塞杆固定式双杆活塞缸结构，当它的进、回油管采用软管时，进、回油口可设置在缸体两端；当采用硬管时，进、回油口则设置在空心活塞杆两端；其运动范围约为液压缸有效行程的 2 倍，常用于行程较长的大中型液压设备。

由于双杆活塞缸两端的活塞杆直径通常是相等的，因此其左、右两腔的有效面积也相等。当分别向左、右两腔输入相同压力和相同流量的油液时，液压缸左、右两个方向的推力和速度相等。当活塞的直径为 D，活塞杆的直径为 d，液压缸进、出油腔的压力分别为 p_1 和 p_2，输入流量为 q，活塞的有效工作面积为 A 时，双杆活塞缸的推力 F 和速度 v 分别为

$$F=(p_1-p_2)A=\frac{\pi}{4}(D^2-d^2)(p_1-p_2) \tag{2-2-5}$$

$$v=\frac{q}{A}=\frac{4q}{\pi(D^2-d^2)} \tag{2-2-6}$$

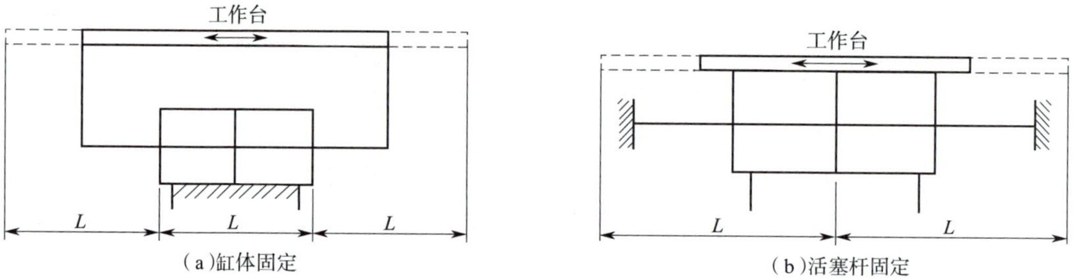

图 2-2-3　双杆活塞缸运动示意图

Ⅱ. 单杆活塞缸

单杆活塞缸仅一端装有活塞杆，左、右两腔的有效作用面积不相等，如图 2-2-4 所示。当向液压缸左、右两腔分别供油，且压力和流量都不变时，活塞在两个方向上的运动速度和推力都不相等。设缸筒的内径为 D，活塞杆的直径为 d，液压缸无杆腔和有杆腔的有效作用面积分别为 A_1 和 A_2。

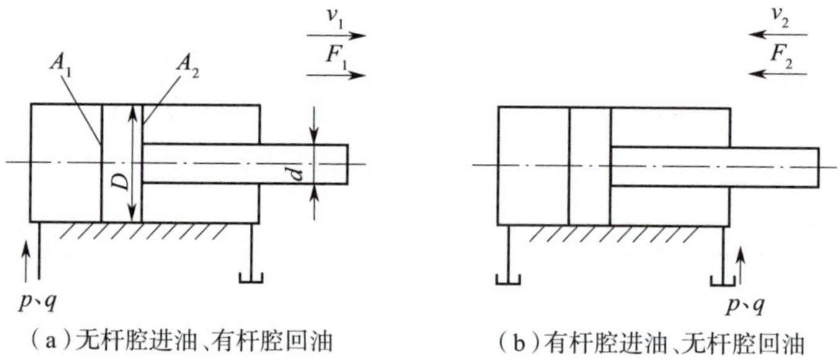

图 2-2-4　单杆活塞缸运动示意图

如图 2-2-4(a)所示，当无杆腔进油、有杆腔回油时，活塞的推力 F_1 和运动速度 v_1 分别为

$$F_1=pA_1=\frac{\pi D^2p}{4} \tag{2-2-7}$$

$$v_1=\frac{q}{A_1}=\frac{4q}{\pi D^2} \tag{2-2-8}$$

此时，活塞的运动速度较慢，能克服的负载较大，常被用于实现机床的工作进给运动。

如图 2-2-4(b)所示，当有杆腔进油、无杆腔回油时，活塞的推力 F_2 和运动速度 v_2 分别为

$$F_2=pA_2=\frac{\pi}{4}(D^2-d^2)p \tag{2-2-9}$$

$$v_2=\frac{q}{A_2}=\frac{4q}{\pi(D^2-d^2)} \tag{2-2-10}$$

此时，活塞的运动速度较快，能克服的负载较小，常被用于实现机床的快速退回。

Ⅲ. 差动连接

在图 2-2-5 中，当单杆活塞缸左、右两腔同时进压力油时，由于无杆腔有效作用面积大于有杆腔有效作用面积，使得活塞向右的作用力大于向左的作用力，因此活塞向右运动，活塞杆向外伸出；与此同时，又将有杆腔中的油液挤出，使其流进无杆腔，从而加快了活塞杆的伸出速度，形成差动连接。

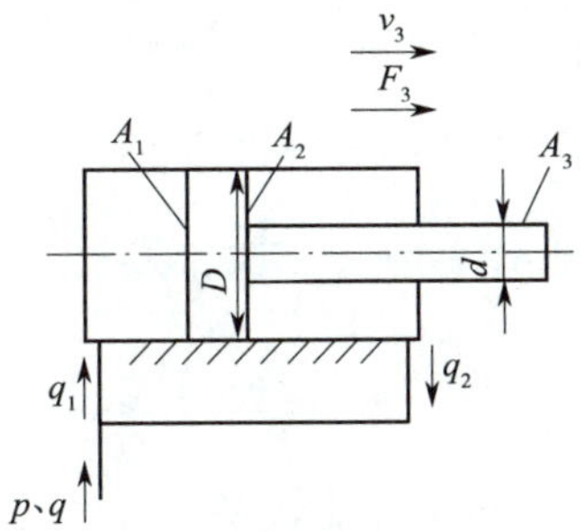

图 2-2-5　差动连接

差动连接时，活塞的推力 F_3 和运动速度 v_3 分别为

$$F_3 = p(A_1 - A_2) = p\frac{\pi}{4}d^2 \tag{2-2-11}$$

$$v_3 = \frac{4q}{\pi d^2} \tag{2-2-12}$$

比较可知，$F_1>F_3$，$v_1<v_3$，即单杆活塞缸差动连接时能使液压缸获得很小的推力和很高的速度。由此可知，差动连接时液压缸的推力比非差动连接时小，而速度比非差动连接时大，利用这一点可在不加大油液流量的情况下得到较快的运动速度。因此，单杆活塞缸常用在需要实现“快进（差动连接）→工进（无杆腔进油）→快退（有杆腔进油）”工作循环的组合机床等液压系统中。

2）柱塞式液压缸

一般来讲，液压系统中较多采用的是活塞式液压缸，但对活塞式液压缸缸体内孔的加工精度要求很高，且行程较长的缸体加工困难。因此，在行程较长的场合，可采用柱塞式液压缸。图 2-2-6 所示的柱塞式液压缸由缸筒、柱塞、导向套、密封圈等组成，其缸筒内壁不需要精加工，运动时由缸盖上的导向套进行导向。柱塞缸结构简单，制造容易，常用于龙门刨床、导轨磨床、大型拉床等大行程设备的液压系统中。

如图 2-2-6（a）所示，柱塞式液压缸在压力油的推动下只能实现单向运动，其回程需借助自重或其他外力（如弹簧力）来实现。若柱塞直径为 d，则柱塞缸的有效作用面积为

$$A = \frac{\pi}{4}d^2 \tag{2-2-13}$$

柱塞式液压缸输出的推力 F 和运动速度 v 分别为

$$F = pA = \frac{\pi}{4}d^2 p \tag{2-2-14}$$

$$v=\frac{q}{A}=\frac{4q}{\pi d^2} \tag{2-2-15}$$

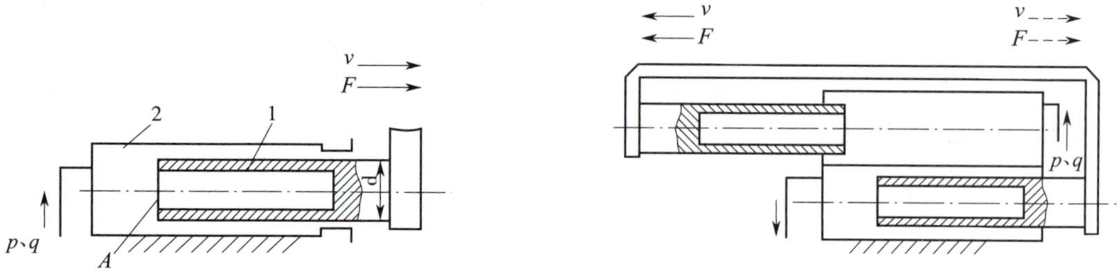

（a）单向运动　　（b）双向运动

图 2-2-6　柱塞式液压缸

1—柱塞；2—缸筒

3）摆动式液压缸

摆动式液压缸是一种将液压油的压力能转换为叶片往复的摆动运动，从而输出机械能的液压执行元件，常用的摆动式液压缸有单叶片和双叶片两种形式。

图 2-2-7 所示为摆动式液压缸的工作原理图，无论哪种类型的摆动缸，都主要由叶片 1、摆动轴 2、定子块 3 和缸体 4 等主要零件组成。在摆动式液压缸中，定子块固定在缸体上，而叶片和摆动轴连接在一起，当两油口相继通以压力油时，叶片即带动摆动轴往复摆动。

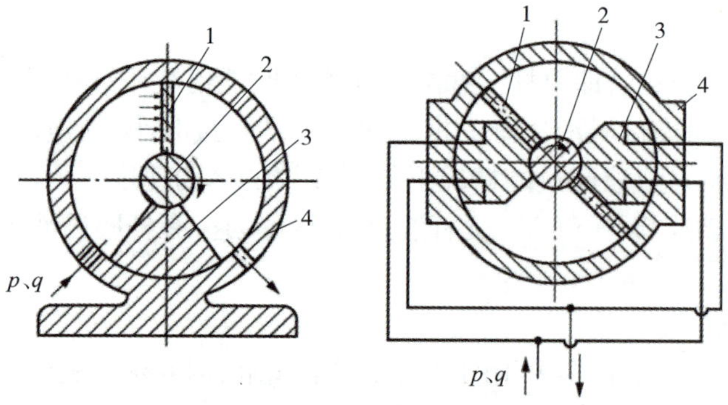

（a）单叶片　　（b）双叶片

图 2-2-7　摆动式液压缸的工作原理图

1—叶片；2—摆动轴；3—定子块；4—缸体

图 2-2-7（a）所示单叶片摆动式液压缸的摆角一般不超过 280°，图 2-2-7（b）所示双叶片摆动式液压缸的摆角一般不超过 150°。摆动式液压缸结构紧凑，输出转矩大，但密封性较差，常用于机床的送料装置、间歇进给机构、回转夹具、工业机器人手臂和手腕的回转机构等液压系统中。

动动脑：

如果要使机床的往复运动速度相同，需要采用什么类型的液压缸？

2. 液压缸的结构

液压缸通常由端盖、缸筒、活塞杆、活塞组件等主要部分组成。为防止系统泄漏，液压缸需设置密封装置。为防止活塞运动到行程终端时撞击缸盖，液压缸端部还需设置缓冲装置。有些液压缸在工作中可能会混入空气，或液压油中溶解的空气会分离出来，使系统的工作不稳定，故为了排除液压缸中的空气，还需要设置排气装置。

如图 2-2-8 所示为单活塞杆液压缸的典型结构，它主要由活塞 5、缸筒 8、缸底 1、密封圈 6 和 7、导向套 10、缸盖 11、防尘圈 12 和活塞杆 13 等组成。当压力油从 A 孔或 B 孔进入缸筒 8 时，可使活塞实现往复运动，并利用活塞杆左端的缓冲柱塞减小液压冲击和振动。

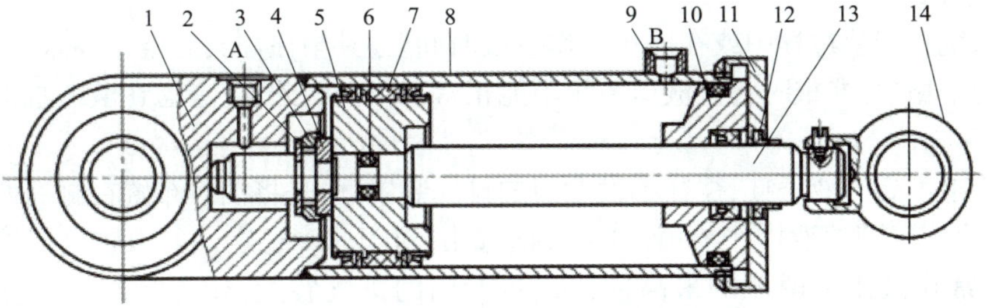

图 2-2-8　单活塞杆液压缸的典型结构

1—缸底；2—弹簧挡圈；3—套环；4—卡环；5—活塞；6、7—密封圈；8—缸筒；
9—管接头；10—导向套；11—缸盖；12—防尘圈；13—活塞杆；14—耳环

1）缓冲装置

当液压缸驱动质量较大、移动速度较快的工作部件时，一般应在液压缸内设置缓冲装置，以免产生液压冲击、噪声甚至造成液压缸的损坏。液压缸中缓冲装置的结构形式很多，但它们的工作原理大都相同，即当活塞快速运动到接近缸盖时，增大排油阻力，使液压缸的排油腔产生足够大的缓冲压力，从而使活塞减速，以避免活塞与缸盖快速相撞。常见的液压缸缓冲装置如图 2-2-9 所示。

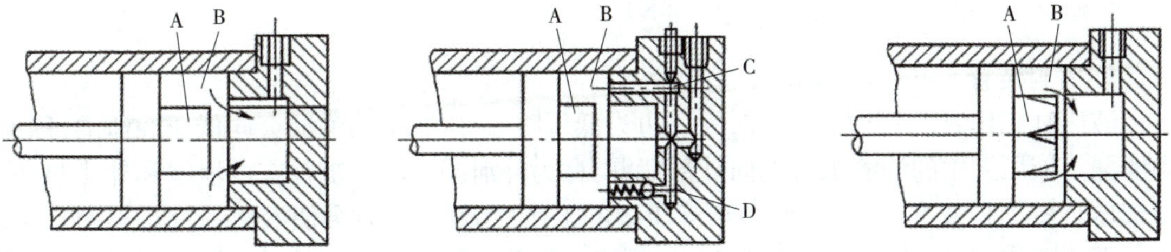

（a）间隙式　　（b）可调节流式　　（c）可变节流式

图 2-2-9　液压缸缓冲装置

A—缓冲柱塞；B—缓冲油腔；C—节流阀；D—单向阀

图 2-2-9（a）所示为间隙式缓冲装置，当缓冲柱塞 A 进入缸盖上的内孔时，被封闭的油液只能经环形间隙排出，缓冲油腔 B 产生缓冲压力，使活塞速度降低。这种缓冲装置在缓冲开始时产生的缓冲制动力大，但很快便降下来，直到最后不再起作用，故缓冲效果较差，并且缓冲压力不可调节。但由于其结构简单，所以在一般系列化的成品液压缸中多采用这种缓冲装置。

图 2-2-9(b)所示为可调节流式缓冲装置，当缓冲柱塞 A 进入缸盖上的内孔时，回油口被柱塞堵住，只能通过节流阀 C 回油，缓冲油腔 B 内的缓冲压力升高，使活塞减速；当活塞反向运动时，液压油通过单向阀 D 很快进入液压缸内，故活塞不会因推力不足而产生启动缓慢的现象。由于这种缓冲装置可以根据负载情况调整节流阀 C 开度的大小，从而改变缓冲压力的大小，因此适用范围较广。

图 2-2-9(c)所示为可变节流式缓冲装置，缓冲柱塞 A 上开有三角形节流沟槽，节流面积随着缓冲行程的增大而逐渐减小。由于这种缓冲装置在缓冲过程中能自动改变节流面积的大小，因而缓冲作用均匀、冲击压力小，但它的结构较复杂。

2)排气装置

液压系统在安装过程中或在停止工作一段时间后，其中往往会有空气渗入，从而影响液压缸运行的平稳性，严重时会使液压系统不能正常工作。因此，应考虑在液压缸上安装排气装置。

对于要求不高的液压缸，往往不设专门的排气装置，而是将油口布置在缸筒两端的最高处，这样可使空气随油液排往油箱，再从油面逸出；对于速度稳定性要求较高的液压缸或大型液压缸，常在液压缸两侧的最高部位设置专门的排气装置，如排气塞、排气阀等，如图 2-2-10 所示。

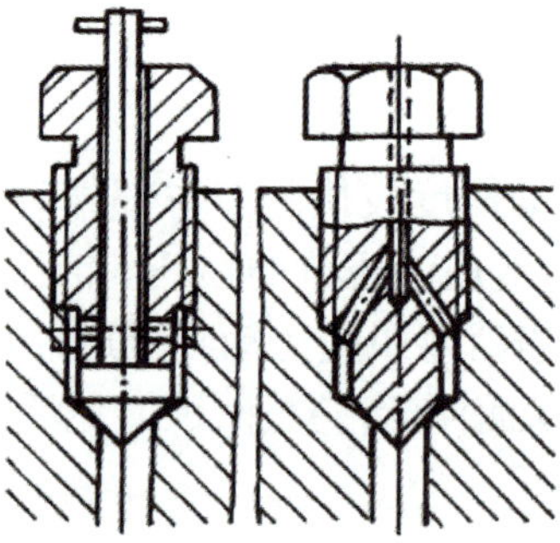

图 2-2-10　排气塞

3)密封装置

液压缸工作时，一边为高压腔，另一边为低压腔，高压腔中的油液会向低压腔泄漏，称为内泄漏。液压缸中的油液也可能向外部泄漏，称为外泄漏。液压缸存在内泄漏和外泄漏，使得液压缸的容积效率降低，从而影响液压缸的工作性能，严重时会使液压系统达不到要求，甚至无法工作，并且外泄漏还会造成环境污染。因此，要求液压缸所选用的密封元件必须具有良好的密封性能，并且密封性能应随工作压力的升高而自动升高。

液压缸常见的密封形式主要有间隙密封和密封圈密封。

Ⅰ. 间隙密封

间隙密封的原理是利用相对运动零件配合面之间的微小间隙来防止泄漏。活塞采用间隙密封时，通常在其上切出若干个平衡槽，其作用包括：自动对中，减小偏心距；储存油液，自动润滑，减小摩擦力；增大泄漏阻力，提高液压缸的密封性能。

间隙密封结构简单，摩擦阻力小，耐高温，但泄漏较多，并且泄漏随着时间延长而增加，通常用于尺寸小、压力低、速度高的液压缸或各种阀。

Ⅱ. 密封圈密封

液压缸密封圈有 O 形、Y 形、小 Y 形、V 形和组合式等类型，常用于对液压缸各部分进行密封，如图 2-2-11 至图 2-2-15 所示。

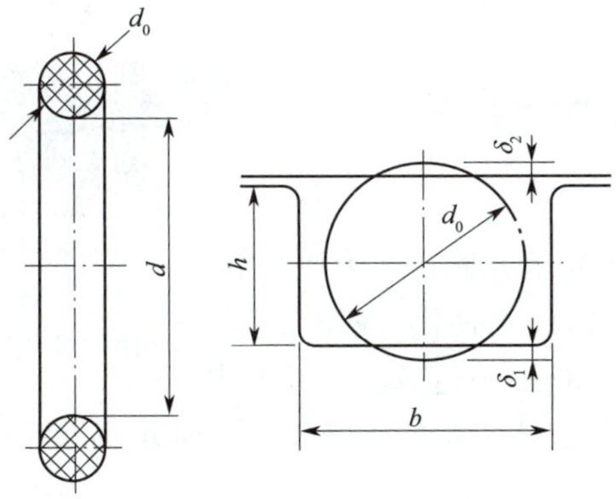

图 2-2-11　O 形密封圈

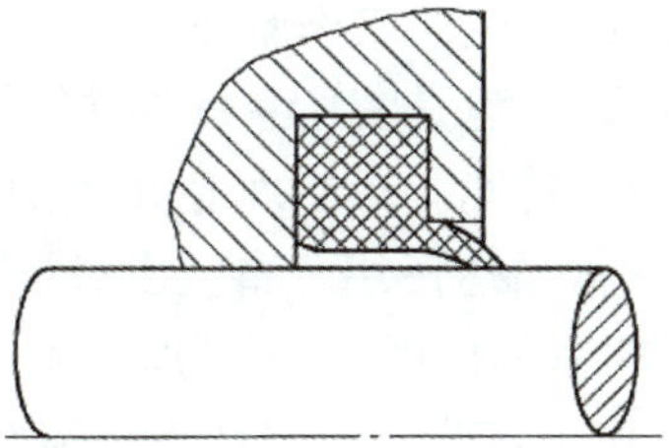

图 2-2-12　防尘圈

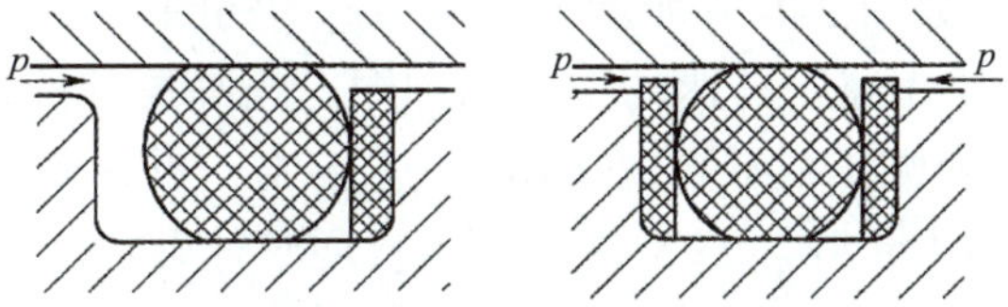

(a)单侧受高压　　(b)双侧受高压

图 2-2-13　带挡圈 O 形密封圈

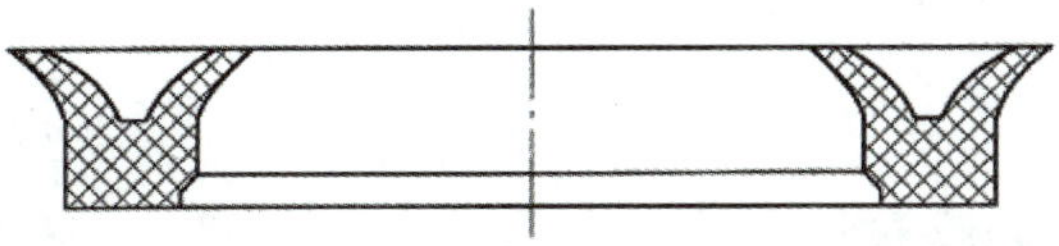

(a)Y 形密封圈

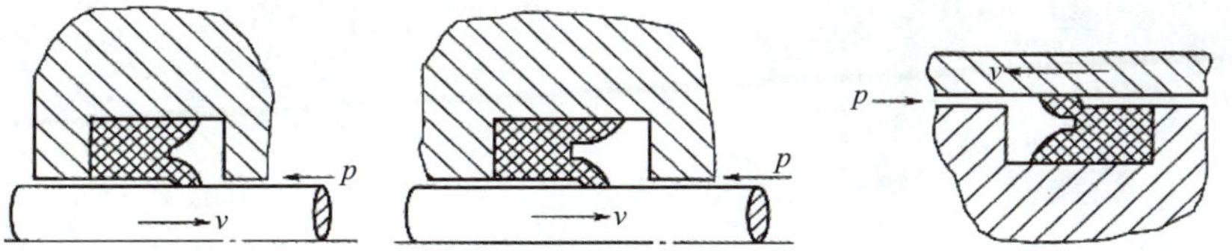

(b)小 Y 形密封圈

图 2-2-14　Y 形和小 Y 形密封圈

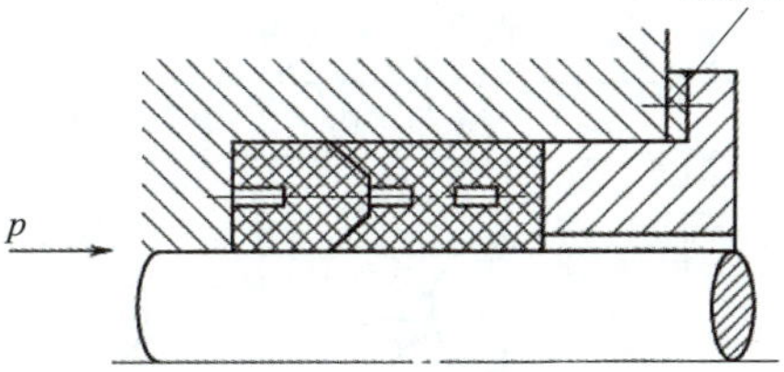

图 2-2-15　V 形密封圈

动动脑：

液压缸的缸盖有焊接、螺纹、螺栓、卡键和拉杆等多种连接方式。如果要设计一个用于小型自动化设备中的液压缸，哪种缸盖连接方式会是最优选择呢？考虑因素包括设备的振动情况、维修的便利性以及成本等。

2.2.3 液压马达的工作原理及性能参数

微课 液压马达的工作原理

1. 液压马达的工作原理

液压马达也是液压系统的执行元件，它将液体的压力能转换为机械能，输出转矩和转速。从原理上讲，液压马达可以当作液压泵使用，液压泵也可以当作液压马达使用。事实上，同类型的液压泵和液压马达虽然在结构上相似，但两者的使用目的不同，导致它们在结构上存在某些差异。例如，液压马达需要正、反转，所以其在内部结构上具有对称性，进、出油口大小相等；而液压泵一般是单方向旋转，所以没有相关要求。为了改善液压泵的吸油性能，其吸油口通常大于压油口，故只有少数液压泵能当作液压马达使用。如图 2-2-16 所示为液压马达实物图。

图 2-2-17 所示为叶片式液压马达的工作原理图。当高压油液进入两相邻叶片间的密封容积后，叶片 1、3、5、7 两侧压力不同，在两侧压差作用下，叶片产生推动转子旋转的力矩，由于叶片 3、7 的作用面积大于叶片 1、5，因此转子将逆时针旋转；而叶片 2、4、6、8 两侧压力相等，对转子不产生力矩作用。在工作过程中，为保证叶片式液压马达能实现正、反转的工作要求，叶片要沿转子径向安放，这时叶片式液压马达的进、回油口通径就一样大，因此只需改变输油方向即可改变液压马达的转向。

图 2-2-16 液压马达实物图

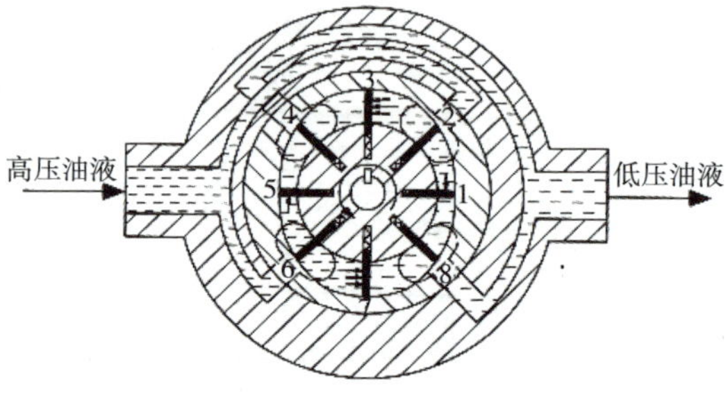

图 2-2-17 叶片式液压马达的工作原理图

液压马达的图形符号见表 2-2-2。

表 2-2-2 液压马达的图形符号

类型	单向定量液压马达	双向定量液压马达	单向变量液压马达	双向变量液压马达
图形符号	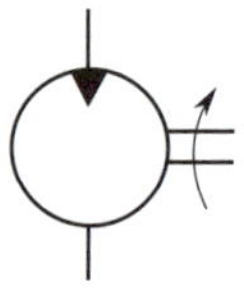	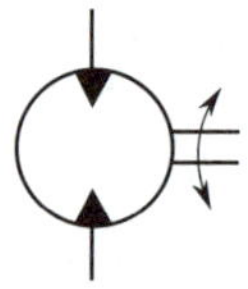	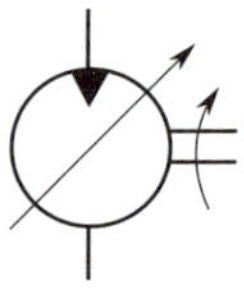	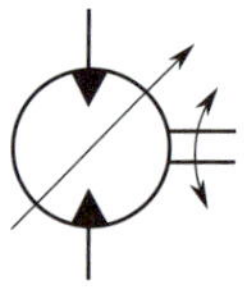

动动手：

抄写描画液压马达的图形符号，牢记这些图形符号。

2. 液压马达的主要性能参数

从液压马达的功用来看，其主要性能参数有转速、容积效率、转矩和效率。

1）转速和容积效率

当液压马达的排量为 V，并以转速 n 旋转时，在理想情况下，液压马达所需的油液流量为 V_n（理论流量）。由于液压马达在工作中存在泄漏，所以实际所需流量应大于理论流量。设液压马达的泄漏量为 Δq，则实际供给液压马达的流量应为 $q=V_n+\Delta q$。

液压马达的容积效率为理论流量和实际流量之比，即

$$\eta_v = \frac{V_n}{q} \tag{2-2-16}$$

则液压马达的转速为

$$n = \frac{q}{V}\eta_v \tag{2-2-17}$$

2）转矩和机械效率

若不考虑液压马达的摩擦损失，则其理论输出转矩 T_t 与液压泵相同，即

$$T_t = \frac{pV}{2\pi} \tag{2-2-18}$$

实际上，液压马达存在机械损失，设由摩擦损失造成的转矩损失为 ΔT，则液压马达的实际输出转矩 $T=T_t-\Delta T$，则液压马达的机械效率为

$$\eta_m = \frac{T}{T_t} \tag{2-2-19}$$

液压马达的输出转矩为

$$T = T_t\eta_m = \frac{pV}{2\pi}\eta_m \tag{2-2-20}$$

3）液压马达的总效率

液压马达的总效率为液压马达的输出功率和输入功率之比，即

$$\eta = \frac{2\pi nT}{pq} = \frac{2\pi nT}{\dfrac{pV_n}{\eta_v}} = \frac{T}{\dfrac{pV}{2\pi}}\eta_v = \eta_m\eta_v \tag{2-2-21}$$

从式（2-2-21）可知，液压马达的总效率等于液压马达的机械效率和容积效率的乘积。

例 2-2　有一液压泵，当负载 p_1=9 MPa 时，输出流量 q_1=85 L/min，而当负载 p_2=11 MPa 时，输出流量 q_2=82 L/min。用此液压泵带动一排量 V_M=0.07 L/r 的液压马达，当负载转矩 T_M=110 N·m 时，液压马达的机械效率 η_{Mm}=0.9，转速 n_M=1 000 r/min，求此时液压马达的总效率。

解　液压马达的机械效率为

$$\eta_{Mm} = \frac{2\pi n_M T_M}{p_M q_M} = \frac{2\pi n_M T_M}{p_M V_M n_M} = \frac{2\pi T_M}{p_M V_M}$$

则有

$$p_{M}=\frac{2\pi T_{M}}{V_{M}\eta_{Mm}}=\frac{2\pi\times110}{0.07\times10^{-3}\times0.9}\ \text{Pa}=10.97\times10^{6}\ \text{Pa}=10.97\ \text{MPa}$$

当液压泵在负载 p_2=11 MPa 情况下工作时，输出流量为 q_2=82 L/min，则液压马达的容积效率为

$$\eta_{Mv}=\frac{V_{M}n_{M}}{q_{2}}=\frac{0.07\times1\,000}{82}=0.854$$

该液压马达的总效率为

$$\eta=\eta_{Mm}\eta_{Mv}=0.9\times0.854=0.769$$

2.2.4　液压马达的分类及结构特点

1. 液压马达的分类

液压马达与液压泵一样，按结构形式可分为齿轮式、叶片式和柱塞式；按排量是否可调可分为定量式和变量式。

液压马达一般根据转速可分为高速液压马达和低速液压马达两类。一般认为，额定转速高于 500 r/min 的液压马达属于高速液压马达，它的调速和换向性能优异，适用于需要频繁调整速度或方向的场合；额定转速低于 500 r/min 的液压马达属于低速液压马达，低速液压马达通常具有较高的扭矩输出，适用于低速大负载的工况。

2. 液压马达的结构特点

常见液压马达的结构特点如下：

（1）液压马达是依靠输入压力油来启动的，因此它的密封腔必须有可靠的密封效果；

（2）液压马达往往要求正、反转，因此它的配油机构应该对称，进、出油口的大小也要相等；

（3）液压马达是依靠液压泵的输出压力工作的，因此不需要具备自吸能力；

（4）液压马达要实现双向转动时，它的高、低压油口要能实现相互转换。

知识拓展：

液压泵和液压马达的异同之处

微课　液压泵和液压马达的异同之处

1. 相似之处

液压泵和液压马达在结构上基本相似，都是依靠密封容积的变化工作的，并且都有相应的配油机构。例如，轴向柱塞式的液压泵和液压马达，它们都有柱塞、缸体、配油盘等主要结构部件，这些部件在密封容积的形成和变化过程中起着关键作用。在工作原理上，两者是互逆的，当向液压泵输入压力油时，其轴输出转速和转矩，它就成为液压马达；当液压马达的主轴由外力矩驱动旋转时，它也可变为液压泵。这都是因为它们具有同样的基本结构要素——密闭而又可以周期变化的容积和相应的配油机构。

2. 不同之处

液压泵和液压马达在功用上是相反的，液压泵是动力元件，而液压马达是执行元件；

在原理上两者也是互逆的，液压泵是将机械能转换为压力能的能量转换装置，而液压马达是将压力能转换为机械能的能量转换装置。在工作过程中，由于液压泵和液压马达的工作条件不同，对它们的性能要求也不同，所以同类型的液压泵和液压马达之间仍存在许多差别。液压马达应能够正、反转，而液压泵不需要这样的功能，所以部分液压泵不能当作液压马达使用。液压马达的转速范围需要足够大，特别是对它的最低稳定转速有一定的要求，而液压泵更多关注的是流量和压力的输出稳定性等。例如，液压马达通常都采用滚动轴承或静压滑动轴承，而液压泵则不一定。液压马达由于在输入压力油条件下工作，不必具备自吸能力，但需要一定的初始密封性，才能提供必要的启动转矩；液压泵则需要具备自吸能力。

善思问道

【大国工匠】李斌：专心如一、精益求精、追求卓越

任务验收考核

姓名			学号		
任务名称	考核要点	考核要求	配分	评分标准	得分
液压缸的选用	1. 基础知识（80 分）	（1）说出液压缸的主要性能参数	10	每个给 3 分，全对满分	
		（2）简单描述液压泵的工作原理	10	说出给 10 分	
		（3）说出液压缸的主要分类以及适用场所	20	每个给 5 分，最高 20 分	
		（4）说出液压缸的主要组成	10	每个给 1 分，最高 10 分	
		（5）描述液压马达的工作原理和主要性能参数	10	工作原理给 5 分，每个参数给 1 分，全对给 5 分	
		（6）描述液压马达的分类和结构特点	20	分类给 10 分，特点给 10 分	
	2. 课堂纪律（20 分）	（1）不迟到或早退	10	迟到或早退各扣 5 分	
		（2）遵守课堂纪律	10	根据实际情况给分	
合计			100	总分	

习题与测试

1. 填空题

（1）__________液压缸在液压力的作用下只能向一个方向运动，其反向运动需要依靠__________或__________等外力来实现；__________液压缸依靠液压力可实现正、反两个

方向的运动。

（2）液压缸主要由__________、__________、__________、__________等基本部分组成。

（3）液压马达是液压系统的执行元件，它将液体的压力能转换为________，输出________和________。

（4）双活塞杆液压缸，当__________固定时为实心双活塞杆液压缸，其工作台运动范围约为有效行程的__________倍；当__________固定时为空心活塞杆液压缸，其工作台运动范围约为有效行程的__________倍。

2. 选择题

（1）柱塞式液压缸（　　）。

A. 可差动连接　　B. 可组合使用完成工作台的往复运动
C. 缸体内壁需精加工　　D. 往复运动速度不一致

（2）当工作行程较长时，采用（　　）液压缸较合适。

A. 单活塞杆　　B. 双活塞杆　　C. 柱塞

（3）双活塞杆液压缸采用活塞杆固定安装，工作台的移动范围是缸筒有效行程的（　　）。

A. 1 倍　　B. 2 倍　　C. 3 倍　　D. 4 倍

3. 简答题

（1）简述液压马达的分类及结构特点。

（2）分析单活塞杆液压缸与双活塞杆液压缸的区别。

（3）液压缸有哪些类型？其工作特点是什么？

4. 计算题

已知某液压马达的排量 V=250 mL/r，入口压力 p_1=10 MPa，出口压力 p_2=0.5 MPa，总效率 η=0.9，容积效率 η_v=0.92，当输入流量 q=22 L/min 时，试求液压马达的实际输出转速 n 和输出转矩 T。

任务 2.3　液压辅助元件的选用

任务发布

液压系统中常用的液压辅助元件有油箱、过滤器、蓄能器、热交换器、压力表及开关、管件等。从液压系统的工作过程来看，它们对系统的动态性能、工作稳定性、工作寿命、噪声和温升等都有直接影响，是液压系统中不可或缺的部分。

任务要求

（1）能够掌握液压辅助元件的工作原理及作用；

（2）能够正确选用各种液压辅助元件。

任务目标

1. 知识目标

（1）掌握液压辅助元件的结构及工作原理；

（2）掌握液压辅助元件的选用方法。

2. 能力目标

（1）能够识别各类液压辅助元件；

（2）能够根据不同的工作环境选择合适的液压辅助元件。

3. 素养目标

（1）培养学生解决实际问题的能力；

（2）培养学生的学习兴趣。

2.3.1　油箱

1. 油箱的作用

油箱的主要功能是储油、散热、沉淀油液中的杂质及分离油液中的空气。

2. 油箱的容量

油箱通常设计为宽：高：长=1：2：3 的长六面体。油箱的容量应能保证液压系统工作时，其最低液面高于过滤器上端 200 mm 以上，以防止液压泵吸入空气；而液压系统停止工作时，其最高液面不超过油箱高度的 80%，且当液压系统中的油液全部返回油箱时，油液不能溢出油箱。

有些小型液压设备，为了节省占地面积或为了批量生产，常将液压泵-电动机装置及液压控制阀安装在油箱的顶部并组成一体，称为液压站。大中型液压设备一般采用独立油箱，即油箱与液压泵-电动机装置、液压控制阀分开设置。当液压泵-电动机装置安置在油箱侧面时，称为旁置式油箱；当液压泵-电动机装置安置在油箱下方时，称为下置式油箱（高架油箱）。

油箱按其液面是否与大气相通，可分为开式油箱和闭式油箱。开式油箱液面直接或通过空气过滤器与大气相通，油箱液面压力为大气压力，这种油箱应用最广。闭式油箱完全封闭，由空压机向充气罐充气，再由充气罐经滤清、干燥、减压后通入油箱液面之上，使液面压力大于大气压力，从而改善液压泵的吸油性能，并减小气蚀和噪声。

动动脑：

液压系统使用的油箱和普通汽车的油箱有什么不同之处？

3. 油箱的结构

图 2-3-1 所示为开式油箱结构图。为了保证油箱的功能，其在结构上应注意以下几个方面。

（1）要便于清洗，即油箱底部应有适当斜度，并在最低处设置放油塞，换油时可使油液和污物顺利排出。

（2）在易见的油箱侧壁上设置液位计（俗称油标），以指示油位高度。

微课　油箱的作用及安装要求

（3）油箱加油口应装过滤网，其上还应有带通气孔的盖。

（4）吸油管与回油管之间的距离要尽量远些，并采用多块隔板隔开，以分成吸油区和回油区，且隔板高度约为油面高度的 3/4。

（5）吸油管口离油箱底面距离应大于 2 倍油管外径，离油箱的箱边距离应大于 3 倍油管外径。吸油管和回油管的管端应切成 45° 的斜口，回油管的斜口应朝向箱壁。

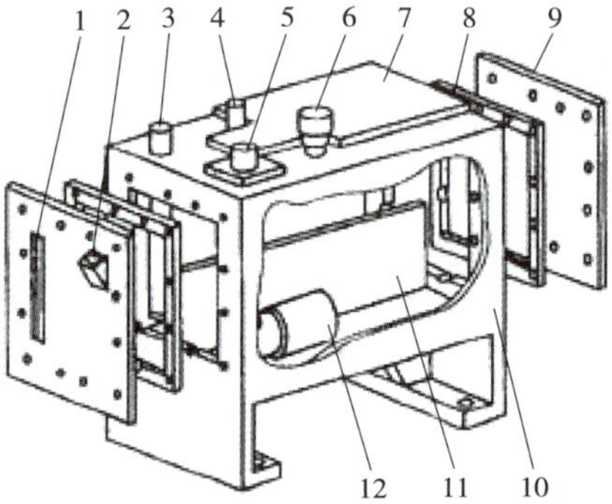

图 2-3-1　开式油箱结构图

1—液面指示器；2—注油管；3—回油管；4—泄油管；5—吸油管；6—空气过滤器；7—安装板；8—垫片；9—端盖；10—箱体；11—隔板；12—过滤器

2.3.2　过滤器

1. 过滤器的功能

过滤器的功能是过滤混在油液中的各种杂质，以免它们进入液压系统和精密液压元件内影响系统的正常工作或造成故障。根据统计，液压系统中的故障有 75%以上是由于油液不洁净造成的，因此对油液进行过滤十分重要。过滤器的图形符号如图 2-3-2 所示。

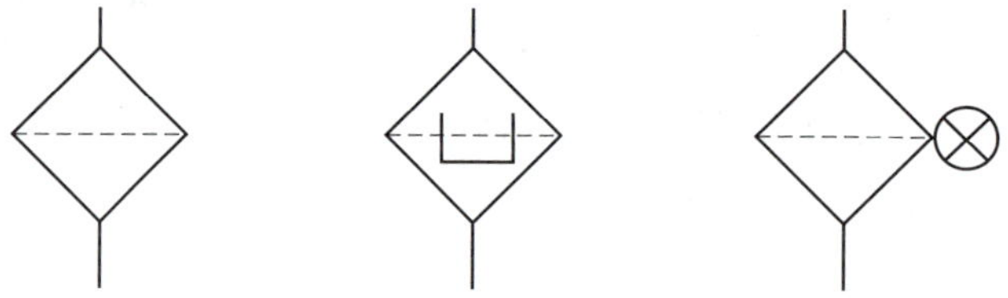

（a）一般过滤器　（b）磁性过滤器　（c）污染指示过滤器

图 2-3-2　过滤器的图形符号

2. 过滤器的分类和结构

过滤器按滤芯材质和过滤方式，可分为网式、线隙式、纸芯式、烧结式和磁性式等。

1）网式过滤器

网式过滤器如图 2-3-3 所示，其由 1~2 层金属网围在开孔的金属圆筒或圆形的支架上组成，它的过滤精度一般为 0.08~0.18 mm。网式过滤器的特

微课　过滤器的分类及应用

点是结构简单、清洗方便、通油能力强、压力损失小、过滤精度低,多在系统的吸油路上用于粗过滤;也可用较细的 2~3 层金属网做成精度较高的网式过滤器,用于调速阀前的过滤。

2)线隙式过滤器

线隙式过滤器如图 2-3-4 所示,其滤芯由金属线紧密缠绕在滤芯架上构成,它利用金属线间的缝隙过滤油液。线隙式过滤器一般可分为压油路用过滤器和吸油路用过滤器两种。图 2-3-4 所示为压油路用的过滤器,它的过滤精度为 0.03~0.10 mm,压力损失为 0.02~0.6 MPa。线隙式过滤器的特点是结构简单、通流能力大、过滤精度高,但滤芯材料强度低,不易清洗,适用于低压管道中。

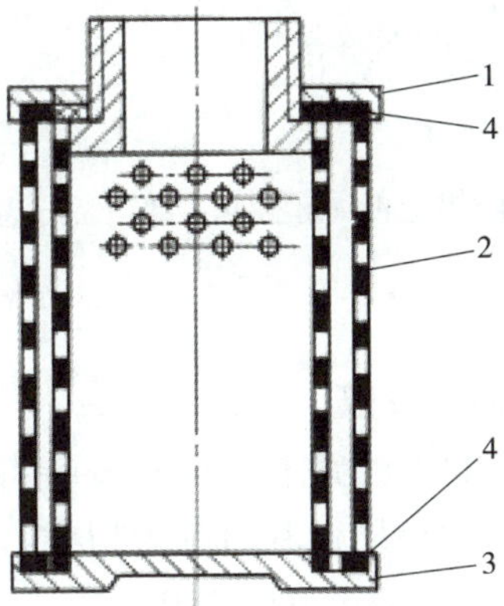

图 2-3-3　网式过滤器

1—盖板;2—金属网;3—底板;4—密封圈

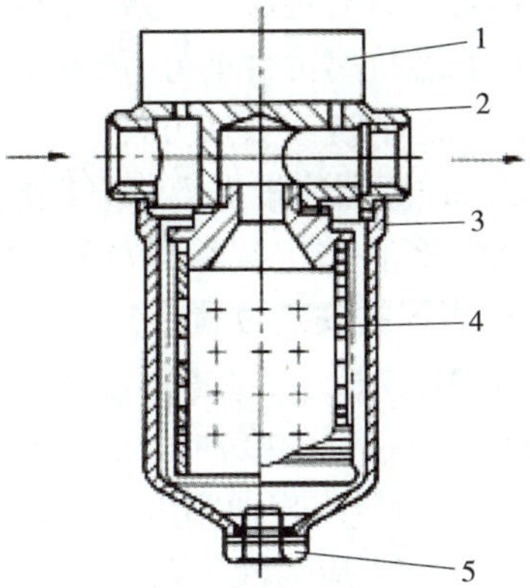

图 2-3-4　线隙式过滤器

1—发讯装置;2—上盖;3—壳体;4—滤芯;5—排污螺塞

3)纸芯式过滤器

纸芯式过滤器如图 2-3-5 所示,其由滤纸围绕在酚醛树脂或木浆微孔滤纸制成的芯架上构成,为了增大过滤面积,纸芯一般做成折叠形。纸芯式过滤器适用于精过滤,其过滤精度可达 0.005 mm,工作压力可达 38 MPa,压力损失为 0.05~0.12 MPa,但它的缺点是堵塞后无法清洗,故使用时纸芯应定期更换。

4)烧结式过滤器

烧结式过滤器如图 2-3-6 所示,其滤芯由青铜等金属烧结而成,它是利用金属颗粒间的缝隙进行过滤的。烧结式过滤器的特点是结构简单、强度高、抗腐蚀,过滤精度为 0.007~0.1 mm,适用于精过滤,但使用过程中烧结颗粒易脱落,堵塞后难以清洗。

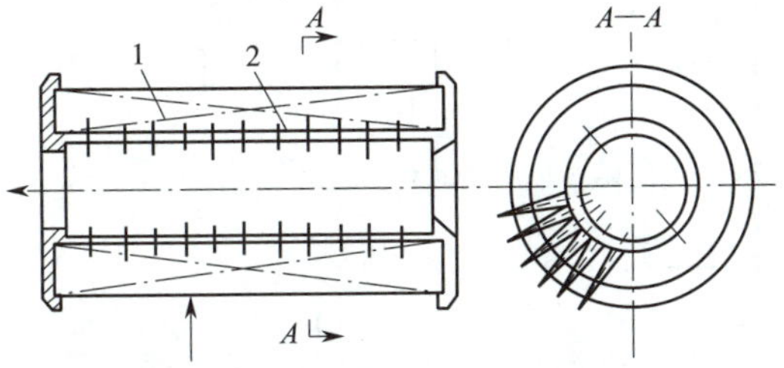

图 2-3-5　纸芯式过滤器

1—滤纸;2—骨架

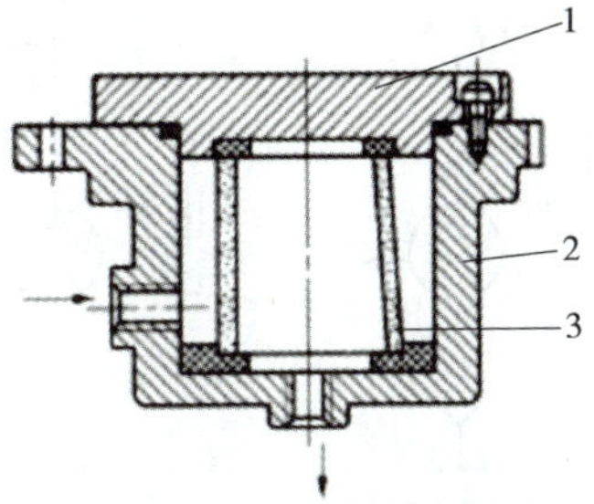

图 2-3-6　烧结式过滤器

1—端盖;2—壳体;3—滤芯

5）磁性过滤器

磁性过滤器的滤芯由永久磁铁制成，它能吸住油液中的铁屑、铁粉、带磁性的磨料。磁性过滤器常与其他形式的滤芯结合起来制成复合式过滤器，特别适用于经常加工铸件的机床液压系统。

3. 过滤器的选用

选用过滤器时，要考虑以下几点：

（1）过滤精度应满足预定要求；

（2）能在较长时间内保持足够的通流能力；

（3）滤芯具有足够的强度，不因压力的作用而损坏；

（4）滤芯抗腐蚀性能好，能在规定的温度下持久工作；

（5）滤芯清洗或更换方便。

因此，过滤器应根据液压系统的技术要求，按过滤精度、通流能力、工作压力、油液黏度、工作温度等条件选定其类型及型号。

4. 过滤器的安装位置

如图 2-3-7 所示，过滤器在液压系统中的安装位置通常有以下几种。

（1）安装在泵的吸油口处，如图 2-3-7（a）所示。泵的吸油路上一般都安装有过滤精度较低的粗过滤器或普通精度过滤器，目的是过滤掉较大的杂质微粒，保护液压泵。此外，过滤器的过滤能力应为液压泵流量的 2 倍以上，压力损失不得超过 0.02 MPa。

（2）安装在泵的出油口处，如图 2-3-7（b）所示。此处安装过滤器的目的是过滤可能侵入控制阀等元件的污染物，其过滤精度应为 10~15 μm，且能承受油路上的工作压力和冲击压力，压力损失应小于 0.35 MPa，同时应安装安全阀，以防过滤器堵塞。

（3）安装在系统的回油路上，如图 2-3-7（c）所示。此处安装过滤器的目的是使油液在流回油箱前先经过过滤，从而使油箱中的油液得到净化，或者使其污染程度得到控制。一般会与过滤器并联安装一背压阀，当过滤器堵塞达到一定压力值时，背压阀打开。

（4）安装在系统的分支油路上，如图 2-3-7（d）所示。

（5）单独设立过滤系统。大型液压系统可专设一液压泵和过滤器组成的独立过滤回路。

在液压系统中除整个系统所需的过滤器外，通常还在一些重要元件（如伺服阀、精密节流阀等）的前面单独安装一个专用的精过滤器来确保它们正常工作。过滤器应安装在易于检查的地方，以便清洗和更换。为了安全，最好安装过滤器的堵塞指示器或者发讯装置。

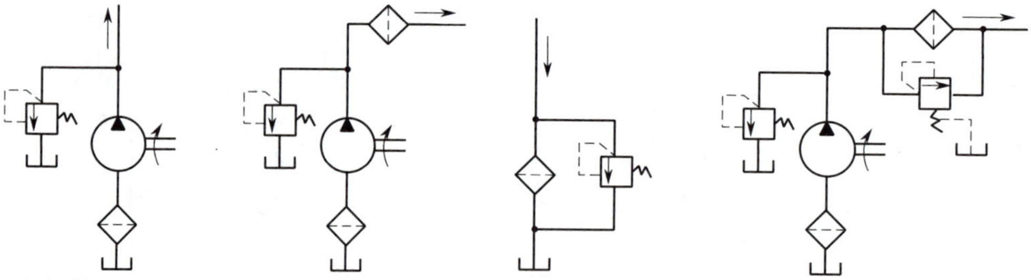

（a）泵的吸油口处　（b）泵的出油口处　（c）系统的回油路上　（d）系统的分支油路上

图 2-3-7　过滤器的安装位置

动动脑：

生活中接触到的液压系统过滤器不是很多，但是空气过滤器基本都会接触到，思考一下生活中都有哪些设备有空气过滤器？

2.3.3　蓄能器

蓄能器是一种能把液体压力能储存在耐压容器中，待需要时再将其释放出来的能量存储装置。蓄能器是液压传动与控制系统中重要的辅助元件，它对保证液压系统的正常运行、改善动态品质、保持工作稳定性、延长工作寿命和降低噪声等起到重要作用。蓄能器给液压系统带来的经济、节能、安全、可靠和环保效果显著，其在现代大型液压系统中，特别是具有间歇性工作要求的液压系统中尤为重要。图 2-3-8 所示为蓄能器实物图。

图 2-3-8　蓄能器实物图

1. 蓄能器的类型与工作原理

蓄能器按结构可分为重力式、弹簧式和充气式三类。重力式蓄能器利用重物的位能来储存能量，是最古老的一种蓄能器，它能提供大容量、压力恒定的液体，但由于其尺寸庞大、反应迟钝，只用于固定的重型液压设备。弹簧式蓄能器利用弹簧的压缩能来储存能量，其结构简单，反应较重力式灵敏，但容积较小，一般用于小容量、低压系统。在日常工作中，重力式蓄能器及弹簧式蓄能器在工程应用上都有局限性，目前大量使用的是充气式蓄能器。充气式蓄能器的工作原理是建立在波义耳定律的基础上应用的，使用时首先向蓄能器充入预定压力的空气或氮气，当外部系统的压力超过蓄能器的压力时，油液压缩气体充入蓄能器；当外部系统的压力低于蓄能器的压力时，蓄能器中的油液在压缩气体的作用下流向外部系统。充气式蓄能器又可分为非隔离式、气囊式、隔膜式、活塞式等几种。工程中主要应用的是活塞式蓄能器和气囊式蓄能器。

1）活塞式蓄能器

活塞式蓄能器是利用气体（氮气）的压缩和膨胀来储存和释放液压能的，如图 2-3-9（a）所示。活塞式蓄能器是由油液部分和带有气体密封隔离件的活塞的气体部分构成的。其气腔内预先充有氮气，油液部分与液压回路连接在一起。当压力升高时，蓄能器吸收液体，气体被压缩；当压力降低时，被压缩的气体膨胀，且将蓄积的压力油液压入液压回路。

活塞式蓄能器特点是结构简单、尺寸小、易安装维护、使用寿命长，但因其活塞在运动时有摩擦阻力且有惯性，故在低压下动作不灵活，动作频率也不能太高。所以，活塞式蓄能器主要用于蓄能或供中高压系统吸收压力脉动，其充气压力一般为液压系统最低工作压力的 80%~90%。

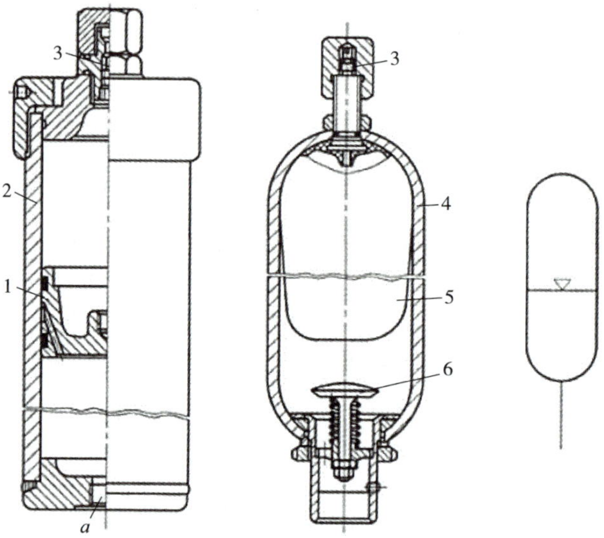

（a）活塞式蓄能器　　（b）气囊式蓄能器

图 2-3-9　充气式蓄能器结构原理图

1—活塞；2—缸筒；3—充气阀；4—壳体；5—充气囊；6—提升阀

2）气囊式蓄能器

气囊式蓄能器是利用气体的膨胀和压缩来储存和释放液压能的，如图 2-3-9（b）所示。气囊式蓄能器主要由充气阀、壳体、充气囊和提升阀等组成，充气囊用耐油橡胶压制而成，固定在耐高压壳体的上端。充气囊内充惰性气体，当液压油进入蓄能器时，充气囊受到挤压变形，气体体积缩小，液压油被储存起来；当系统需要增加液压油时，气体膨胀，将液压油排出，从而为系统提供能量补偿。气囊式蓄能器的特点是漏气损失小、反应灵敏、重量轻、体积小，且可吸收急速的压力冲击和脉动，它是当前应用最广泛的一种蓄能器。

2. 蓄能器的功能及应用

1）辅助动力源

如果液压系统在一个工作循环中只在很短时间内需要大流量油液，可采用蓄能器作为辅助动力源，以减小液压泵的规格和采用功率较小的电动机，使系统中能量利用更为合理，并可节约能耗，减少发热。

2）应急动力源

在液压系统工作中，当泵或电源突发故障时，蓄能器可作为应急动力源。

3）系统保压

当液压系统需要在长时间内保压或避免压力干扰时，可采用蓄能器补充泄漏，使系统维持在一定的压力范围内。

4）吸收压力脉动和液压冲击

当阀门突然开启或关闭时，液压系统中产生的压力冲击可由安装在产生冲击处的蓄能器来吸收，从而使冲击压力得以缓解。若将蓄能器安装在泵的出口处，还可降低泵内的压力脉动。

3. 蓄能器的安装使用

蓄能器在安装、使用时应注意以下几个方面。

（1）在安装气囊式蓄能器时，应将油口朝下垂直安装。

（2）安装在管路上的蓄能器必须用支板或支架固定。

（3）用于吸收冲击压力和压力脉动的蓄能器应尽可能安装在靠近振源处。

（4）蓄能器是压力容器，搬运和拆装时应先排除内部的气体，并注意安全。

（5）蓄能器与管路之间应安装截止阀，以供充气和检修时使用；蓄能器与液压泵之间应安装单向阀，防止液压泵停止时蓄能器内的压力油倒流。

动动脑：

液压系统蓄能器储存能量是不是和咱们常用的电池储存电能是一个道理？

2.3.4　油管与管接头

1. 油管

液压系统中使用的油管种类很多，常用的有钢管、铜管、橡胶软管、尼龙管和塑料管，通常是根据安装位置、工作压力和工作环境来选用。

钢管能承受高压，油液不易氧化，价格低廉，刚性好，但安装时不易弯曲，常用在拆卸方便处。当系统压力小于 2.5 MPa 时，可选用焊接钢管；当系统压力大于 2.5 MPa 时，可选用冷拔无缝钢管。

铜管可承受的压力为 6.5~10 MPa，安装时可根据需要弯曲成任意形状，适用于小型设备及内部安装不方便处。由于铜材短缺，且其抗振能力差，又易使油液氧化，应尽量少用。

橡胶软管多用于两个相对运动部件之间的连接，可分为高压和低压两种。高压橡胶软管由耐油橡胶钢丝编织网制成，最高承受压力可达 40 MPa。低压橡胶软管由耐油橡胶夹麻线或棉线制成，承受压力在 10 MPa 以下，常用于回油管路。橡胶软管安装方便，还能吸收部分液压冲击，但价格高，寿命短。

尼龙管是新型油管，承受压力可达 2.5~8 MPa，常用于低压系统或回油管路。尼龙管可塑性大，加热后可任意弯曲成型和扩口，冷却后即定形，使用比较方便，价格也便宜。

塑料管价格低廉，装配方便，但长期使用会老化，一般只用于回油管或泄漏油管。

2. 管接头

管接头是油管与油管、油管与液压元件之间可拆卸的连接件。管接头的形式很多，图 2-3-10 所示为几种常用的管接头结构。

图 2-3-10（a）所示为扩口式管接头，即利用管子端部扩口进行密封，不需要其他密封件，适用于铜管、薄壁钢管、尼龙管和塑料管等低压管路的连接，在工作压力不高的机床液压系统中应用较为普遍。

图 2-3-10（b）所示为焊接式管接头，即把接头与钢管焊接在一起，端面用 O 形密封圈密封，一般用于连接壁较厚的钢管，适用于中低压系统。

图 2-3-10（c）所示为卡套式管接头，即拧紧接头螺母后，卡套发生弹性变形而将油管夹紧，其装拆方便，但制造工艺要求高，油管要用冷拔无缝钢管，适用于高压系统。

图 2-3-10（d）所示为可拆式胶管接头，即将接头芯拧入接头外套后，锥度使钢丝编织胶管压紧在接头套内，在机床中、低压系统中得到广泛应用。

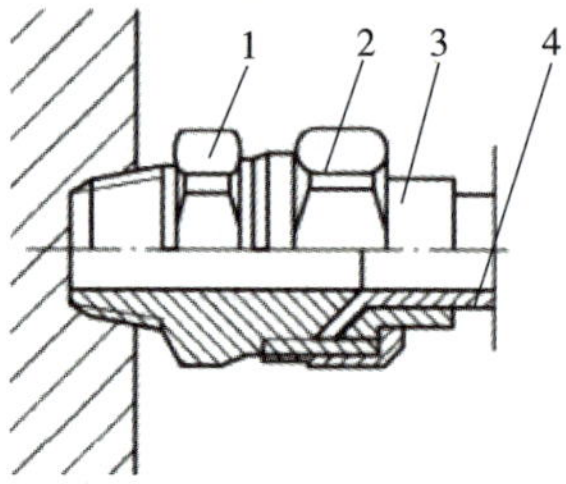

（a）扩口式管接头

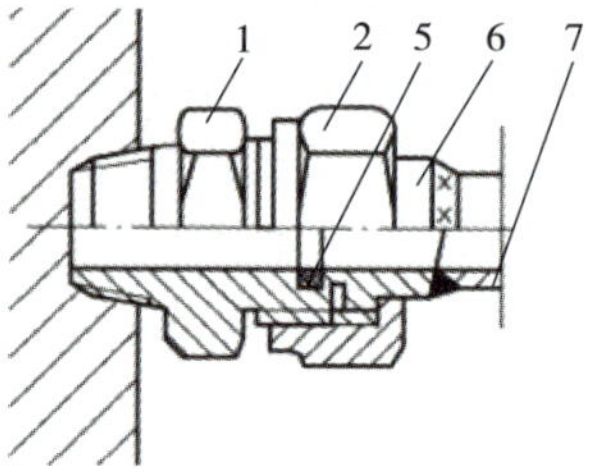

（b）焊接式管接头

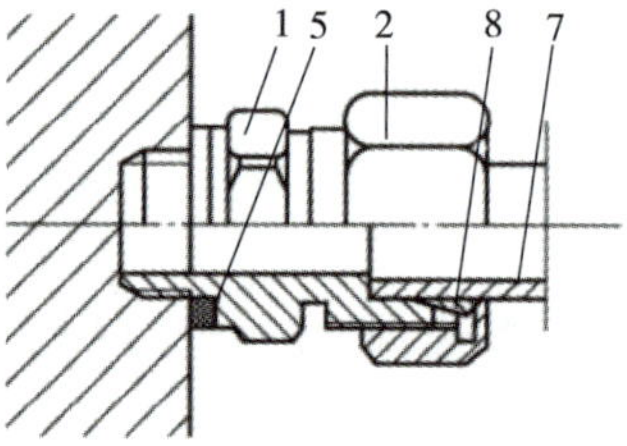

（c）卡套式管接头

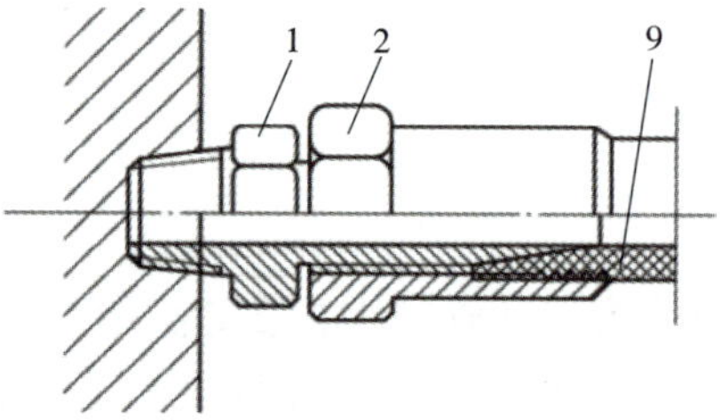

（d）可拆式胶管接头

图 2-3-10　常用的管接头结构

1—接头体；2—螺母；3—管套；4—扩口薄管；5—密封垫；6—接管；7—钢管；8—卡套；9—橡胶软管

知识拓展：

压力表及压力表开关

压力表用于观察液压系统中各工作点的压力，以便于操作人员把系统的压力调整到要求的工作状态。如图 2-3-11 所示为压力表的结构图和图形符号。

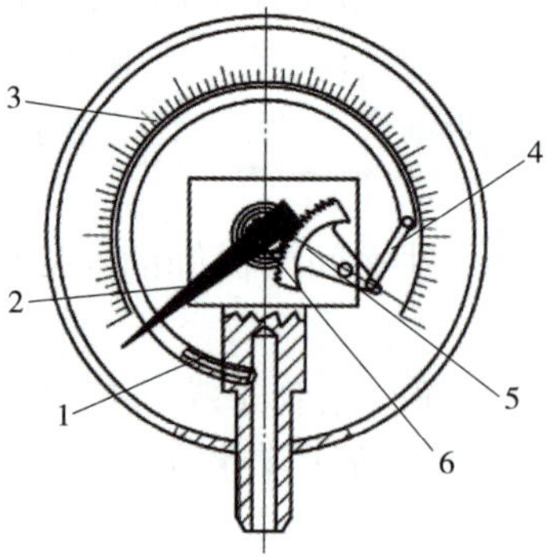

（a）结构图

（b）图形符号

图 2-3-11　压力表的结构图和图形符号

1—弯管；2—指针；3—刻度盘；4—杠杆；5—齿扇；6—小齿轮

压力表开关用于接通或断开压力表与测量点油路的通道。压力表开关有一点式、三点式、六点式等类型。多点压力表开关可按需要分别测量系统中多点处的压力。如图 2-3-12 所示为六点式压力表开关结构图。

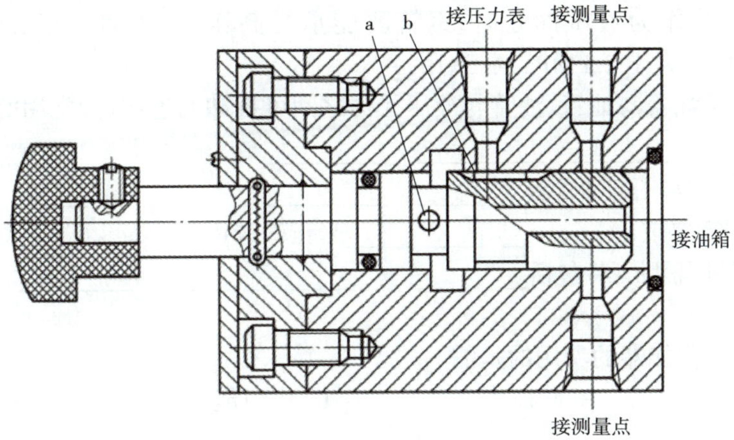

图 2-3-12　六点式压力表开关结构图

善思问道

起重机厂发展史:徐州重型机械厂

任务验收考核

姓名			学号		
任务名称	考核要点	考核要求	配分	评分标准	得分
液压辅助元件的选用	1. 基础知识（80 分）	(1)说出油箱的作用	10	每条给 2 分,全对给 10 分	
		(2)简单描述过滤器的作用	10	说出给 10 分	
		(3)说出液压系统中过滤器的常见类型	10	每个给 2 分,全对给 10 分	
		(4)说出蓄能器的作用	10	每个给 2 分,全对给 10 分	
		(5)说出常见蓄能器的工作原理	10	每个给 2 分,全对给 10 分	
		(6)描述几种常用油管的适用场合	15	每个给 5 分,全对给 15 分	
		(7)描述几种常用管接头的工作原理	15	每个给 3 分,全对给 15 分	
	2. 课堂纪律（20 分）	(1)不迟到或早退	10	迟到或早退各扣 5 分	
		(2)遵守课堂纪律	10	根据实际情况给分	
合计			100	总分	

习题与测试

1. 填空题

（1）采用钢管作为液压油管时，钢管要能承受高压，当压力小于 2.5 MPa 时，可用__________；当压力大于 2.5 MPa 时，选用__________。

（2）管接头是油管与油管、油管与液压元件之间可拆卸的连接件，常用的管接头结构可分为__________、__________、__________、__________。

（3）液压系统中常用的油管有__________、__________、__________、__________、__________等多种类型。根据需要按__________、__________来正确选用。

（4）常用的液压辅助元件包括__________、__________、__________、__________、__________等。

2. 选择题

（1）下列不是蓄能器的功用的是（　　）。

A. 保压　　B. 卸荷　　C. 应急能源　　D. 过滤杂质

（2）过滤器不能安装的位置是（　　）。

A. 回油路上　　B. 泵的吸油口处　　C. 旁油路上　　D. 液压缸进口处

（3）在中、低压液压系统中，通常采用（　　）。

A. 钢管　　B. 纯铜管　　C. 橡胶软管　　D. 尼龙管

3. 简答题

（1）油箱的作用有哪些？

（2）蓄能器有哪些主要作用？

任务 2.4　汽车起重机升降换向回路的搭建

任务发布

汽车起重机进行重物吊装起降作业时，重物的吊起和放下通过一个双作用液压缸活塞杆的伸出和缩回实现。液压缸活塞杆的伸出和缩回是通过液压系统换向回路实现的，需采用不同的换向阀实现对液压油路的控制，从而使液压缸实现不同的动作。

任务要求

（1）能够理解不同换向阀的工作原理及用途，并合理选用换向阀；

（2）能够分析换向回路的工作原理图，并搭建合理的液压换向回路。

任务目标

1. 知识目标

(1)掌握换向阀的结构、工作原理与应用;

(2)掌握液压换向回路的安装调试方法。

2. 能力目标

(1)能够合理选用和维护换向阀;

(2)能够设计、搭建、调试简单液压换向回路。

3. 素养目标

(1)培养学生理论结合实际的能力;

(2)培养学生的实际动手实操能力。

2.4.1　换向阀的分类及工作原理

方向控制阀是通过控制液压系统中油液的通断或流动方向,来控制液压执行元件的启动、停止及运动方向。方向控制阀可分为单向阀和换向阀两种,下面重点介绍换向阀。

1. 换向阀的分类

换向阀的作用是利用阀芯位置的变动,改变阀体上各油口的通断状态,从而控制油路连通、断开或改变液流方向。换向阀的用途十分广泛,种类也很多,其分类见表 2-4-1。

表 2-4-1　换向阀的分类

分类方式	类型
按阀的操纵方式	手动、机动、电磁、液动、电液动
按阀的工作位置数和通路数	二位二通、二位三通、三位四通、三位五通等
按阀的结构形式	滑阀式、转阀式、锥阀式
按阀的安装方式	管式、板式、叠加式等

2. 换向阀的工作原理

图 2-4-1 所示为滑阀式换向阀的换向原理图,它是依靠阀芯在阀体内做轴向运动,从而使相应的油路接通或断开的换向阀。

微课　滑阀式换向阀的工作原理

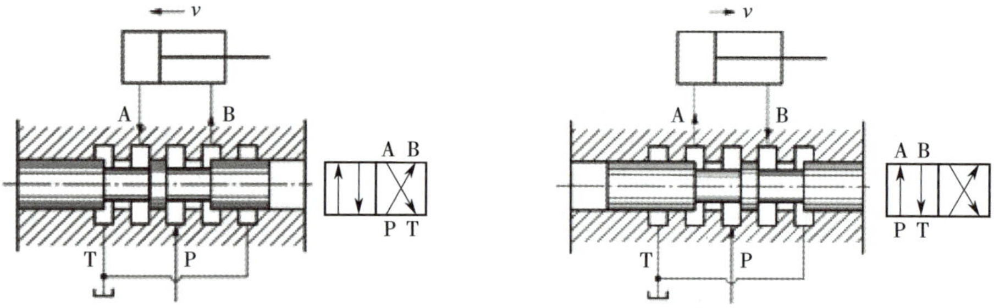

（a）活塞向左运动　　（b）活塞向右运动

图 2-4-1　滑阀式换向阀的换向原理图

滑阀是一个具有多个环形槽的圆柱体（图 2-4-1 所示阀芯有三个台肩），而阀体孔内有若干个沉割槽（图 2-4-1 所示阀体有五个槽），每条沉割槽都通过相应的孔道与外部相通，其中 P 为进油口，T 为回油口，而 A 和 B 则通向液压缸的无杆腔和有杆腔。

当阀芯处于图 2-4-1（a）所示位置时，P 与 B、A 与 T 相通，活塞杆向左运动；当阀芯向右移至图 2-4-1（b）所示位置时，P 与 A、B 与 T 相通，活塞杆向右运动。

3. 换向阀的图形符号

表 2-4-2 给出了几种常用的滑阀式换向阀的结构原理图及其图形符号。

表 2-4-2　几种常用的滑阀式换向阀的结构原理图及其图形符号

类型	结构原理图	图形符号
二位二通	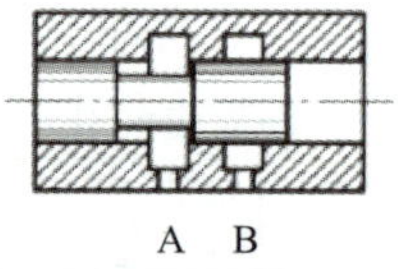	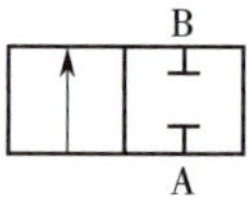
二位三通	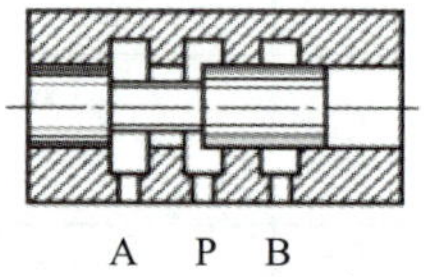	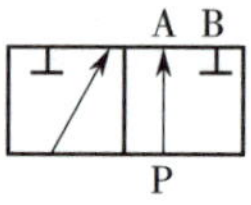
二位四通	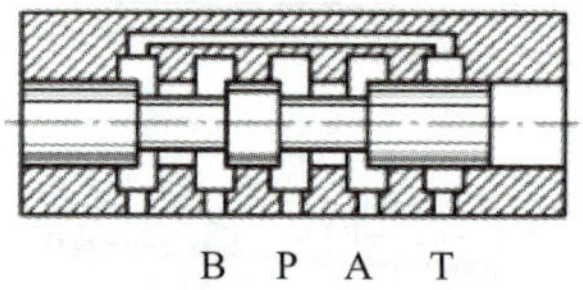	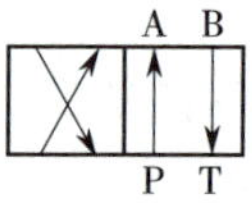
三位四通	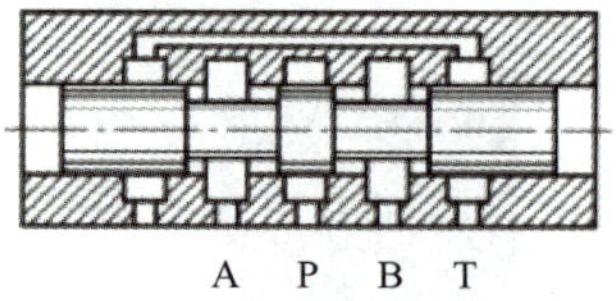	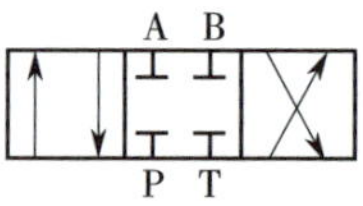

图形符号中各部分的含义如下。

（1）方框表示阀的工作位置，方框数即“位”数。

(2)箭头表示两油口连通,但并不表示流向;“⊥”或“⊤”表示此油路不通。

(3)在一个方框内,箭头或“⊥”符号与方框的交点数为油口的通路数,即“通”数。

(4)P 表示压力油的进口, T 表示与油箱连通的回油口, A 和 B 表示连接其他工作油路的油口。

(5)三位阀的中位及二位阀侧面画有弹簧的那一个方框为常态位。在液压原理图中,换向阀的油路连接一般应画在常态位上。二位二通阀有常开型(常态位置两油口连通)和常闭型(常态位置两油口不连通)。

(6)控制方式和复位弹簧的符号应画在方框的两端,且是图形符号的重要组成部分。

动动手:

抄画换向阀的图形符号,牢记图形符号表达的含义,方便以后学习和工作中看图应用。

4. 换向阀的操纵方式

换向阀按操纵方式不同,可分为手动换向阀、机动换向阀、电磁换向阀、液动换向阀和电液动换向阀等。

1)手动换向阀

手动换向阀是用手动杠杆操纵阀芯换位的换向阀,它有自动复位式和钢球定位式两种。

图 2-4-2(a)所示为自动复位式换向阀,可用手操作手柄使换向阀左位或右位工作,但当操纵力取消后,阀芯便在弹簧力的作用下自动恢复至中位,并停止工作,因而适用于换向动作频繁、工作持续时间短的场合。

图 2-4-2(b)所示为钢球定位式换向阀,其阀芯端部的钢球定位装置可使阀芯分别停在左、中、右三个位置,当松开手柄后,换向阀仍保持在所需的工作位置,因而可用于工作持续时间较长的场合。

图 2-4-2(c)所示为手动换向阀的实物图。

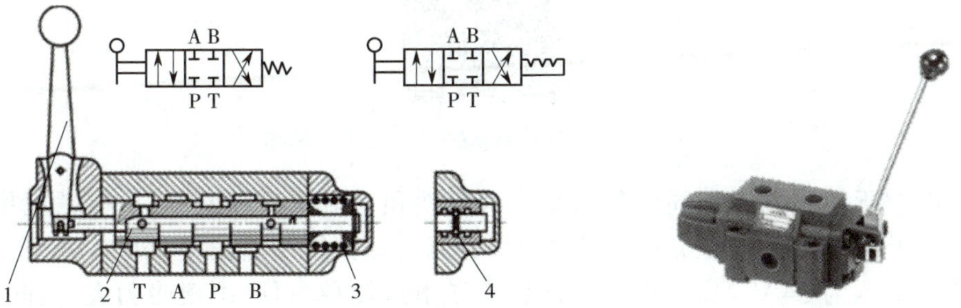

(a)自动复位式换向阀　(b)钢球定位式换向阀　(c)实物图

图 2-4-2　手动换向阀

1—手柄;2—阀芯;3—弹簧;4—钢球

2)机动换向阀

机动换向阀又称为行程换向阀,它是依靠安装在运动部件上的挡块或凸轮来推动阀芯移动,从而来实现换向。

图 2-4-3（a）所示为二位二通机动换向阀结构图，在图示位置（常态位），阀芯 3 在弹簧 4 的作用下处于上位，P 与 A 不相通；当运动部件上的行程挡块 1 压住滚轮 2 使阀芯移至下位时，P 与 A 相通。

机动换向阀结构简单，换向时阀口逐渐关闭或打开，故换向平稳、可靠，且位置精度高，但必须安装在运动部件附近，一般油管较长，常用于控制运动部件的行程或快、慢速度的转换回路。图 2-4-3（b）和（c）所示为二位二通机动换向阀的图形符号和实物图。

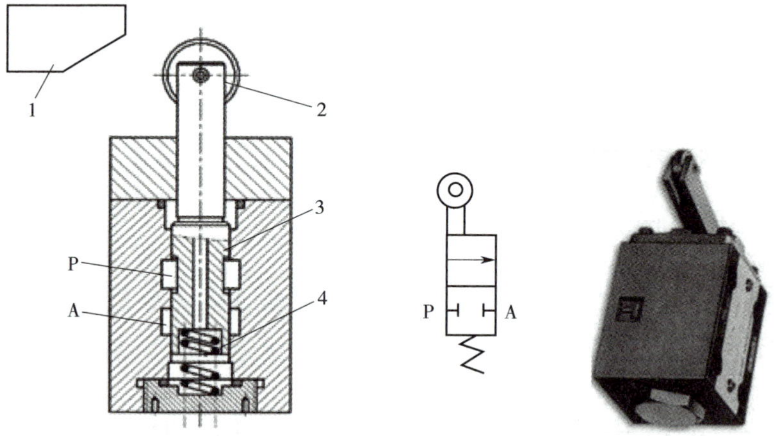

（a）结构图　　（b）图形符号　　（c）实物图

图 2-4-3　二位一通机动换向阀

1—挡块；2—滚轮；3—阀芯；4—弹簧

3）电磁换向阀

电磁换向阀简称“电磁阀”，它是利用电磁铁的吸力推动阀芯在阀体内做相对运动来变换液流方向或实现液流的通与断。电磁换向阀包括换向滑阀和电磁铁两部分。

慕课　三位四通电磁换向阀的工作原理

电磁铁按所使用电源不同可分为交流电磁铁和直流电磁铁两种；按衔铁工作腔是否有油可分为干式电磁铁和湿式电磁铁两种。交流电磁铁使用电压为 220 V 或 380 V，直流电磁铁使用电压为 24 V。交流电磁铁的优点是电源简单方便、电磁吸力大、换向迅速，缺点是噪声大、启动电流大，且在阀芯被卡住时易烧毁电磁铁线圈。直流电磁铁的优点是工作可靠、换向冲击小、噪声小，且允许使用的换向频率高，缺点是启动力小、换向时间较长，且需要专门的直流电源，故常用于换向性能要求较高的液压系统中。

图 2-4-4（a）所示为二位三通电磁换向阀结构图，其中采用干式交流电磁铁。图示位置为电磁铁的常态位，即不通电状态，此时电磁铁中 P 与 A 相通，B 封闭；当电磁铁通电时，衔铁 1 右移，通过推杆 2 使阀芯 3 推压弹簧 4，并移至右端，此时 P 与 B 接通，而 A 封闭。图

2-4-4(b)和(c)所示为二位三通电磁换向阀的图形符号和实物图。

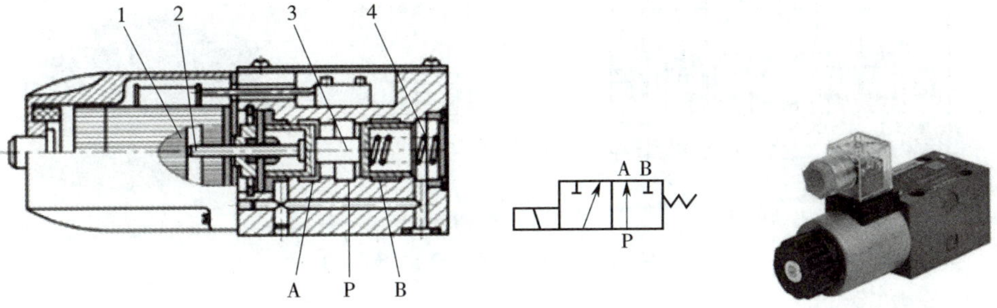

(a)结构图 (b)图形符号 (c)实物图

图 2-4-4 二位三通电磁换向阀

1—衔铁;2—推杆;3—阀芯;4—弹簧

图 2-4-5(a)所示为三位四通电磁换向阀结构图,其中采用湿式直流电磁铁。电磁阀两端有两根对中弹簧 4,使阀芯在常态时(两端电磁铁均断电时)处于中位,P、A、B、T 互不相通;当右端电磁铁通电时,右衔铁 1 通过推杆 2 将阀芯 3 推至左端,控制油口 P 与 B 相通,A 与 T 相通;当左端电磁铁通电时,其阀芯移至右端,控制油口 P 与 A 相通, B 与 T 相通。图 2-4-5(b)和(c)所示为三位四通电磁换向阀的图形符号和实物图。

4)液动换向阀

液动换向阀是利用控制油路的油压推动阀芯移动来改变阀的工作位置,从而实现液压回路方向的变换。

图 2-4-6(a)所示为三位四通液动换向阀结构图。当其两端控制油口 K_1 和 K_2 均不通入压力油时,阀芯在两端弹簧的作用下处于中位;当 K_1 进压力油, K_2 接油箱时,阀芯移至右端,P 与 A 相通,B 与 T 相通;反之,当 K_2 进压力油,K_1 接油箱时,阀芯移至左端,P 与 B 相通,A 与 T 相通。图 2-4-6(b)和(c)所示为三位四通液动换向阀的图形符号和实物图。

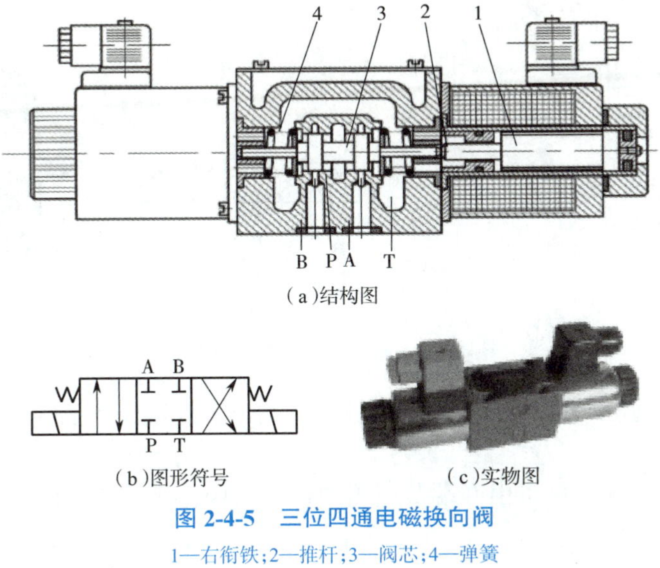

(a)结构图

(b)图形符号 (c)实物图

图 2-4-5 三位四通电磁换向阀

1—右衔铁;2—推杆;3—阀芯;4—弹簧

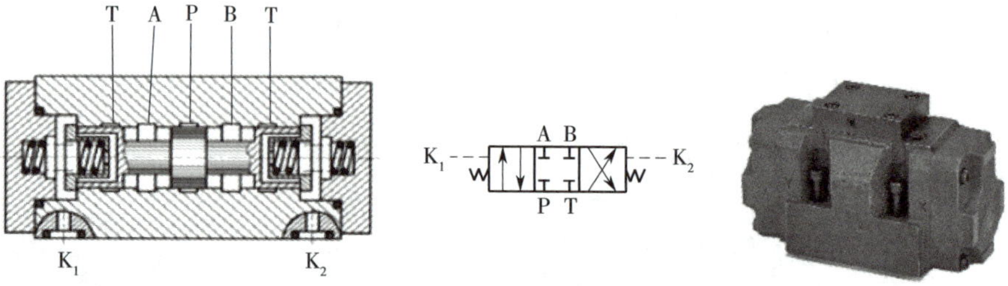

（a）结构图　（b）图形符号　（c）实物图

图 2-4-6　三位四通液动换向阀

液动换向阀结构简单，动作可靠且平稳，液压驱动力大，故可用于流量大的液压系统中，但它不如电磁换向阀控制方便。

5）电液动换向阀

电液动换向阀是由电磁换向阀和液动换向阀组成的复合阀。其中，电磁换向阀为先导阀，用来改变和控制油路的方向；液动换向阀为主阀，用来改变主油路的方向。电液动换向阀综合了电磁换向阀和液动换向阀的优点，具有控制方便、流量大的特点。图 2-4-7 所示为三位四通电液动换向阀。

当先导阀的电磁铁 1YA 和 2YA 都断电时，电磁阀的阀芯在两端弹簧的作用下处于中位，控制油口 P′ 关闭。此时主阀芯两侧的油液经两个小节流阀及电磁换向阀的通路与油箱相通，因而主阀芯也在两端弹簧的作用下处于中位，且在主油路中 P、A、B、T 互不相通。

当 1YA 通电、2YA 断电时，电磁阀芯移至右端，电磁阀处于左位，控制压力油经 P′ → A′ →单向阀→主阀芯左端油腔，而回油经主阀芯右端油腔→节流阀→ B′ → T′ →油箱。于是，主阀芯在左端液压推力的作用下移至右端，即主阀左位工作，主油路 P 与 A 相通、B 与 T 相通。

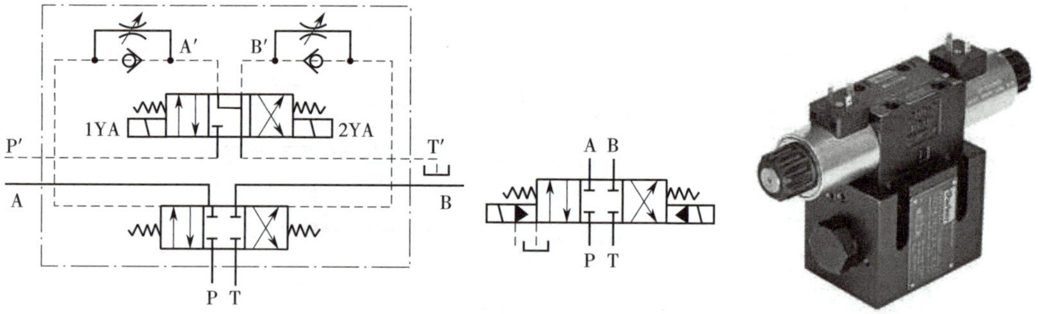

（a）图形符号　（b）简化图形符号　（c）实物图

图 2-4-7　三位四通电液动换向阀

同理，当 2YA 通电、1YA 断电时，电磁阀处于右位，控制主阀右位工作，主油路 P 与 B 相通，A 与 T 相通。

液动换向阀的换向速度可由两端节流阀调整，因而可使回路换向平稳且无冲击。

2.4.2　换向阀的中位机能

换向阀各阀口的连通方式称为阀的机能，不同的机能可满足系统的不同要求。对于三位换向阀，阀芯处于中间常态位时，各油口的连通形式称为阀的中位机能。

表 2-4-3 所列为常见三位换向阀中位机能的类型、结构简图和图形符号及其特点及应用。

表 2-4-3　常见三位换向阀中位机能的类型、结构简图和图形符号及其特点及应用

类型	结构简图	图形符号	特点及应用
O 型	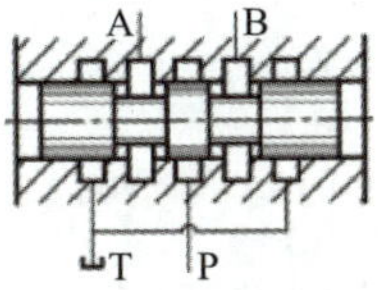	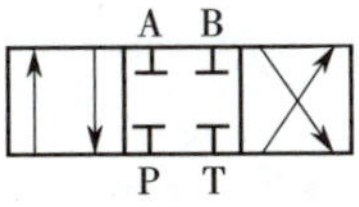	各油口全部封闭，液压缸被锁紧，液压泵不卸荷，并联缸可运动
H 型	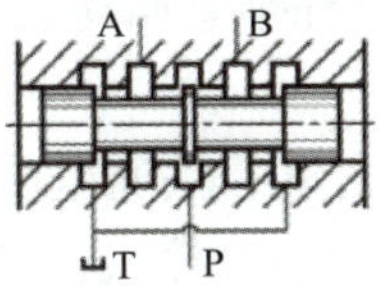	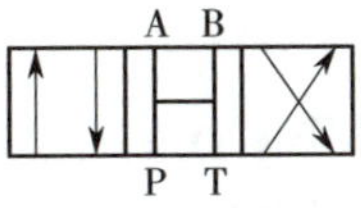	各油口全部连通，液压缸浮动，液压泵卸荷，其他缸不能并联使用
P 型	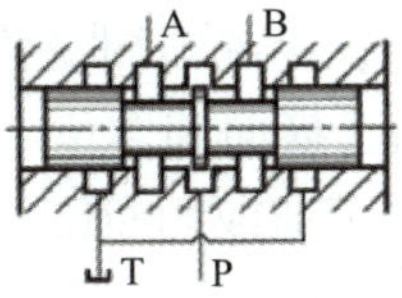	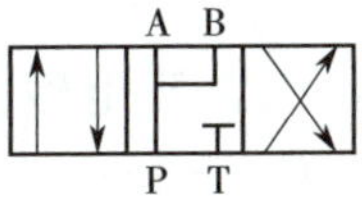	压力油口与液压缸两腔连通，回油口封闭，液压泵卸荷，并联缸可运动，单杆活塞缸实现差动连接
Y 型	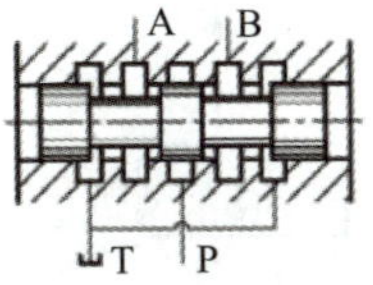	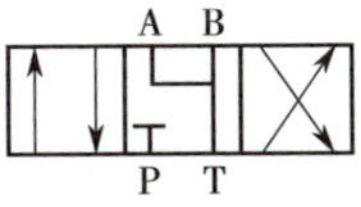	液压缸两腔通油箱，液压缸浮动，液压泵不卸荷，并联缸可运动
M 型	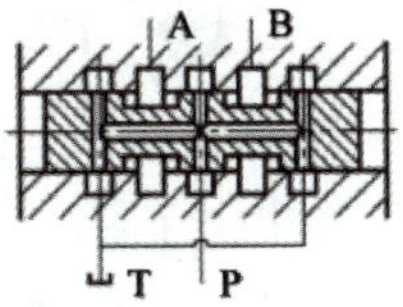	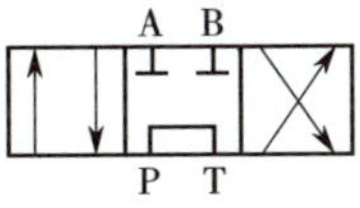	液压缸两腔封闭并被锁紧，液压泵卸荷，其他缸不能并联使用

在分析和选择三位换向阀的中位机能时，通常需要考虑以下几点。

（1）系统保压与卸荷。当 P 口被堵塞时，如 O 型、Y 型中位机能，系统保压，液压泵能用于多缸液压系统；当 P 口和 T 口相通时，如 H 型、M 型中位机能，系统卸荷。

（2）换向精度和换向平稳性。当 A 口和 B 口都堵塞时，如 O 型、M 型中位机能，换向精度高，但换向过程中易产生液压冲击，换向平稳性差；当 A 口和 B 口都通 T 口时，如 H 型、Y

型中位机能，换向时液压冲击小、平稳性好，但换向精度低。

（3）启动平稳性。当阀处于中位时，A 口和 B 口都不通油箱，如 O 型、P 型、M 型中位机能，启动时油液起缓冲作用，易于保证系统启动的平稳性。

（4）液压缸“浮动”和在任意位置的停止。当 A 口和 B 口接通时，如 H 型、Y 型中位机能，卧式液压缸处于“浮动”状态，可以通过其他机构使工作台移动，以调整其位置；当 A 口和 B 口都被堵塞时，如 O 型、M 型中位机能，液压缸可在任意位置处停止并被锁紧。

动动手：

换向阀的中位机能很重要，赶紧拿起笔抄画一遍，以便记忆牢固。

2.4.3 液压换向回路

方向控制回路的作用是利用各种方向控制元件控制流体的通断和流向，以控制执行元件的启动、停止和换向。方向控制回路包括启停回路、换向回路和锁紧回路。

1. 启停回路

图 2-4-8 所示为采用二位二通电磁换向阀的启停回路。当电磁铁通电时，换向阀左位工作，主油路断开，工作机构停止运动；当电磁铁断电时，换向阀右位接入，系统启动。该回路要求二位二通电磁换向阀能通过全部流量，故一般适用于小流量液压系统。

图 2-4-9 所示为采用二位三通电磁换向阀的启停回路。当二位三通电磁换向阀右位工作时，液压泵向系统供油，液压系统开始工作；当电磁铁通电时，换向阀左位工作，液压泵卸荷，工作机构停止运动。该回路用一个二位三通电磁换向阀来接通或切断压力油源，使得液压泵向系统供油或低压卸荷，其结构简单，通常适用于小流量系统。

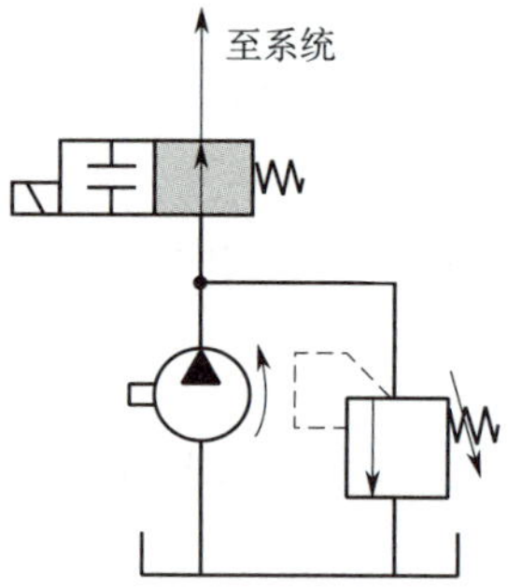

图 2-4-8 采用二位二通电磁换向阀的启停回路

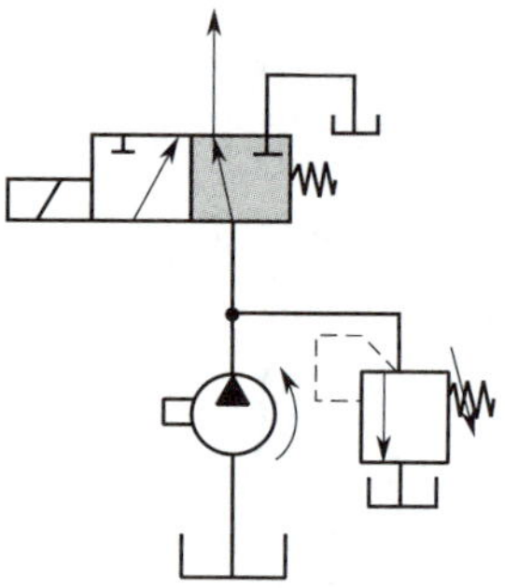

图 2-4-9 采用二位三通电磁换向阀的启停回路

2. 换向回路

图 2-4-10 所示为采用二位四通电磁换向阀的换向回路。当电磁铁通电时，电磁换向阀左位接通，压力油进入液压缸左腔，推动活塞杆向右移动；当电磁铁断电时，弹簧力使阀芯复位，电磁换向阀右位接通，压力油进入液压缸右腔，推动活塞杆向左移动。该回路中液压缸只能停留在缸的两端，不能停留在任意位置上。

图 2-4-11 所示为采用三位四通手动换向阀的换向回路。当换向阀处于中位时，M 型滑

阀机能使泵卸荷，液压缸两腔油路封闭，活塞制动；当换向阀左位工作时，液压缸左腔进油，活塞杆向右移动；当换向阀右位工作时，液压缸右腔进油，活塞杆向左移动。该回路中液压缸可以在任意位置停止运动。

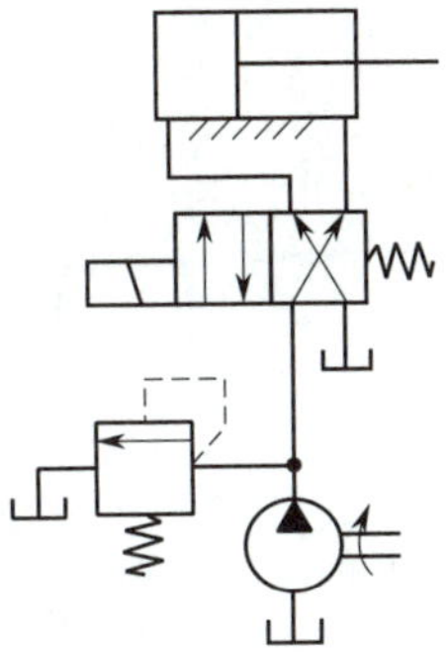

图 2-4-10　采用二位四通电磁换向阀的换向回路

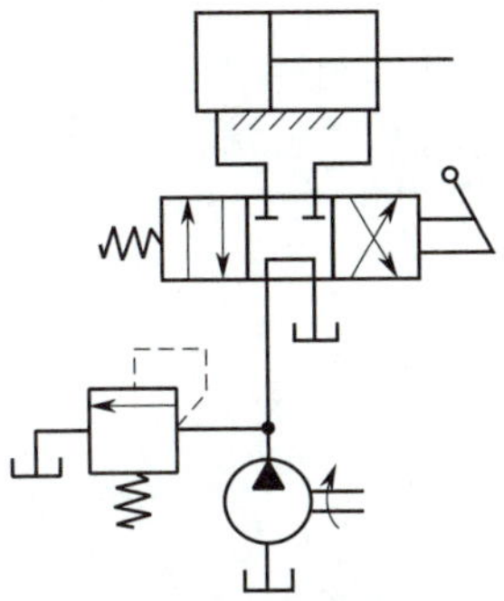

图 2-4-11　采用三位四通手动换向阀的换向回路

2.4.4　汽车起重机升降换向回路的搭建

根据如图 2-2 所示汽车起重机液压系统原理图分析其升降原理。

慕课　汽车起重机升降换向回路的分析与搭建

起升机构要求所吊重物可升降或在空中停留，且速度要平稳、变速要方便、冲击要小、启动转矩和制动力要大。该回路中采用 ZMD40 型柱塞液压马达带动重物升降，变速和换向通过改变手动换向阀 18 的开口位置实现，并用液控平衡阀 19 限制重物超速下降。其中，单作用液压缸 20 是制动缸；单向节流阀 21 既可保证液压油先进入液压马达，使液压马达产生一定的转矩，再解除制动，以防止重物带动液压马达旋转而向下滑，也可保证重物升降停止时，制动缸中的油马上与油箱相通，使液压马达迅速制动。

起升重物时，手动换向阀 18 切换至左位工作，液压泵 1 输出的油液经过滤器 2、手动换向阀 3 右位、手动换向阀 13、手动换向阀 16、手动换向阀 17 中位、手动换向阀 18 左位、平衡阀 19 中的单向阀进入液压马达左腔；同时压力油经单向节流阀到制动缸 20，从而解除制动，使液压马达旋转。

重物下降时，手动换向阀 18 切换至右位工作，液压马达反转，回油经平衡阀 19 中的液控顺序阀、手动换向阀 18 右位回油箱。

当停止作业时，手动换向阀 18 处于中位，液压泵卸荷，制动缸 20 上的制动瓦在弹簧作用下使液压马达制动。

简化后的汽车起重机升降换向回路如图 2-4-12 所示，通过换向阀实现液压缸活塞杆的伸出和缩回，为了能在操作过程中更好地分析实训状态，在液压缸的左、右腔处各安装一个压力表，其所测得的压力分别为 p_1 和 p_2。

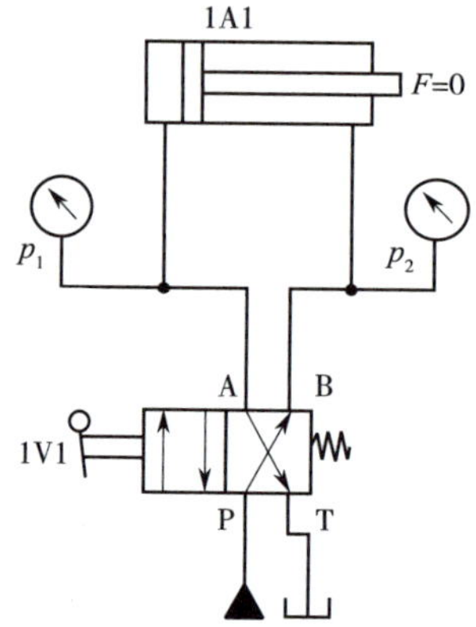

图 2-4-12　汽车起重机升降换向回路

该回路搭建步骤：

（1）熟悉实训设备及其使用方法，包括电源模块的连接、液压泵的启动、换向阀的调节、元件的选择和固定、管线的插接等；

（2）根据图 2-4-12 进行液压回路的连接和检查。实训中要严格按规范操作，小组成员协作互助；

（3）确认连接无误后，将溢流阀开启压力调至最低，空载启动液压泵；

（4）打开液压泵及电源，调节溢流阀，设置泵口压力至 3 MPa；

（5）切换换向阀，观察液压缸的运动情况是否符合控制要求；

（6）分析和解决实训中出现的问题；

（7）完成实训并经教师检查评估合格后，将泵口溢流阀开启压力调至最低，关闭液压泵，切断电源，拆下管线，将元件放回原来位置，做好实训室整理工作。

善思问道

【大国工匠】孟维：始终如一，坚持不懈朝着目标去前进

任务验收考核

姓名			学号		
任务名称	考核要点	考核要求	配分	评分标准	得分
汽车起重机升降换向回路的搭建	1. 基础知识（80 分）	（1）说出换向阀的 4 种分类方式以及类型	15	每条给 3 分，全对给 15 分	
		（2）简述换向阀的工作原理	10	说出给 10 分	
		（3）认识几种常见换向阀的结构图以及图形符号	10	结构图每个给 1 分，图形符号每个给 1 分	
		（4）说出换向阀的几种操纵方式，并简述原理	15	操纵方式每个给 1 分，原理每个给 2 分	
		（5）说出选择三位换向阀的中位机能时需要注意的方面	10	每个给 2 分，全对给 10 分	
		（6）抄画采用二位四通电磁换向阀的换向回路图	20	按完成度给分	
	2. 职业素养（20 分）	（1）实验前准备充分	5	每处错误扣 1 分	
		（2）操作过程中积极参与，互帮互助，团结协作	5	操作过程中发现不参与实训、影响团队合作的现象扣 1 分	
		（3）实验后工作台整理干净	5	工作台有一处垃圾扣 1 分	
		（4）各元件归还原处并摆放整齐	5	每个元件摆放不整齐扣 1 分	
合计			100	总分	

习题与测试

1. 填空题

（1）滑阀式换向阀的外圆柱面上常开若干个环形槽，其作用是__________和__________。

（2）方向控制阀通过控制液压系统中液流的__________或__________，来控制执行元件的启动、停止及运动方向。它可分为__________和__________两种。

（3）方向控制回路包括__________回路和__________回路，它们的作用是控制液流的__________和流动方向。

（4）换向阀按操作方式可分为________、________、________、________、________。

（5）三位换向阀处于__________位置时，阀口各油口的__________方式，称为中位机能。

2. 选择题

（1）当三位四通换向阀处于中位时，（　　）型中位机能实现系统卸荷。

A. H　　B. Y　　C. O　　D. P

（2）换向阀按照工作位置数量分类，下列不包括在其中的是（　　）。

A. 一位　　B. 二位　　C. 三位　　D. 四位

(3)下列换向阀操作方式中属于电磁控制方式的是(　　)。

A. 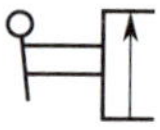
B. 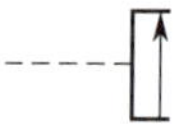
C. 

(4)二位三通阀的图形符号为(　　)。

A. 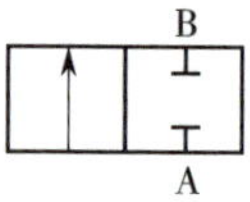

B. 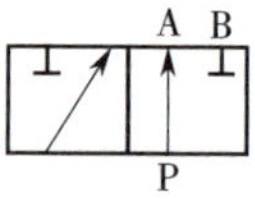

C. 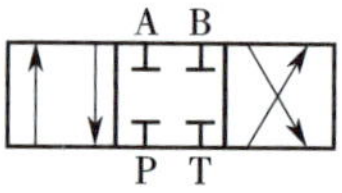

3. 简答题

(1)电液动换向阀的先导阀为何选用 Y 型中位机能?

(2)选择三位换向阀的中位机能时应考虑哪些问题?

(3)试说明三位四通换向阀 O 型、M 型、H 型中位机能的特点和它们的应用场合。

(4)试说明电液动换向阀的组成特点及各组成部分的功用。

任务 2.5　汽车起重机支腿锁紧回路的搭建

任务发布

汽车起重机工作时,要求支腿机构中的四条液压支腿将整车抬起,使汽车轮胎离开地面,以保证载荷不会直接作用在轮胎上,且液压支腿的支撑状态能长时间保持位置不变。起重机液压支腿的支撑状态是通过液压系统锁紧回路实现的,需采用单向阀对液压油路进行控制,从而使液压缸保持稳定动作。

任务要求

(1)能够理解单向阀的工作原理及用途,并合理选用单向阀;

(2)能够分析液压锁紧回路的工作原理,并正确搭建和调试液压锁紧回路。

任务目标

1. 知识目标

(1)掌握单向阀的结构、工作原理与应用;

(2)掌握液压锁紧回路的安装调试方法。

2. 能力目标

(1)能够合理选用和维护单向阀;

(2)能够设计、搭建、调试简单的液压锁紧回路。

3. 素养目标

（1）培养学生实际操作的能力；

（2）培养学生团队沟通合作的能力。

2.5.1　单向阀

单向阀是控制油液单方向流动的方向控制阀。在液压系统中，常用的单向阀有普通单向阀和液控单向阀两种。

微课　普通单向阀的工作原理

1. 普通单向阀

1）普通单向阀的结构与工作原理

普通单向阀允许油液沿着一个方向流动，反向将被截止。如图 2-5-1（a）所示为普通单向阀的结构原理图，当油液从进油口 P_1 流入时，克服作用在阀芯 2 上的弹簧 3 的作用力以及阀芯 2 与阀体 1 之间的摩擦力而顶开阀芯，并通过阀芯上的径向孔 a、轴向孔 b 从出油口 P_2 流出；当油液反向从 P_2 口流入时，在液压力和弹簧力的共同作用下，使阀芯压紧在阀座上，阀口关闭，实现反向截止。普通单向阀的图形符号和实物图如图 2-5-1（b）和（c）所示。

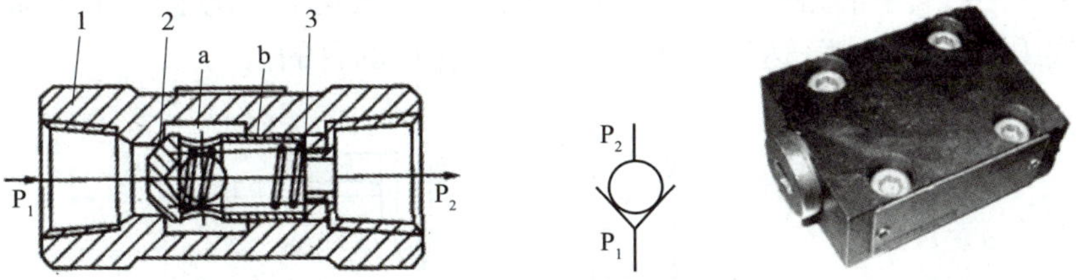

（a）结构原理图　（b）图形符号　（c）实物图

图 2-5-1　普通单向阀

1—阀体；2—阀芯；3—弹簧

普通单向阀中的弹簧仅用于克服阀芯的摩擦阻力和惯性力，所以其刚度较小，开启压力很小，其值一般为 0.035~0.05 MPa。若将普通单向阀中的弹簧换成刚度较大的弹簧，则其可用作背压阀，开启压力值一般为 0.3~0.5 MPa。

2）普通单向阀的应用

（1）普通单向阀常被安装在液压泵的出口处，用于防止因压力冲击而影响液压泵的正常工作，并防止液压泵不工作时系统中的油液倒流。在如图 2-5-2 所示的保压回路中，电液换向阀 2 的中位机能为 M 型，当其处于中位时，变量泵 1 卸荷，利用液控单向阀 3 对系统进行保压，普通单向阀 5 用在泵的出口处，用于保护液压泵免受液压冲击，同时用于保证系统在卸荷时电液换向阀 2 的先导控制油路保持一定的控制压力，以确保换向动作的实现。

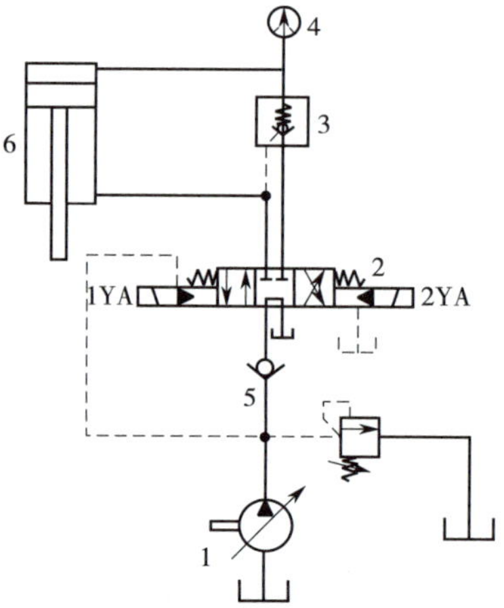

图 2-5-2 保压回路

1—变量泵;2—电液换向阀;3—液控单向阀;4—压力表;5—普通单向阀;6—液压缸

(2)普通单向阀安装在回油管路上用作背压阀,使其产生一定的回油阻力,以满足控制油路使用要求或改善执行元件工作性能的要求。

(3)普通单向阀可用于隔开油路之间不必要的联系,防止油路相互干扰。在如图 2-5-3 所示的减压回路中,当主油路压力由于某种原因低于减压阀 2 的调定值时,普通单向阀 3 可使液压缸 4 的压力不受干扰,达到使液压缸 4 短时保压的目的。

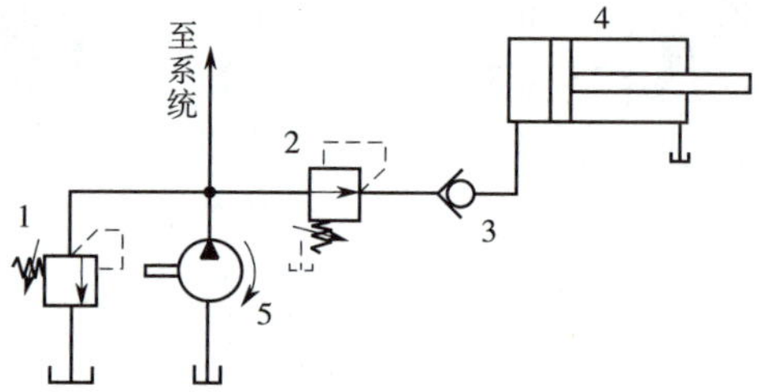

图 2-5-3 减压回路

1—溢流阀;2—减压阀;3—普通单向阀;4—液压缸;5—液压泵

(4)普通单向阀可与其他阀制成组合阀,如单向节流阀和单向顺序阀等。

①如图 2-5-4(a)所示的单向节流阀,从功能上相当于一个单向阀和一个节流阀并联,但实物在结构上却是一个阀,复合阀的图形符号中用矩形线框表示,当油液从上向下流时相当于一个单向阀,当油液从下向上流时相当于一个节流阀。

②如图 2-5-4(b)所示的单向顺序阀是由一个单向阀和一个顺序阀组成的复合阀,从功能上相当于两者并联。当油液从上向下流时相当于一个单向阀,当油液从下向上流时相当于一个顺序阀。

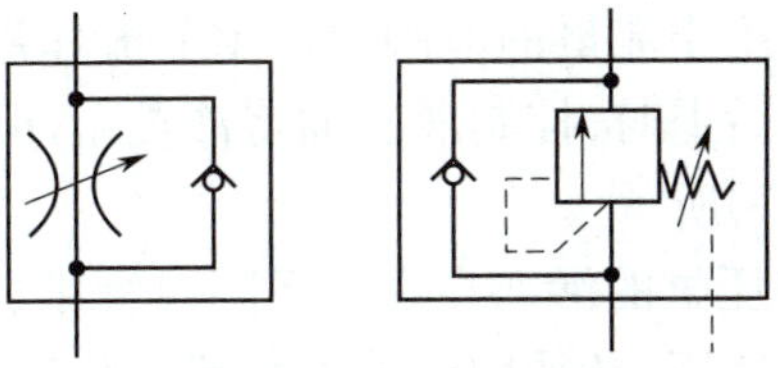

（a）单向节流阀　　（b）单向顺序阀

图 2-5-4　组合阀

2. 液控单向阀

1）液控单向阀的结构与工作原理

与普通单向阀相比，液控单向阀在结构上增加了一个控制活塞 1 和控制油口 K，如图 2-5-5（a）所示。液控单向阀除可以实现普通单向阀的功能外，还可以根据需要由外部油压来控制，以实现逆向流动。当控制油口 K 没有通入液压油时，它的工作原理与普通单向阀完全相同，当液压油从 P_1 口流向 P_2 口导通，反向被截止；当控制油口 K 有控制压力油时，因控制活塞 1 右侧 a 腔通泄油口，控制活塞 1 向右移动推动顶杆 2 顶开阀芯 3，使油口 P_1 和 P_2 互通。通常为了减小控制活塞移动时的阻力，控制压力最小应为主油路压力的 30%~50%。液控单向阀的图形符号和实物图如图 2-5-5（b）和（c）所示。

微课　液控单向阀的工作原理

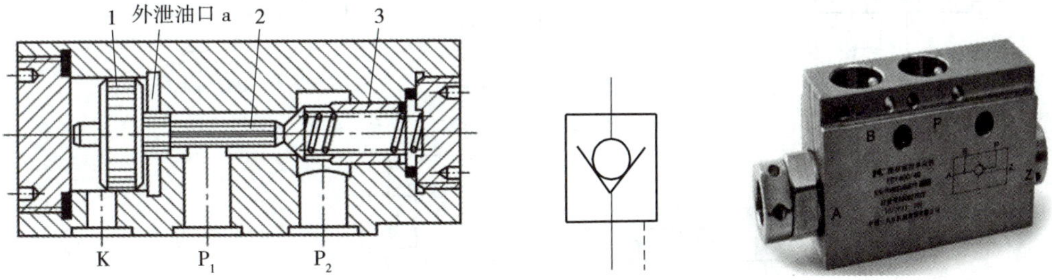

（a）结构原理图　　（b）图形符号　　（c）实物图

图 2-5-5　液控单向阀

1—控制活塞；2—顶杆；3—阀芯

2）液控单向阀的应用

液控单向阀在机床液压系统中应用十分普遍，常用于保压、锁紧和平衡回路。

（1）保持压力。滑阀式换向阀通常都有缝隙泄漏现象，只能进行短时间保压。当油路有长时间有保压要求时，可在油路上加装一个液控单向阀，利用锥阀关闭的严密性，使油路长时间保持压力，如图 2-5-6（a）所示。

（2）实现液压缸锁紧。当换向阀处于中位时，两个液控单向阀关闭，可严密封闭液压缸两腔的油液，此时活塞就不能因外力作用而产生移动，如图 2-5-6（b）所示。

（3）液压缸的“支撑”。在立式液压缸中，由于滑阀和管的泄漏，在活塞和活塞杆的重力作用下，可能引起活塞和活塞杆下滑。将液控单向阀接于液压缸下腔的油路中，可以防止液压缸活塞和滑块等活动部分下滑，如图 2-5-6（c）所示。

（4）大流量排油。液压缸两腔的有效工作面积相差很大，在活塞退回时，液压缸无杆腔的排油量骤然增大，此时若采用小流量的滑阀会产生节流作用，限制活塞的后退速度；若加设液控单向阀，在液压缸活塞后退时，控制液压油将液控单向阀打开，便可以顺利地将无杆腔中的油液排出，如图 2-5-6(d)所示。

(5)用作充油阀。立式液压缸的活塞在高速下降过程中，会因高压油和自重的作用，致使下降速度过快，产生吸空和负压，必须增设补油装置。将液控单向阀作为充油阀使用，可以完成补油功能，如图 2-5-6(e)所示。

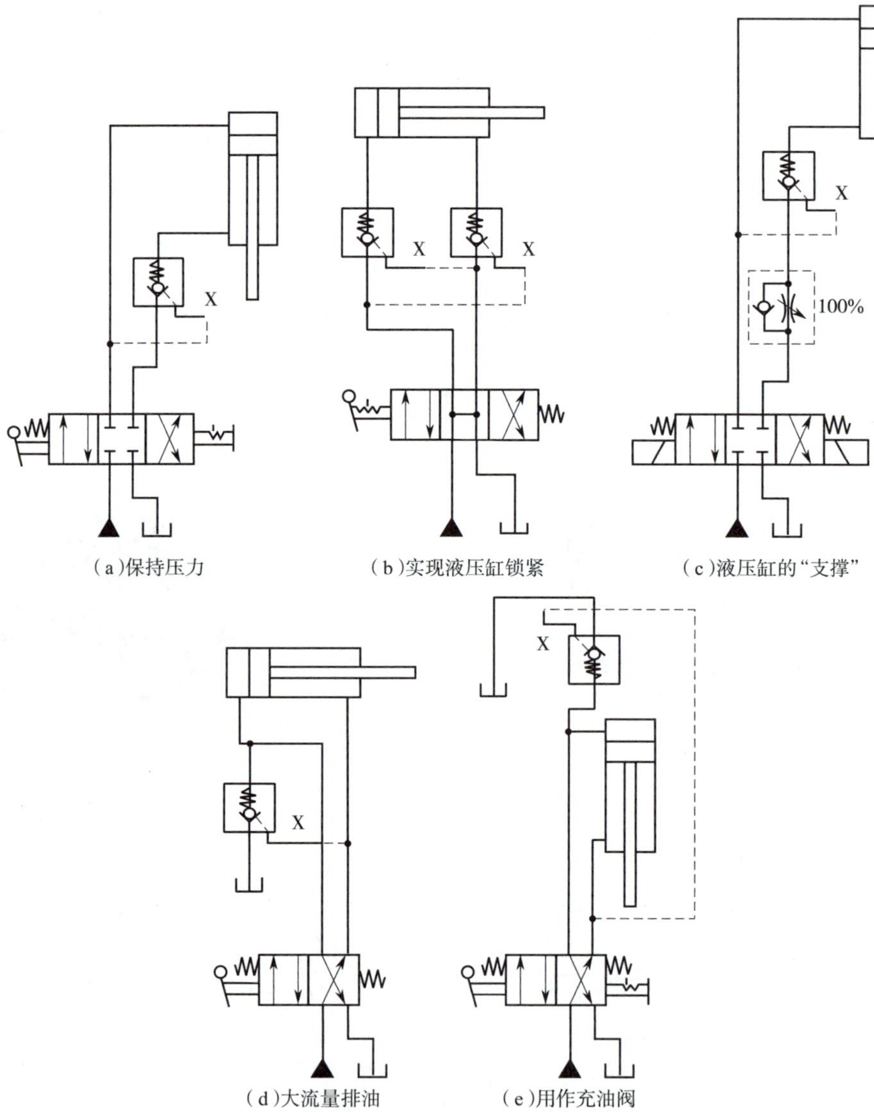

图 2-5-6　液控单向阀的应用

动动手：

画图比较普通单向阀与液控单向阀的异同之处。

2.5.2　汽车起重机支腿锁紧回路的搭建

锁紧回路的作用是在执行元件不工作时，使其准确地停留在原来的位置上，不因泄漏或外界因素而改变位置。常用的液压锁紧回路主要有单向阀锁紧回路、三位换向阀锁紧回路和双液控单向阀（液压锁）锁紧回路。

1. 单向阀锁紧回路

单向阀锁紧回路如图 2-5-7（a）所示，当液压泵停止工作时，液压缸活塞向右的运动被单向阀锁紧，向左则可以运动。在该液压系统中，只有当活塞向左运动到极限位置时，才能实现双向锁紧。该回路的锁紧精度受到换向阀内泄漏量的影响。

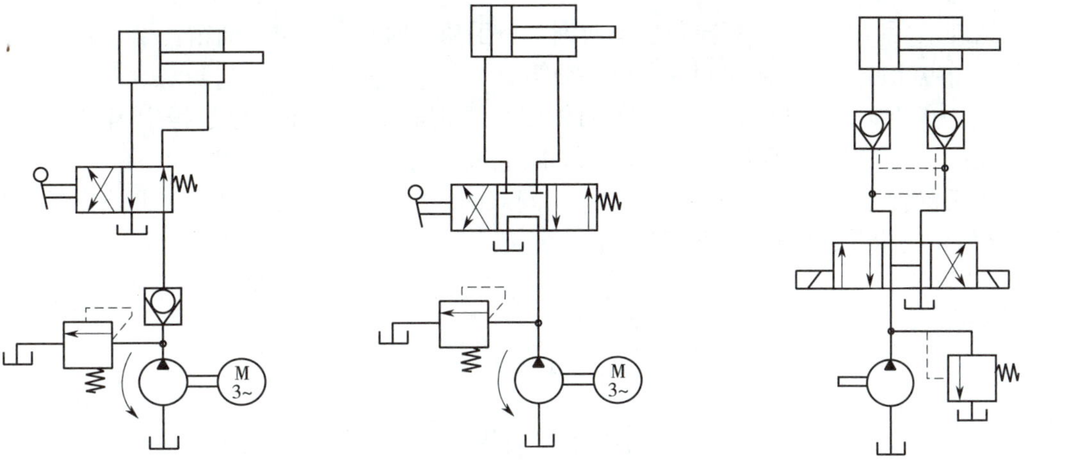

（a）单向阀锁紧回路　（b）三位换向阀锁紧回路　（c）双液控单向阀（液压锁）锁紧回路

图 2-5-7　锁紧回路

2. 三位换向阀锁紧回路

三位换向阀锁紧回路如图 2-5-7（b）所示，使液压缸锁紧的最简单方法是利用三位换向阀的 M 型或 O 型中位机能来封闭液压缸的两腔。但由于滑阀的泄漏，该回路不能长时间保持在某位置停止不动，锁紧精度不高。

3. 双液控单向阀（液压锁）锁紧回路

如图 2-5-7（c）所示，在工程机械液压系统中常采用双液控单向阀锁紧回路。当三位四通电磁换向阀处于中位时，两个液控单向阀的进油口及控制油口都与油箱相通，使两个液控单向阀迅速关闭，可实现对液压缸的双向锁紧。液控单向阀具有良好的锥面密封性，液压缸可以被长时间地锁紧。配合液压锁使用时最好采用 H 型或 Y 型中位机能的换向阀，这种换向阀一旦回到中位，液控单向阀的控制压力便立即卸掉，因而液控单向阀将马上关闭。假如采用 O 型中位机能的换向阀，在换向阀处于中位时，由于液控单向阀的控制腔液压油被锁死而不能使其立即关闭，直至由于换向阀的内泄漏使控制腔泄压后，液控单向阀才能关闭，这影响了其锁紧精度。双向液控单向阀一般直接安装在液压缸上，中间不用软管连接，这样就不会因软管爆裂而引发事故，具有安全保护作用。

慕课　汽车起重机支腿锁紧回路的搭建

4. 锁紧回路的搭建

根据图 2-2 所示汽车起重机液压系统原理图，分析其支腿锁紧原理。

由于汽车轮胎的承载能力是有限的，在起吊重物时，必须由支腿液压缸来承受负载，而使轮胎架空，这样也可以防止起吊时整机的前倾或颠覆。支腿动作的顺序：锁紧缸 9 锁紧后桥板簧，同时后支腿液压缸 8 放下后支腿到所需位置，再由前支腿液压缸 10 放下前支腿到所需位置。作业结束后，先收前支腿，再收后支腿。

当手动换向阀 6 右位接入工作时，后支腿放下，其油路如下：

液压泵 1→过滤器 2→手动换向阀 3 左位→手动换向阀 5 中位→手动换向阀 6 右位→锁紧缸 9 下腔锁紧板簧→双向液控单向阀 7→后支腿液压缸 8 下腔。

回油路如下：

后支腿液压缸 8 上腔→双向液控单向阀 7→手动换向阀 6 右位→油箱；

锁紧缸 9 上腔→手动换向阀 6 右位→油箱。

回路中的双向液控单向阀 7 和 11 的作用是防止液压支腿在支撑过程中因泄漏出现“软腿现象”，或在行走过程中液压支腿自行下落，或因管道破裂而发生倾斜事故。

简化后的锁紧回路采用双液控单向阀实现双向锁紧，液压缸的换向采用手动控制。如图 2-5-8 所示为汽车起重机支腿锁紧回路。

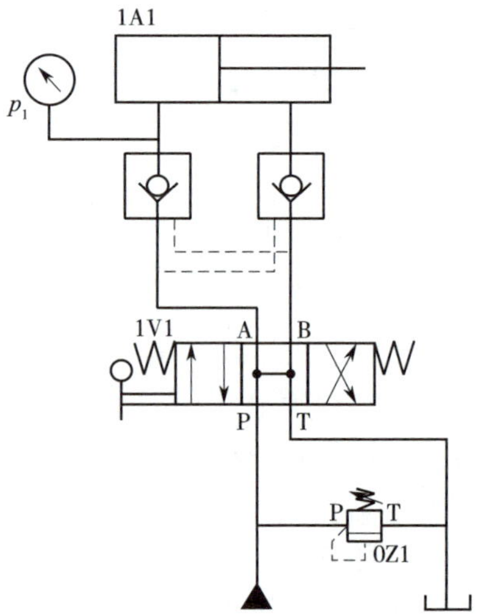

图 2-5-8　汽车起重机支腿锁紧回路

该回路搭建步骤：

(1)根据图 2-5-8 进行液压回路的连接和检查，实训中要严格按规范操作，小组成员协作互助；

(2)确认连接无误后，打开液压泵及电源，观察液压缸的运行情况；

(3)液压缸运动到行程终点，进油腔压力上升，切换换向阀到中位，停留一段时间，观察液压缸进油腔压力 p_1 的变化情况，记录压力保持时间；

(4)改用 O 型或 M 型中位机能的换向阀，观察锁紧效果，并分析其原因；

（5）分析和解决实训中出现的问题；

（6）实训完成并经教师检查评估合格后，关闭电源、油源，拆下管线，将各元件整理后放回原来位置。

善思问道

渤海活塞：从农机工厂到亚洲内燃机活塞行业翘楚

任务验收考核

姓名			学号		
任务名称	考核要点	考核要求	配分	评分标准	得分
汽车起重机支腿锁紧回路的搭建	1. 基础知识（80 分）	（1）简单描述普通单向阀的应用场合	15	每条给 3 分，全对给 15 分	
		（2）简述普通单向阀的工作原理	15	说出给 15 分	
		（3）简单描述液控单向阀的应用场合	15	每条给 3 分，全对给 15 分	
		（4）简述液控单向阀的工作原理	15	说出给 15 分	
		（5）抄画双液控单向阀锁紧回路图	20	按完成度给分	
	2. 职业素养（20 分）	（1）实验前准备充分	5	每处错误扣 1 分	
		（2）操作过程中积极参与，互帮互助，团结协作	5	操作过程中发现不参与实训、影响团队合作的现象扣 1 分	
		（3）实验后工作台整理干净	5	工作台有一处垃圾扣 1 分	
		（4）各元件归还原处并摆放整齐	5	每个元件摆放不整齐扣 1 分	
合计			100	总分	

习题与测试

1. 填空题

（1）在液压系统中__________可用作背压阀。

（2）液控单向阀在机床液压系统中应用十分普遍，常用于__________、__________和__________回路。

（3）常用的液压锁紧回路主要有__________、__________以及__________。

（4）单向阀是控制油液单方向流动的方向控制阀，常用的单向阀有__________和

__________两种。

(5)__________常被安装在泵的出口处,用来防止因压力冲击而影响泵的正常工作,并防止泵不工作时系统中的油液倒流。

2. 选择题

(1)锁紧回路所采用的主要液压元件为(　　)。

A. 换向阀和液控单向阀　　B. 溢流阀和换向阀

C. 顺序阀和液控单向阀　　D. 以上均不正确

(2)在液压方向控制阀中,除换向阀外,还有(　　)。

A. 溢流阀　　B. 节流阀　　C. 单向阀　　D. 顺序阀

(3)使用液控单向阀的锁紧回路比使用滑阀的锁紧回路的锁紧效果好,其原因是(　　)。

A. 液控单向阀结构简单　　B. 液控单向阀具有良好的密封性

C. 换向阀锁紧回路结构复杂　　D. 换向阀具有良好的密封性

3. 简答题

(1)使用液控单向阀时应注意哪些问题?

(2)液控单向阀与普通单向阀有何区别?通常应用在什么场合?

(3)什么是锁紧回路?双液控单向阀如何实现液压系统的锁紧?

(4)描述单向阀的应用场景。

项目 3

定位夹紧机构液压系统的搭建

学习导读

生产中有时会遇到工件需要夹紧的情况。例如，在自动化生产线上，通常要将物料切割成定长尺寸或在长度方向上均匀地打孔等，在进行以上操作前，需将物料输送到规定位置后再夹紧。如图 3-1 所示为一台采用液压系统的定位夹紧机构生产示意图。

在工件加工过程中，一般对定位夹紧装置有以下要求：工件的夹紧压力要小于主系统的工作压力，并可根据工件材料的硬度进行调整；在工件装夹过程中，先对工件进行定位，在确保定位完成后，方能实施夹紧；在加工过程中，夹紧力要保持不变；加工完成后，要能快速松开工件，以便更换下一待加工工件，提高工作效率。针对以上要求，在不另外采用液压泵供油的情况下，要使用减压元件将装夹回路压力降至设定值；工件的定位和夹紧动作由两个液压缸分别完成，夹紧工件时要利用液压元件控制两个液压缸顺序动作，释放工件时两个液压缸要同时动作，以提高工作效率。在加工过程中，采用减压阀进行稳压，以确保加工过程中工件的夹紧力保持不变。

图 3-1　采用液压系统的定位夹紧机构生产示意图

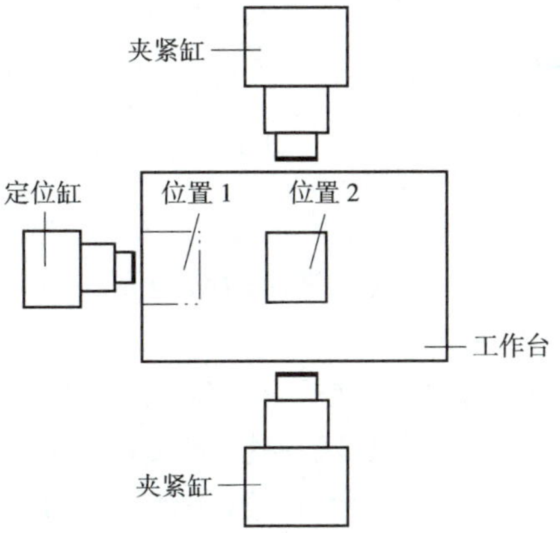

图 3-2　定位夹紧示意图

项目描述

本项目以定位夹紧机构为例，对定位夹紧液压系统进行学习，分析定位夹紧机构的液压调压回路，掌握溢流阀的工作原理、结构特点和应用场合，会选用适当的溢流阀进行调压回路的搭建；通过分析定位夹紧机构的液压减压回路，掌握减压阀的工作原理、结构特点和应用场合，会选用适当的减压阀进行减压回路的搭建；通过分析定位夹紧机构的液压平衡回路，掌握顺序阀的工作原理、结构特点和应用场合，会选用适当的顺序阀进行平衡回路的搭建。如图 3-2 所示为定位夹紧示意图。

任务 3.1　定位夹紧机构调压回路的搭建

任务发布

在液压系统中，控制油液压力高低的阀和通过压力信号实现动作控制的阀统称为压力控制阀，它们是利用作用在阀芯上的液压力和弹簧力相平衡的原理工作的。压力控制阀主要有溢流阀、减压阀、顺序阀和压力继电器等。

压力控制回路是用压力阀来控制和调节液压系统主油路或某一支路的压力，以满足执行元件所需的力或力矩的要求。利用压力控制回路可对液压系统进行调压、减压、增压、卸荷、保压以及实现工作机构的平衡等各种控制要求。

任务要求

（1）能够理解溢流阀的工作原理及用途，并合理选用溢流阀；

（2）能够分析调压回路的工作原理；

（3）能够使用溢流阀搭建调压回路。

任务目标

1. 知识目标

（1）掌握溢流阀的结构、工作原理及应用；

（2）掌握液压调压回路和液压卸荷回路的安装调试方法。

2. 能力目标

（1）能够合理选用和维护溢流阀；

（2）能够设计、搭建、调试简单的液压调压回路；

（3）能够设计、搭建、调试简单的液压卸荷回路。

3. 素养目标

（1）培养学生提高安全意识的能力；

（2）培养学生的创新思维和能力。

3.1.1　溢流阀

溢流阀在液压系统中的功用主要有两个方面：一是起稳压溢流作用，保持液压系统的压力恒定；二是起限压保护作用，防止液压系统过载。溢流阀通常接在液压泵出口处的油路上。

1. 溢流阀的工作原理

根据结构和工作原理不同，溢流阀可分为直动式溢流阀和先导式溢流阀两类。

微课　直动式溢流阀的工作原理

1）直动式溢流阀

直动式溢流阀是基于系统中的液压油直接作用于阀芯上与弹簧力相平衡的原理来控制阀芯的启闭。图 3-1-1（a）所示为直动式溢流阀的结构原理图。其中，P 是进油口，T 是回油口，液压油从 P 口进入，经主阀芯 4 上的径向小孔 c 和轴向阻尼小孔 d 作用在阀芯底部的锥孔 a 上，当进油压力升高，阀芯所受的油液压力 p 超过弹簧力 F_s 时，主阀芯 4 上移，阀口被打开，油口 P 和 T 相通，实现溢流。调整调压螺母 1，可以改变调压弹簧 2 的预紧力，从而调节进油口的压力 p。轴向阻尼小孔 d 的作用是对主阀芯的动作产生阻尼，以提高阀的工作平稳性。L 为泄油口，溢流阀工作时，油液通过间隙泄漏到主阀芯 4 上端的弹簧腔中，通过阀体上的内泄孔道 b 与回油口 T 相通，此时 L 口堵塞，这种连接方式称为内泄；若将内泄孔道 b 堵塞，打开 L 口，泄漏油将直接引回油箱，这种连接方式称为外泄。当溢流阀稳定工作时，作用在主阀芯 4 上的液压力和弹簧力相平衡（阀芯的自重、摩擦力等都忽略不计），则有

$$pA = F_s$$

$$p = \frac{F_s}{A} \tag{3-1-1}$$

式中　p——溢流阀调节压力；

F_s——调压弹簧力；

A——阀芯底部的有效作用面积。

对于特定的阀，A 值是恒定的，调节 F_s 就可以调节进口压力 p。当系统压力变化时，阀芯会做相应的波动，然后在新的位置上达到平衡；而与之相应的弹簧力也会发生变化，但相对于调定的弹簧力来说该变化很小，所以认为 p 值基本保持恒定。

图 3-1-1（b）和（c）所示分别为直动式溢流阀的图形符号和实物图。直动式溢流阀具有结构简单、制造容易、成本低等优点，其缺点是油液压力直接和弹簧力相平衡，压力稳定性差。当系统压力较高时，要求弹簧刚度大，使阀的开启性能变差，所以直动式溢流阀一般只适用于低压小流量场合或作为先导阀使用，其最大调整压力为 2.5 MPa。

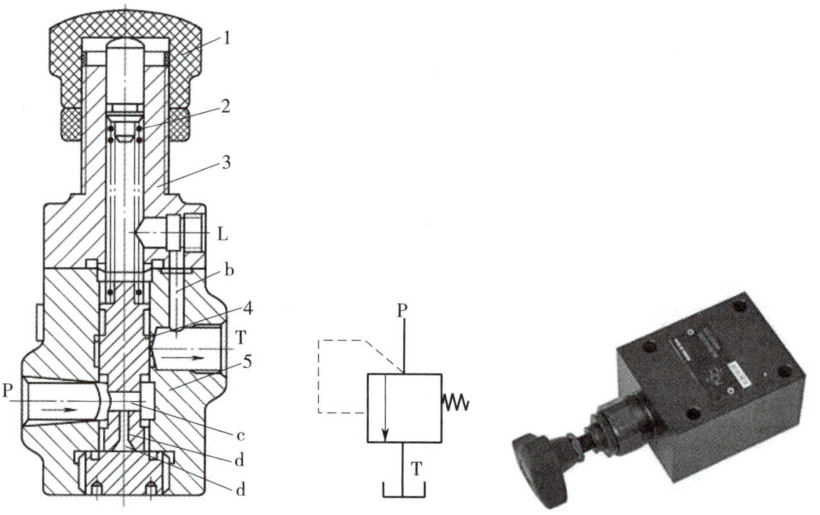

（a）结构原理图　（b）图形符号　（c）实物图

图 3-1-1　直动式溢流阀

1—调压螺母；2—调压弹簧；3—上盖；4—主阀芯；5—阀体；a—锥孔；b—内泄孔道；c—径向小孔；d—轴向阻尼小孔

2）先导式溢流阀

微课　先导式溢流阀的工作原理

先导式溢流阀由先导阀和主阀两部分组成，它是利用主阀芯上、下两端的压力差所形成的作用力与弹簧力相平衡的原理工作的。如图 3-1-2（a）所示为先导式溢流阀结构原理图，P 是进油口，T 是出油口（因溢流阀出油口常接油箱，故常称为回油口），液压油从 P 口进入，通过主阀芯 2 上的轴向小孔 a 进入 A 腔，同时经轴向小孔 b 进入 B 腔，又经小孔 d 作用在先导阀的锥阀芯 8 上。当进油压力 p 较低，不足以克服调压弹簧 6 的弹簧力 F_{s6} 时，锥阀芯 8 关闭，主阀芯 2 上、下两端压力相等，主阀芯 2 在复位弹簧 3 的作用下处于最下端位置，P 口和 T 口不相通，溢流口关闭。当进油压力 p 升高，作用在锥阀芯上的液压力大于 F_{s6} 时，锥阀芯 8 打开，液压油便经流道 c、回油口 T 流回油箱。由于轴向小孔 b 的作用，使主阀芯 2 上端的压力小于下端的压力，当这个压力差超过复位弹簧 3 的作用力 F_{s3} 时，主阀芯 2 上移，进油口 P 和回油口 T 相通，实现溢流。当溢流阀稳定工作时，作用在主阀芯 3 上的液压力与弹簧力相平衡（阀芯的自重、摩擦力等忽略不计），则有

$$pA = p_1A + F_{s3} \qquad (3\text{-}1\text{-}2)$$

式中　p——进口压力；

p_1——主阀芯上腔压力；

F_{s3}——主阀芯复位弹簧 3 的弹簧力；

A——主阀芯的有效作用面积。

由式（3-1-2）可知，由于 p 是由先导阀弹簧调定的，基本上为恒定值；主阀芯上腔的复位弹簧 3 的刚度较小，且 F_{s3} 的变化也较小，所以当溢流量发生变化时，溢流阀进口压力 p 的变化较小。先导式溢流阀相对于直动式溢流阀具有较好的稳压性能，但反应不如直动式溢流阀灵敏，它一般适用于中、高压液压系统。图 3-1-2（b）和（c）所示分别为先导式溢流阀的图

形符号和实物图。

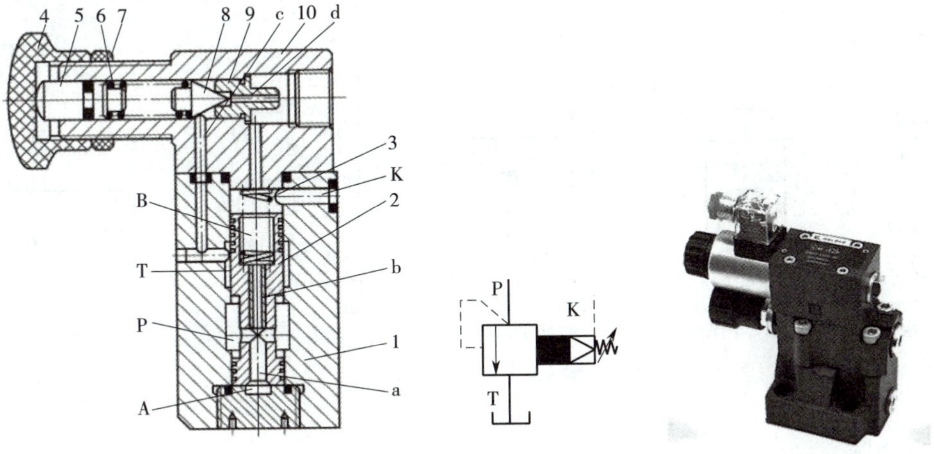

（a）结构原理图　　（b）图形符号　　（c）实物图

图 3-1-2　先导式溢流阀

1—主阀体；2—主阀芯；3—复位弹簧；4—调节螺母；5—调节杆；6—调压弹簧；7—螺母；8—锥阀芯；9—阀座；10—阀盖；a、b—轴向小孔；c—流道；d—小孔；P—进油口；T—回油口；K—控制油口

先导式溢流阀还设有远程控制口 K，可以实现远程调压（与远程调压阀接通）或卸荷（与油箱接通），不用时控制口封闭。

2. 溢流阀的应用

微课　溢流阀的应用

溢流阀在液压系统中能起到稳压溢流、安全保护、使泵卸荷、远程调压及使液压缸回油腔形成背压等多种作用。

（1）稳压溢流。当系统采用定量泵供油时，常在其进油路或回油路上设置节流阀或调速阀，使系统中的油液一部分进入液压缸工作，而多余的油液需经溢流阀流回油箱，溢流阀通常处于其调定压力下的常开状态，调节弹簧的预压缩力，即可调节系统的工作压力。因此，在这种情况下，溢流阀的作用是起到稳压溢流的效果，如图 3-1-3（a）所示。

（2）安全保护。当系统采用变量泵供油时，系统内没有多余的油液需要溢流，其工作压力由负载决定。这时与泵并联的溢流阀只有在过载时才需打开，以保障系统的安全。因此，这种系统中的溢流阀又称为安全阀，且是常闭的，如图 3-1-3（b）所示。

（3）使泵卸荷。采用先导式溢流阀调压的定量泵系统，当阀的远程控制口 K 与油箱连通时，其主阀芯在进口压力很低时，即可迅速抬起，使泵卸荷，以减少能量损耗，如图 3-1-3（c）所示。当电磁铁通电时，溢流阀远程控制口 K 连通油箱，因而能使液压泵卸荷。

（4）远程调压。如图 3-1-3（d）所示，当二位二通电磁阀得电左位工作时，先导式溢流阀的主阀芯上腔的油压只要达到调压阀的调整压力，主阀芯即可抬起从而实现溢流效果（其先导阀不再起调压作用）；当二位二通电磁阀不通电右位工作时，先导式溢流阀远程控制口 K 与调压较低的溢流阀（或远程调压阀）连通，从而实现远程调压。在远程调压过程中，关键是远程调压阀的设定压力必须低于先导式溢流阀的调定压力，否则远程调压失效。

（5）用作背压阀。在液压系统的回油路上串接一个溢流阀，可以形成一定的回油阻力，这种压力称为背压，它可以改善执行元件的运动平稳性，如图 3-1-3（e）所示。

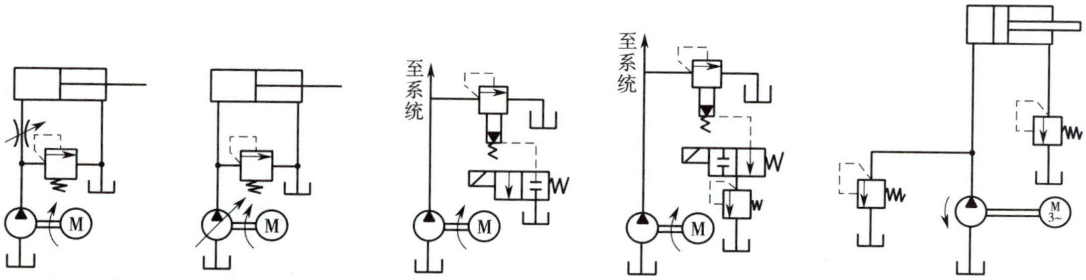

（a）稳压溢流　（b）安全保护　（c）使泵卸荷　（d）远程调压　（e）用作背压阀

图 3-1-3　溢流阀的应用

动动脑：

如何通过远程控制口对溢流阀进行操作？在现代工业自动化中，溢流阀的远程控制和智能化有哪些潜在的应用前景？

3.1.2　液压调压回路

当液压系统工作时，液压泵应向系统提供所需压力的液压油，提高执行元件运动的平稳性，所以应设置调压或限压回路。在定量泵系统中，需要通过溢流阀来调节并稳定液压泵的工作压力，当系统在不同的工作时间内需要不同的工作压力时，可采用二级或多级调压回路；在变量泵系统或旁路节流调速系统中，可以将溢流阀用作安全阀来限制系统的最高安全压力。

1. 单级调压回路

图 3-1-4 所示为单级调压回路，该回路是液压系统中最为常见的回路，它一般在液压泵的出口处并联一个溢流阀来控制系统的压力。

在单级调压回路的工作过程中溢流阀是常开的，起到稳压溢流的作用，以保持系统压力稳定，且不受负载变化的影响。在该回路中液压泵的工作压力取决于溢流阀的调整压力，溢流阀的调整压力必须大于液压缸最大工作压力和油路中各种压力损失的总和，一般为系统工作压力的 1.1 倍。

2. 二级调压回路

图 3-1-5 所示为二级调压回路，该回路可实现两种不同的系统压力控制，由先导式溢流阀 2 和直动式溢流阀 4 各调一级，当二位二通换向阀 3 处于图示位置时，系统压力由先导式溢流阀 2 调定；当二位二通换向阀 3 得电后，系统压力由直动式溢流阀 4 调定。

微课　多级调压回路的分析

注意：直动式溢流阀 4 的调定压力一定要小于先导式溢流阀 2 的调定压力，否则将不能实现二级调压。

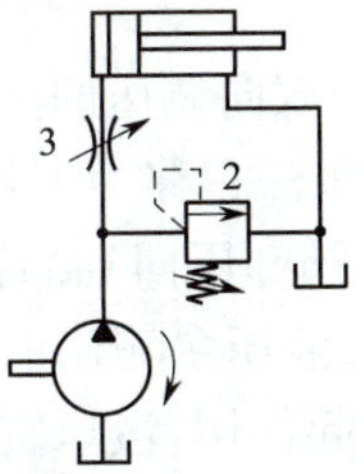

图 3-1-4　单级调压回路

1—液压泵；2—直动式溢流阀；3—节流阀

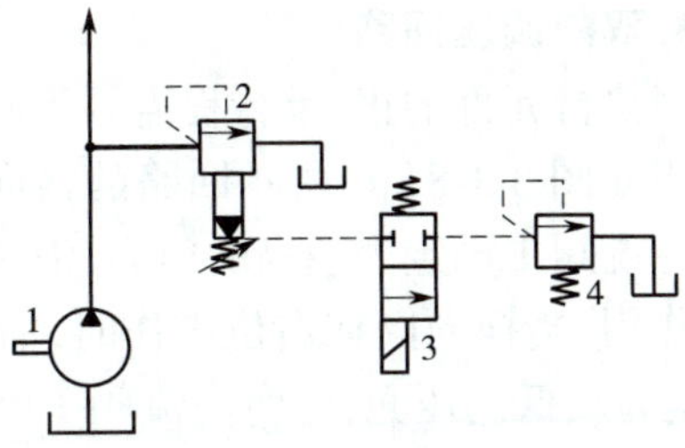

图 3-1-5　二级调压回路

1—液压泵；2—先导式溢流阀；3—二位二通电磁换向阀；4—调压阀（直动式溢流阀）

3. 多级调压回路

利用先导式溢流阀、远程调压阀和电磁换向阀的有机组合，能够实现回路的多级调压。图 3-1-6 所示为三级调压回路，其中先导式溢流阀 1 的远程控制口通过三位四通换向阀 4 可以分别接到具有不同调定压力的远程调压阀 2 和 3 上。

当三位四通换向阀 4 处于左位时，远程调压阀 2 与先导式溢流阀 1 接通，此时回路压力由远程调压阀 2 调定；当三位四通换向阀 4 处于右位时，远程调压阀 3 与先导式溢流阀 1 接通，此时回路压力由远程调压阀 3 调定；当三位四通换向阀 4 处于中位时，远程调压阀 2 和 3 都没有与先导式溢流阀 1 接通，此时回路压力由先导式溢流阀 1 调定。远程调压阀 2 和 3 的调定压力必须小于先导式溢流阀 1 的调定压力。

多级调压回路适用于需要多种压力需求的液压系统。

4. 无级调压回路

当需要对一个动作复杂的液压系统进行更多级压力控制时，虽然采用上述多级调压回路能够实现这一功能要求，但回路的组成元件多、油路结构复杂，而且系统的压力变化级数有限。

采用电液比例溢流阀同样可以实现多级调压的要求，而且可以实现一定范围内连续无级的调压，且回路的结构简单许多。图 3-1-7 所示为通过电液比例溢流阀进行无级调压的比例调压回路，系统根据液压执行元件工作过程各个阶段的不同压力要求，通过输入装置将需要的多级压力所对应的电流信号输入电液比例溢流阀 1 的控制器中，即可达到调节系统工作压力的目的。

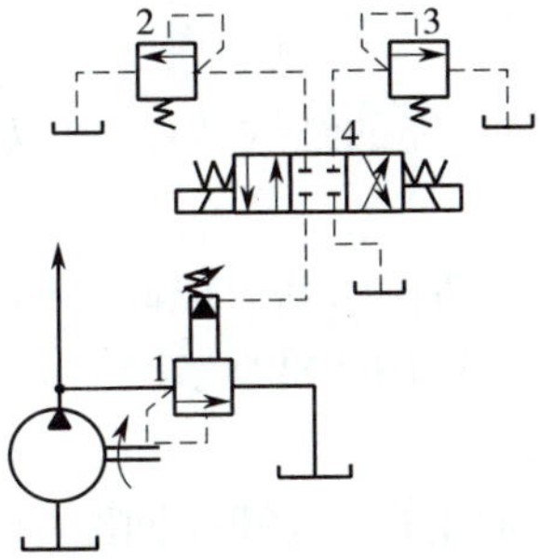

图 3-1-6　三级调压回路

1—先导式溢流阀；2、3—远程调压阀；4—三位四通换向阀

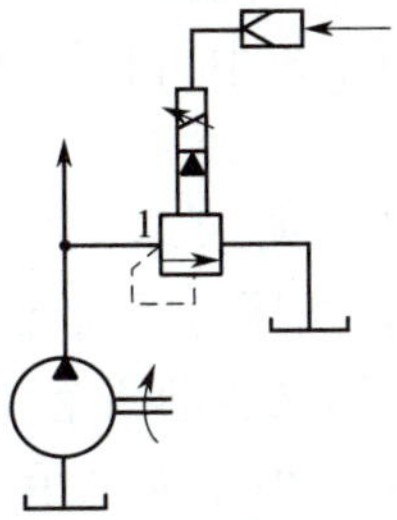

图 3-1-7　无级调压回路

1—电液比例溢流阀

5. 双向调压回路

当执行元件的正、反行程需要不同的供油压力时，可采用双向调压回路。

当如图 3-1-8(a)所示回路的换向阀在左位工作时，活塞杆右移为工作行程，液压泵出口由溢流阀 1 调定为较高的压力，液压缸右腔的油液经换向阀卸压回到油箱，溢流阀 2 关闭不起作用；当换向阀在右位工作时，活塞左移实现空程返回，液压泵输出的压力油由溢流阀 2 调定为较低的压力，此时溢流阀 1 因调定压力高而关闭不起作用，液压缸左腔的油液经换向阀回到油箱。

当如图 3-1-8(b)所示回路的换向阀在左位工作时，溢流阀 2 的出口被高压油封闭，即溢流阀 1 的远程控制口被堵塞，故液压泵压力由溢流阀 1 调定为较高的压力；当换向阀在右位工作时，液压缸左腔通油箱，压力为零，溢流阀 2 相当于溢流阀 1 的远程调压阀，液压泵压力被调定为较低的压力。该回路的优点是溢流阀 2 工作时仅通过少量泄油，故可选用小规格的远程调压阀。

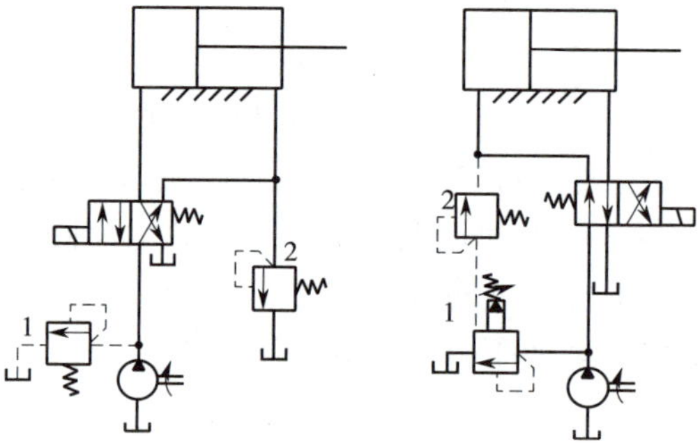

(a)回路一　　(b)回路二

图 3-1-8　双向调压回路

1、2—溢流阀

3.1.3　液压卸荷回路

许多机械设备液压系统在使用时，执行装置并不是始终连续工作，在执行装置工作间歇过程中，为了减少动力源和液压系统的功率损失、节省能源及减少液压系统发热所采用的回路称为卸荷回路。下面介绍两种典型的卸荷回路。

1. 换向阀卸荷回路

在定量泵系统中，利用三位换向阀 M 型、H 型等中位机能的结构特点，可以实现泵的压力卸荷。

图 3-1-9(a)所示为采用三位换向阀 M 型中位机能的卸荷回路。该卸荷回路的卸荷方法比较简单，但当压力较高、流量较大时，容易产生冲击，故适用于低压、小流量液压系统，不适用于一个液压泵驱动两个或两个以上执行元件的系统。

图 3-1-9(b)所示为采用二位二通电磁换向阀的卸荷回路。该卸荷回路中的主换向阀的中位机能为 O 型，利用与液压泵和溢流阀同时并联的二位二通电磁换向阀的通与断，实现系统的卸荷与保压功能，但要注意二位二通电磁换向阀的压力和流量参数要完全与对应

的液压泵相匹配。

（a）三位换向阀中位机能的卸荷回路　　（b）二位二通电磁换向阀的卸荷回路

图 3-1-9　换向阀卸荷回路

2. 先导式溢流阀卸荷回路

图 3-1-10 所示为最常用的采用先导式溢流阀的卸荷回路。其中，先导式溢流阀 2 的外控口接一个二位二通常闭型电磁换向阀 3。当电磁阀通电时，溢流阀的外控口与油箱相通，液压泵 1 输出的液压油将以很低的压力开启溢流阀的溢流口而流回油箱，从而实现卸荷。此时溢流阀处于全开状态，而卸荷压力的高低取决于溢流阀主阀弹簧刚度的大小。卸荷时，通过换向阀的流量是溢流阀控制油路中的流量，只需采用小流量阀来进行控制。因此，当停止卸荷、系统重新开始工作时，不会产生压力冲击现象。这种卸荷方式适用于高压、大流量系统。但电磁阀连接溢流阀的外控口后，溢流阀上腔的控制容积增大，使溢流阀的动态性能下降，易出现不稳定现象，需要在电磁阀与溢流阀间的连接油路上设置阻尼装置，以改善溢流阀的动态性能。

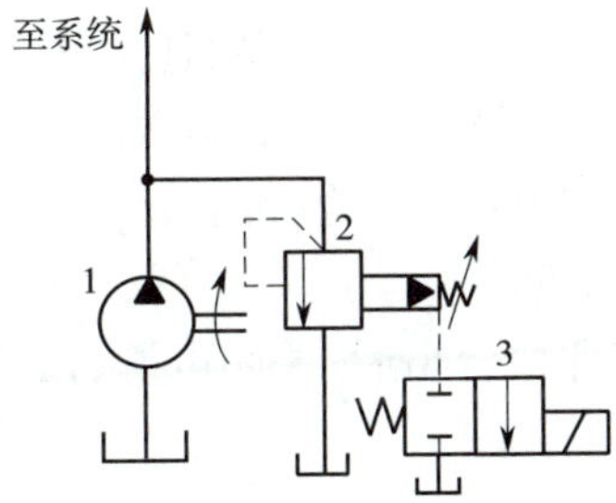

图 3-1-10　先导式溢流阀卸荷回路

1—液压泵；2—先导式溢流阀；3—二位二通电磁换向阀

3.1.4　定位夹紧机构调压回路的搭建

定位夹紧机构调压回路如图 3-1-11 所示。在该回路中，溢流阀用于调整回路压力；减压阀用于设定回路二次压力；单向阀用于在主回路压力降低时防止油液倒流，起到短时保压作用。

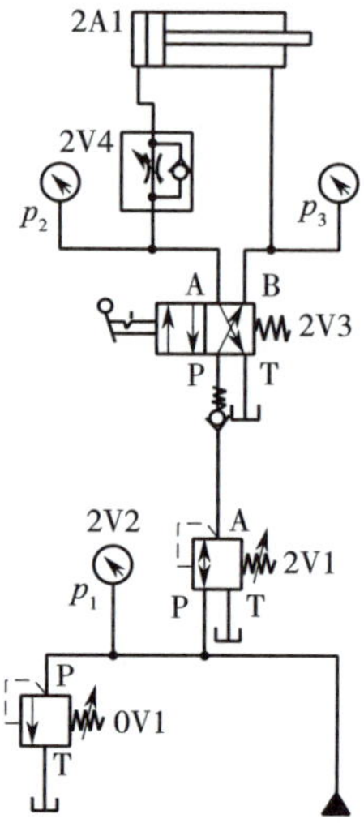

图 3-1-11　定位夹紧机构调压回路

该回路搭建步骤：

（1）根据图 3-1-11 进行液压回路的连接和检查，实训中要严格按规范操作，小组成员协作互助；

（2）确认连接无误后，打开电源，空载启动液压泵；

（3）调节溢流阀 0V1，设定系统工作压力为 4 MPa，调节时注意观察压力表的读数 p_1；

（4）调节减压阀 2V1，设定夹紧支路压力为 3 MPa，调节时注意观察压力表的读数 p_2；

（5）切换换向阀 2V3，观察液压缸 2A1 的运行情况是否符合控制要求，同时观察压力表的读数 p_1、p_2 在液压缸活塞杆运动过程中和运动到行程终点后的变化；

（6）当液压缸活塞杆伸出到行程终点后，观察压力表的读数 p_1 和 p_2；调低溢流阀压力至 2 MPa 以下，降低泵口压力，再次观察压力表的读数 p_1 和 p_2；

注意：由于单向阀的短时保压功能，压力表的读数 p_2 短时间内不会下降。

（7）分析和解决实训中出现的问题；

（8）实训完成并经教师检查评估合格后，关闭电源、油源，拆下管线，整理元件并放回原来位置。

善思问道

应炎鑫：以工匠精神钻研液压技术

任务验收考核

姓名			学号		
任务名称	考核要点	考核要求	配分	评分标准	得分
定位夹紧机构调压回路的搭建	1. 基础知识（80 分）	（1）简述直动式溢流阀的工作原理	10	说出给 10 分	
		（2）简述先导式溢流阀的工作原理	10	说出给 10 分	
		（3）说出溢流阀的两个作用	10	每个给 5 分	
		（4）简述溢流阀的两个性能	10	每个给 5 分	
		（5）简述溢流阀的 5 种应用	15	每种给 3 分	
		（6）抄画单级调压回路	15	按完成度给分	
		（7）简述采用先导式溢流阀的卸荷回路	10	说出给 10 分	
	2. 职业素养（20 分）	（1）实验前准备充分	5	每处错误扣 1 分	
		（2）操作过程中积极参与，互帮互助，团结协作	5	操作过程中发现不参与实训、影响团队合作的现象扣 1 分	
		（3）实验后工作台整理干净	5	工作台有一处垃圾扣 1 分	
		（4）各元件归还原处并摆放整齐	5	每个元件摆放不整齐扣 1 分	
合计			100	总分	

习题与测试

1. 填空题

（1）溢流阀在液压系统中的作用是通过阀口的________来实现________、________或________，按结构不同可分为________和________两种。

（2）在定量泵系统中，需要通过________来调节并稳定液压泵的工作压力，当系统在不同的工作时间内需要有不同的工作压力时，可采用________或________调压回路。

（3）溢流阀安装在液压系统的液压泵出口处，其作用是维持系统压力________，液压系统过载时________。

2. 选择题

（1）下列控制阀的图形符号中是直动式溢流阀的是（　　）。

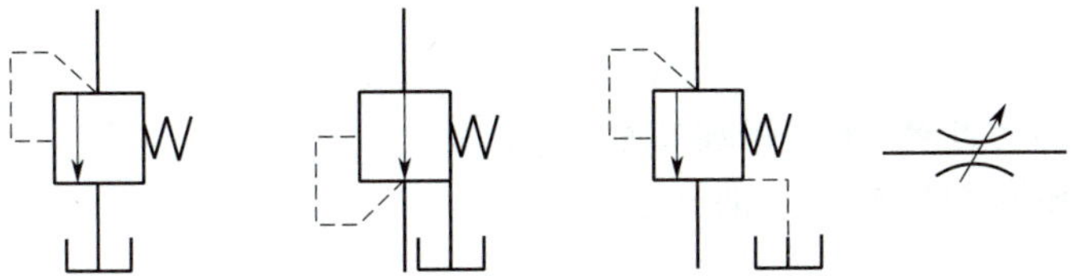

A.　　B.　　C.　　D.

（2）在低压系统中用作安全阀的溢流阀，一般选择（　　）结构。

A. 差动式　　B. 先导式　　C. 直动式　　D. 锥阀式

(3)在液压系统中,(　　)可用作背压阀。

A. 溢流阀　　B. 减压阀　　C. 液控顺序阀

(4)溢流阀配合液压泵溢出液压系统中的多余油液,使液压系统保持一定的(　　)。

A. 压力　　B. 溢流　　C. 流向　　D. 清洁度

(5)卸荷回路属于(　　)回路。

A. 方向控制　　B. 压力控制　　C. 速度控制　　D. 顺序动作

3. 简答题

(1)描述溢流阀的应用场景。

(2)液压系统调压回路的实现方式有哪些?

(3)液压系统卸荷回路的实现方式有哪些?

(4)溢流阀在液压系统中有何功用?

(5)请用一个定量泵、一个油箱、一个先导式溢流阀、两个远程调压阀和一个中位机能是O型的三位四通电磁换向阀组成一个三级调压回路。

任务3.2　定位夹紧机构减压回路的搭建

任务发布

夹紧油路所需工作压力一般低于进给油路的工作压力,且夹紧力要求不同,故夹紧油路的工作压力应该可以调节,并可以与进给油路采用同一个液压泵供油,且用减压阀实现二次压力的输出。

任务要求

(1)能够理解减压阀的工作原理及用途,并合理选用减压阀;

(2)能够分析减压回路的工作原理;

(3)能够使用减压阀设计、搭建和调试减压回路。

任务目标

1. 知识目标

(1)掌握减压阀的结构、工作原理及应用;

(2)掌握液压减压回路的安装调试方法。

2. 能力目标

(1)能够合理选用和维护减压阀;

(2)能够设计、搭建、调试简单的液压减压回路。

3. 素养目标

（1）培养学生学习新知识的兴趣；

（2）培养学生的团队沟通和合作能力。

3.2.1　减压阀

减压阀是利用液压油流经缝隙时产生的压力损失，使其出口压力低于进口压力，并保持压力恒定的一种压力控制阀。

1. 减压阀的工作原理

减压阀与溢流阀类似，也有直动式和先导式两种，直动式减压阀较少单独使用，而先导式减压阀性能良好、应用广泛。

1）直动式减压阀

微课　直动式减压阀的工作原理

图 3-2-1 所示为直动式减压阀的结构原理图、图形符号和实物图。如图 3-2-1（a）所示，直动式减压阀上开有三个油口，P_1 为一次压力油口，P_2 为二次压力油口，L 为外泄油口。当来自高压油路的一次压力油从 P_1 口经过滑阀阀芯的下端圆柱台肩与阀体间形成常开阀口，然后从 P_2 口流向低压支路，同时通过流道反馈在阀芯底部面积上产生一个向上的液压作用力，该力与调压弹簧的预压力相抵消。当二次压力未达到阀的设定值时，阀芯处于最下端，阀口全开；当二次压力达到阀的设定值时，阀芯上移，开度减小，实现减压，以维持二次压力恒定，不随一次压力的变化而变化。不同的二次压力可通过调节螺钉改变调压弹簧的预压缩量来设定。由于二次压力油口 P_2 不接入油箱，所以外泄油口 L 必须单独接回油箱。

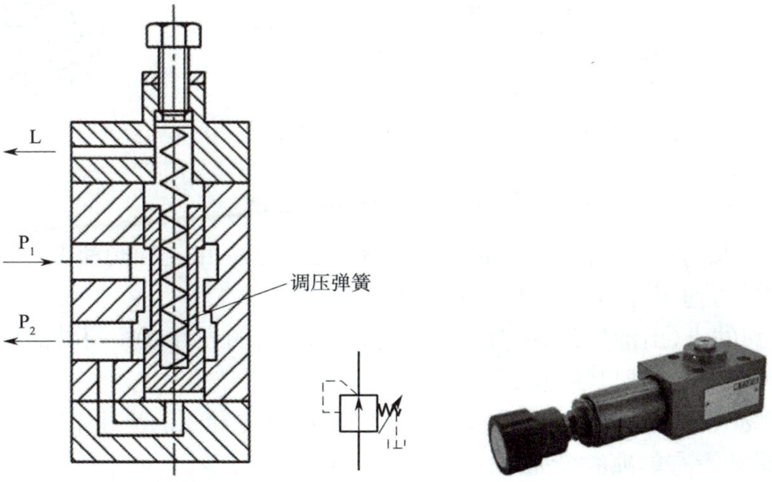

（a）结构原理图　　（b）图形符号　　（c）实物图

图 3-2-1　直动式减压阀

2）先导式减压阀

图 3-2-2 所示为先导式减压阀的结构原理图、图形符号和实物图。如图 3-2-2（a）所

示，减压阀不工作时，主阀芯 3 处在最下端的极限位置，且阀口是常开的；当减压阀通入压力油时，压力油由进油口 P_1 流入，经减压口 f 减压后由出油口 P_2 流出，出口压力油经主阀体 2 与端盖 4 上的通道流到主阀芯 3 的下腔，再经阀芯上的阻尼孔 e 流到主阀芯的上腔，最终作用在先导阀芯 1 上。当出油口压力低于先导阀芯 1 的调定压力时，先导阀芯 1 关闭，油液便不能在阻尼孔 e 内流动，主阀芯 3 的上、下两腔压力相等，主阀芯 3 在弹簧的作用下处于最下端，主阀口开度 x 值最大，阀处于非工作状态。当出油口压力达到先导阀芯 1 的调定压力时，先导阀芯 1 被顶开，主阀芯 3 上腔的油液便由泄油口 L 流回油箱，主阀芯阻尼孔 e 内就有油液流动，使主阀芯 3 上、下两端产生压力差，主阀芯 3 在该压力差的作用下克服弹簧力的作用而上移，主阀口开度 x 值减小，进出口压降增大，使出油口压力下降到调定值；反之，出油口的压力减小时，主阀芯 3 下移，主阀口开度 x 值增大，减压口 f 增大，使节流降压作用减弱，控制出油口的压力维持在调定值；同样，先导式减压阀也具有远程控制口 K，通过它也可以实现远程控制。

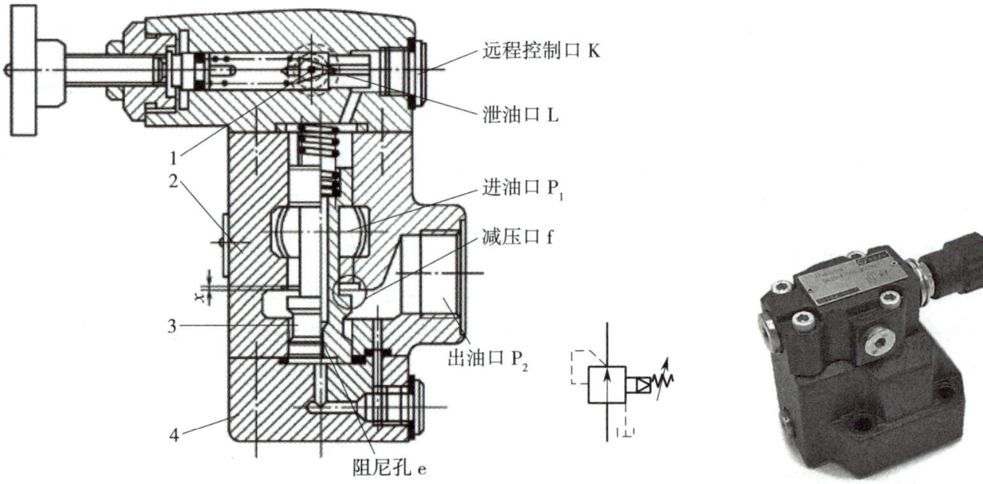

（a）结构原理图　　（b）图形符号　　（c）实物图

图 3-2-2　先导式减压阀

1—先导阀芯；2—主阀体；3—主阀芯；4—端盖

先导式减压阀与先导式溢流阀的结构有相似之处，也是由先导阀和主阀两部分组成的，两阀的主要零件可通用；两者的主要区别如下：

（1）减压阀的进、出油口位置与溢流阀相反，减压阀的先导阀控制出油口油液压力，而溢流阀的先导阀控制进油口油液压力；

（2）由于减压阀的进、出油口油液均有压力，所以其先导阀的泄油不能像溢流阀一样流入回油口，而必须设有单独的泄油口；

（3）减压阀主阀芯在结构中间多一个凸肩（即三节杆），在正常情况下，减压阀阀口是常开的，而溢流阀阀口则常闭。

动动脑：

想象一下随着物联网和智能技术的发展，减压阀是否有可能变得更加智能化？例如，能否开发出能够自我诊断和自我调节的智能减压阀？

2. 减压阀的应用

图3-2-3所示为夹紧机构中常用的减压回路。该回路中串联一个减压阀，使夹紧缸能获得较低且稳定的夹紧力，且减压阀出口压力可以在0.5 MPa至溢流阀的调定压力范围内调节，当系统压力有波动时，减压阀的出口压力可稳定不变；单向阀的作用是当主系统压力下降到低于减压阀调定压力时（如主油路中液压缸快速运动），防止油液倒流，起到短时保压作用，使夹紧缸的夹紧力在短时间内保持不变。为了确保安全，夹紧回路中常采用带定位的二位四通电磁换向阀或采用失电夹紧的二位四通电磁换向阀进行换向，防止在电路出现故障时松开工件而发生事故。

微课 减压阀的应用

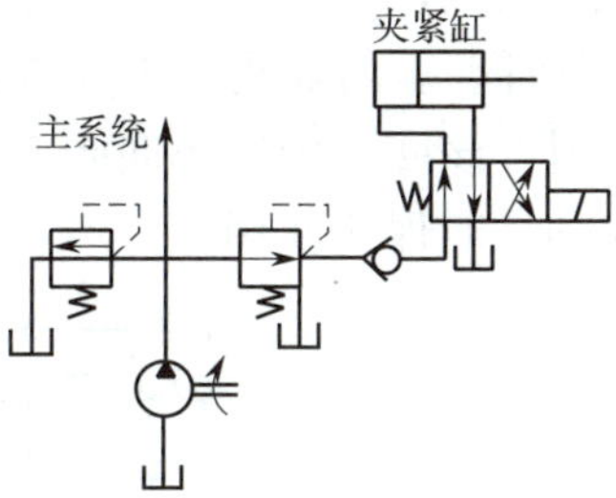

图3-2-3 减压阀的应用

知识拓展：

定差减压阀

定差减压阀可使阀的进、出油口压力差保持为定值。如图3-2-4所示，进油口P_1的高压油p_1，经节流口减压后以出油口P_2的低压p_2流出，同时出油口的低压油经阀芯中心孔将压力p_2传至阀芯的上腔，其进、出油压在阀芯有效作用面积上的压力差与弹簧力相平衡。

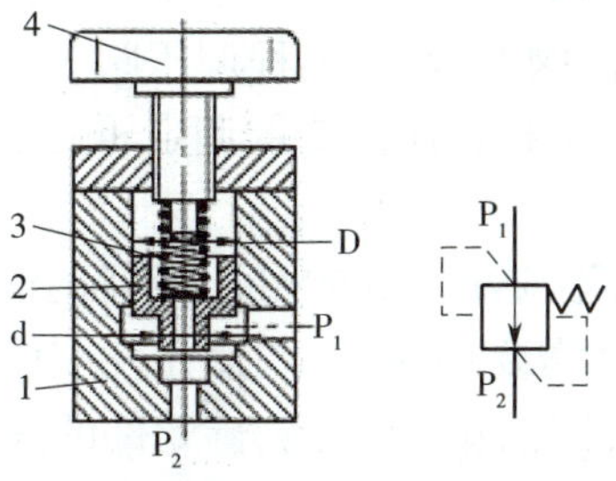

（a）结构原理图 （b）图形符号

图3-2-4 定差减压阀

1—阀体；2—阀芯；3—弹簧；4—手轮

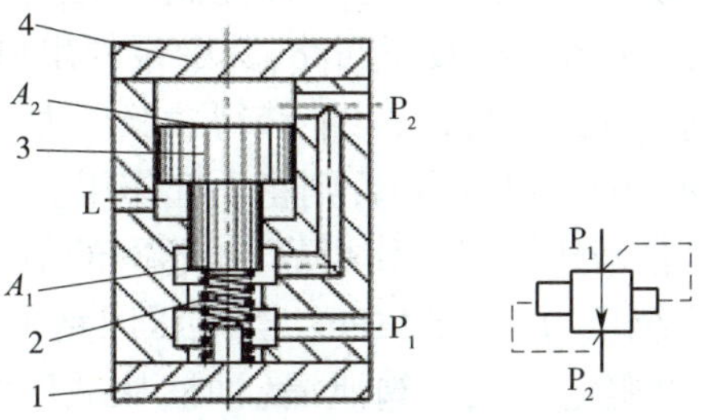

（a）结构原理图 （b）图形符号

图3-2-5 定比减压阀

1—下阀盖；2—弹簧；3—阀芯；4—上阀盖

定比减压阀

定比减压阀可使阀进、出油口压力间保持一定的比例关系。图 3-2-5 所示为定比减压阀的结构原理图和图形符号。

3.2.2 减压回路

当泵的输出压力是高压而局部回路或支路要求为低压时，可以采用减压阀组成减压回路。例如，机床液压系统中的定位、夹紧、分度回路以及液压元件的控制油路等往往要求的压力比主油路的压力低，一般是在所需低压支路上串接减压阀。采用减压回路能方便地获得某支路的稳定低压，还可限制由工作部件的作用力引起的压力波动，从而改善系统的控制特性，但液压油经减压阀口时会产生压力损失。

1. 减压稳压

在液压系统中，当几个执行元件采用一个液压泵供油，而且各执行元件所需的工作压力不尽相同时，在支路中串接一个减压阀，就可获得较低且稳定的工作压力。图 3-2-6 所示为减压阀用于夹紧油路的工作原理图。该回路中的单向阀 3 可在主油路压力降低（低于减压阀调整压力）时防止油液倒流，起到短时保压作用。

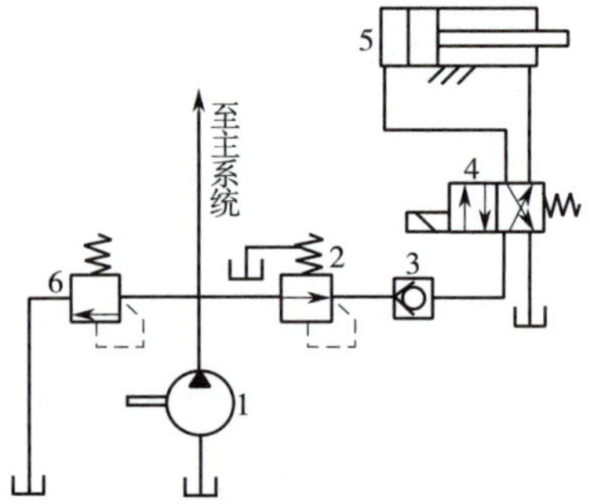

图 3-2-6　减压阀用于夹紧油路的工作原理图

1—液压泵；2—减压阀；3—单向阀；4—换向阀；5—液压缸；6—溢流阀

2. 多级减压

利用先导式减压阀的远程控制口 K 外接远程调压阀，可实现二级、三级等减压回路。图 3-2-7 所示为二级减压回路，其中泵的出口压力由溢流阀 5 调定，远程调压阀 2 通过二位二通换向阀 3 进行控制，才能获得二级压力，但必须满足远程调压阀 2 的调定压力小于先导式减压阀 1 的调定压力，否则将不起作用。

为了使减压回路工作可靠，减压阀的最低调整压力不应小于 0.5 MPa，最高调整压力至少应比系统压力小 0.5 MPa。当减压回路中的执行元件需要调速时，调速元件应放在减压阀后面，以避免因减压阀泄漏（油液从减压阀泄油口流回油箱）而对执行元件的速度产生影响。

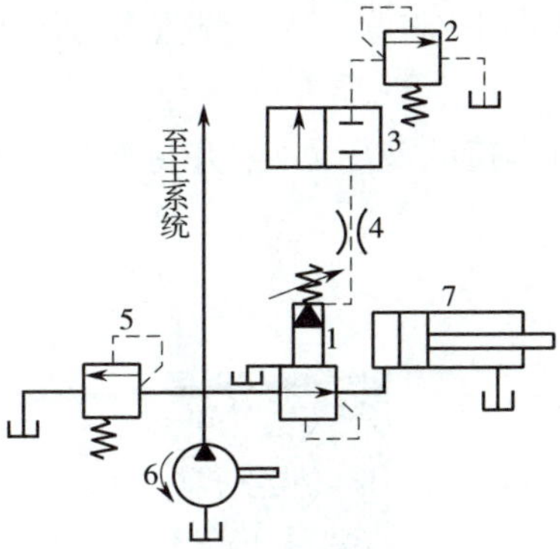

图 3-2-7　二级减压回路

1—先导式减压阀;2—远程调压阀;3—二位二通换向阀;4—节流孔;5—溢流阀;6—液压泵;7—液压缸

3.2.3　定位夹紧机构减压回路的搭建

慕课　定位夹紧机构减压回路的搭建

图 3-2-8(a)所示为定位夹紧机构减压回路。其中,液压泵供油最高压力由直动式溢流阀 2 根据主油路的需要来调节,主油路并联直动式减压阀 3 后,使夹紧缸 7 获得较低的压力,其夹紧压力由直动式减压阀 3 调节且可保持压力恒定。

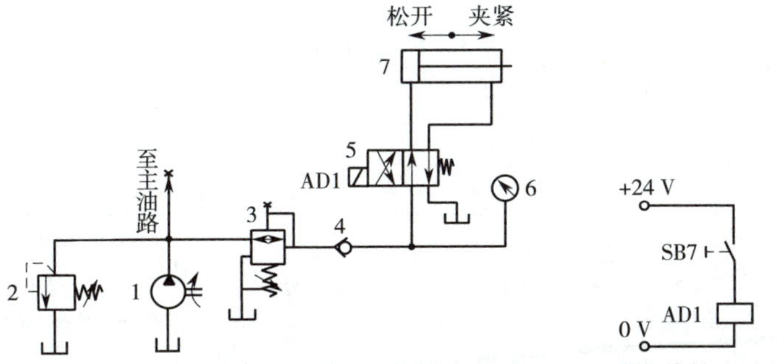

(a)减压回路　(b)电气控制原理图

图 3-2-8　定位夹紧机构减压回路和电气控制原理图

1—液压泵;2—直动式溢流阀;3—直动式减压阀;4—单向阀;5—二位四通电磁换向阀;6—耐震压力表;7—双作用单活塞杆液压缸

该回路搭建步骤:

(1)将液压系统工作压力调至 4 MPa;

(2)根据图 3-2-8(a)选用实训设备和元件,并将液压元件合理布局于铝合金型材操作面板上,用液压胶管连接液压回路,用专用电气实训导线连接电气控制回路;

(3)将减压阀 3 调节手柄逆时针旋松,按下启动按钮,将“油泵系统压力”旋钮旋至“加载”状态;

(4)将减压阀 3 调节手柄顺时针旋紧,使压力表 6 示值为 3 MPa,操作按钮 SB7,使液压缸 7 重复运行几次,并观察压力表 6 示值的变化;

（5）在电磁铁 AD1 失电状态下，将“油泵系统压力”旋钮旋至“卸荷”状态，仔细观察压力表 6 示值的变化；

（6）按下停止按钮，拆卸所搭接的液压回路，并将液压元件、液压胶管等整理归位。

善思问道

中国航母发展史：从民国到 21 世纪

任务验收考核

姓名			学号		
任务名称	考核要点	考核要求	配分	评分标准	得分
定位夹紧机构减压回路的搭建	1. 基础知识（80 分）	（1）简述直动式减压阀的工作原理	10	说出给 10 分	
		（2）简述先导式减压阀的工作原理	10	说出给 10 分	
		（3）简述先导式减压阀与先导式溢流阀的 3 种主要区别	10	每个给 3 分，全对给 10 分	
		（4）简述减压阀在使用中需要注意的方面	15	每个给 2 分，全对给 15 分	
		（5）简述减压阀的应用	15	每种给 3 分	
		（6）抄画减压稳压回路	10	按完成度给分	
		（7）简述多级减压回路	10	说出给 10 分	
	2. 职业素养（20 分）	（1）实验前准备充分	5	每处错误扣 1 分	
		（2）操作过程中积极参与，互帮互助，团结协作	5	操作过程中发现不参与实训、影响团队合作的现象扣 1 分	
		（3）实验后工作台整理干净	5	工作台有一处垃圾扣 1 分	
		（4）各元件归还原处并摆放整齐	5	每个元件摆放不整齐扣 1 分	
合计			100	总分	

习题与测试

1. 填空题

（1）减压阀是利用液压油流经缝隙时产生的__________，使其出口压力低于进口压力，并保持__________的一种压力控制阀，可分为__________和__________两种。

（2）利用先导式减压阀的远程控制口外接__________，可实现__________、________等减压回路。

2. 选择题

(1)减压阀控制的是(　　)处的压力。

A. 进油口　　B. 出油口　　C. A 和 B 都不是

(2)为使减压回路可靠工作,其最高调整压力应(　　)系统压力。

A. 大于　　B. 小于　　C. 等于

(3)要降低液压系统中某一部分的压力,系统中可以配置(　　)。

A. 溢流阀　　B. 减压阀　　C. 节流阀　　D. 顺序阀

(4)应用最广的减压阀类型是(　　)。

A. 定值减压阀　　B. 定差减压阀　　C. 定比减压阀

(5)(　　)在常态时,阀口是常开的,进、出油口相通。

A. 溢流阀　　B. 减压阀　　C. 顺序阀

3. 简答题

(1)液压系统减压回路的实现方式有哪些?

(2)比较减压阀和溢流阀的异同点。

(3)对如图 3-2-9 所示二级减压回路,说明阀 1、2、3 调定压力的大小顺序,在图示位置时支路压力由哪个阀调定?

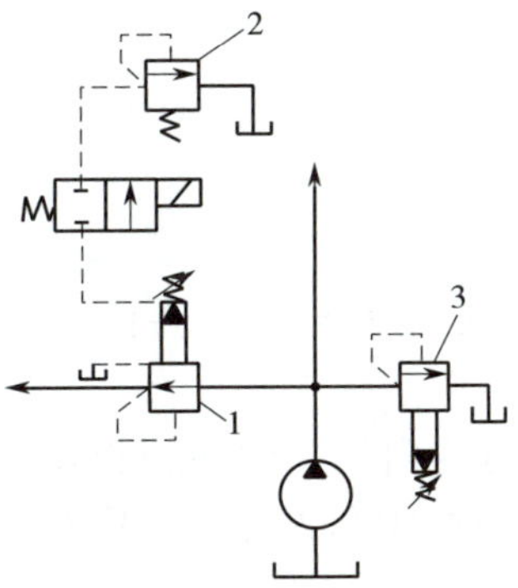

图 3-2-9　二级减压回路

任务 3.3　定位夹紧机构平衡回路的搭建

任务发布

定位夹紧机构在工作中,工件的定位和夹紧动作由两个液压缸分别完成,夹紧工件时要利用液压元件控制两个液压缸顺序动作,同时在夹紧过程中要保证工件的夹紧力保持不变,通过顺序阀及液压平衡回路来实现动作要求。

任务要求

(1)能够理解顺序阀的工作原理及用途,并合理选用顺序阀;
(2)能够分析平衡回路的工作原理;
(3)能够使用顺序阀搭建平衡回路。

任务目标

1. 知识目标

(1)掌握顺序阀的结构、工作原理及应用;
(2)掌握平衡回路的安装调试方法。

2. 能力目标

(1)能够合理选用和维护顺序阀;
(2)能够设计、搭建、调试简单的液压平衡回路。

3. 素养目标

(1)培养学生养成严谨的学习态度;
(2)培养学生的自主学习能力。

3.3.1 顺序阀

顺序阀是利用油路中压力的变化控制阀口的启闭,以控制液压系统中的各执行元件先后顺序动作的压力控制阀。

顺序阀按控制方式不同,可分为内控式顺序阀和外控式顺序阀(又称为液控顺序阀);按结构形式不同,可分为直动式顺序阀和先导式顺序阀。其中,直动式顺序阀用于低压系统,先导式顺序阀用于中高压系统。

1. 顺序阀的工作原理

1)直动式顺序阀

直动式顺序阀的结构原理图、图形符号和实物图如图 3-3-1 所示。如图 3-3-1(a)所示,阀的进口压力油通过阀的内部流道作用于阀芯下部柱塞 6 上,从而产生一个向上的液压推力。当液压泵启动后,压力油首先克服液压缸 Ⅰ 的负载使其先行运动。当液压缸 Ⅰ 运动到位后,压力 p_1 将随之上升;当压力 p_1 上升到作用于柱塞面积 A 上的液压力超过调压弹簧 2 的预紧力时,阀芯 5 上移,接通 p_1 口和 p_2 口,压力油经顺序阀口后克服液压缸 Ⅱ 的负载使活塞运动,顺序阀的调定压力可以用调压螺钉 1 来调节。这样利用顺序阀就实现了液压缸 Ⅰ 和液压缸 Ⅱ 的顺序控制动作。

微课　直动式顺序阀的工作原理

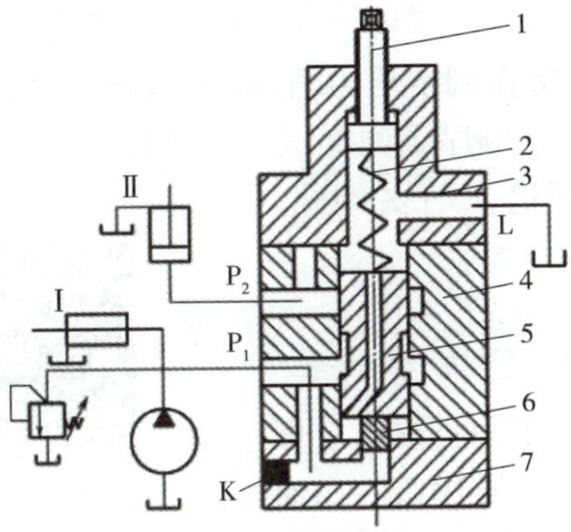

（a）结构原理图

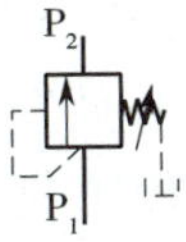

（b）图形符号

（c）实物图

图 3-3-1　直动式顺序阀

1—调压螺钉；2—调压弹簧；3—阀盖；4—阀体；5—阀芯；6—柱塞；7—下盖

直动式顺序阀结构简单、动作灵敏，但由于弹簧设计的限制，调压偏差较大，从而限制了压力的提高，因此在压力较高的场合常采用先导式顺序阀。

2）先导式顺序阀

先导式顺序阀的结构原理图、图形符号和实物图如图 3-3-2 所示。当一次压力油液由 P_1 口进入时，一次压力油液经过阻尼孔 3 直接作用在先导阀阀芯 5 上。当一次压力不足以克服调压弹簧 6 的作用而打开先导阀阀芯 5 时，由于主阀芯 2 的上下受力平衡，主阀芯 2 不运动，油液就不会从 P_2 口流出，顺序阀关闭。当一次压力升高到足以打开先导阀阀芯 5 时，油液经过泄油口 L 流回油箱，主阀芯 2 上端的压力突然下降，由于阻尼孔 3 的作用，在主阀芯 2 的两端产生压力差，主阀芯 2 向上运动，油液便从 P_2 口流出，顺序阀开启。调节调压螺钉 7，改变调压弹簧的预压缩量就可以改变开启压力。

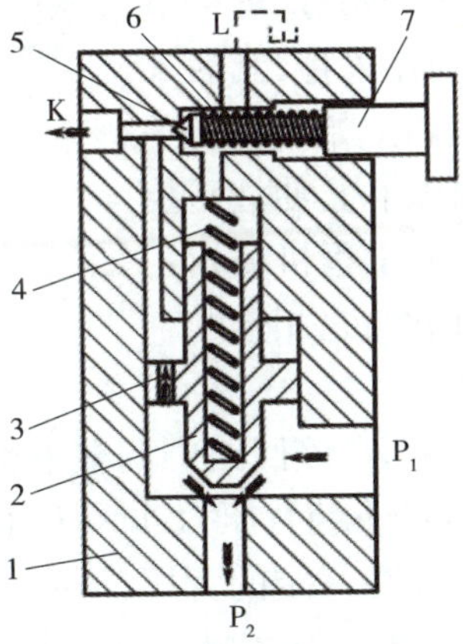

（a）结构原理图

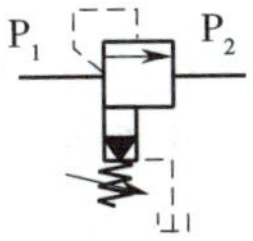

（b）图形符号

（c）实物图

图 3-3-2　先导式顺序阀

1—主阀体；2—主阀芯；3—阻尼孔；4—复位弹簧；5—先导阀阀芯；6—调压弹簧；7—调压螺钉

先导式顺序阀与先导式溢流阀的主要区别如下。

（1）溢流阀的出油口连通油箱，顺序阀的出油口通常连接另一工作油路，因此顺序阀的进、出油口处的油液都是压力油。

（2）溢流阀开启后，进油口的油液压力基本上保持在调定压力值；顺序阀开启后，油液的压力取决于负载，可随着负载的增大持续升高，而不受顺序阀调定压力的影响。

（3）溢流阀为内泄式，而顺序阀需单独引出泄漏通道，属于外泄式。

2. 顺序阀的应用

顺序阀在液压系统中的主要应用如下。

（1）控制多个执行元件先后顺序动作。

（2）与单向阀组成平衡阀，保持垂直放置的液压缸不因自重而下落。

（3）用作卸荷阀。在双泵供油系统中，把外控内泄式顺序阀的出油口接回油箱实现卸荷。当执行元件快速运动时，系统所需压力较低，顺序阀关闭，两个泵同时供油；当执行元件转为慢速运动或停止运动时，系统压力升高，顺序阀打开，使大流量泵卸荷。

微课　顺序阀的应用

（4）用作背压阀。将内控顺序阀接在液压缸回油路上，产生背压，以使活塞的运动速度稳定。

动动脑：

同学们请思考一下，溢流阀、减压阀和顺序阀之间有哪些异同之处？

3.3.2　液压平衡回路

许多机床或工程机械设备的执行机构都是沿垂直方向运动的，这些机床或工程机械设备的液压系统无论在工作或停止时，始终都会受到执行机构较大重力负载的作用，如果没有相应的平衡措施来平衡重力负载，就会造成机床或工程机械设备执行装置的自行下滑或操作时的动作失控，其后果将十分严重。平衡回路的功能在于使液压执行元件的回油路上始终保持一定的背压力，以平衡执行机构重力负载对液压执行元件的作用力，使液压执行元件不会因自重作用而自行下滑，实现液压系统对机床或工程机械设备动作的平稳、可靠控制，从而防止垂直或倾斜放置的液压缸和与之相连的工作部件因自重而自行下落。

慕课　溢流阀和减压阀和顺序阀的异同之处

图 3-3-3（a）所示为采用内控式单向顺序阀的平衡回路。在该回路中调整平衡阀的开启压力，使其稍大于由立式液压缸活塞与工作部件重力形成的下腔背压力，即可防止活塞因重力而自行下滑。当 1Y1 得电后活塞下行时，回油路上将存在一定的背压，活塞就可以平稳地下落。该回路当活塞向下运动时功率损失大，锁住时活塞和与之相连的工作部件会因单向顺序阀和换向阀的泄漏而缓慢下落，因此适用于工作部件重量不大、活塞锁住时定位要求不高的场合。

图 3-3-3（b）所示为采用外控式顺序阀的平衡回路。当停止工作时，外控式顺序阀关闭，以防止活塞和工作部件因自重而自行下滑；当活塞下行时，进油路控制液压油打开外控

式顺序阀，背压消失，因而回路效率较高。该回路的优点是活塞下行时功率损失小，缺点是活塞下行时平稳性较差。这是因为活塞下行时，液压缸上腔油压降低，使外控式顺序阀关闭，当顺序阀关闭时，因活塞停止下行，液压缸上腔油压将升高，又打开外控式顺序阀，如此外控式顺序阀始终工作于启闭的过渡状态，从而影响了工作的平稳性。该回路适用于运动部件重量不是很大、停留时间较短的液压系统。

图 3-3-3(c)所示为采用液控单向阀的平衡回路。该回路能够保证活塞较长时间停止在某位置处不动，并在回油路上串联单向节流阀用于保证活塞下行运动的平稳性。假如回油路上没有串接节流阀，当活塞下行时，液控单向阀将被进油路上的控制油打开。由于回油腔没有背压，运动部件会由于自重而加速下降，造成液压缸上腔供油不足而使压力降低，从而使液控单向阀控制油路降压而关闭，加速下降的活塞将突然停止。液控单向阀关闭后，控制油路又重新建立起压力，液控单向阀再次被打开，活塞再次加速下降。这样不断重复，由于液控单向阀时开时闭，使活塞一路抖动向下运动，并产生强烈的噪声、振动和冲击。

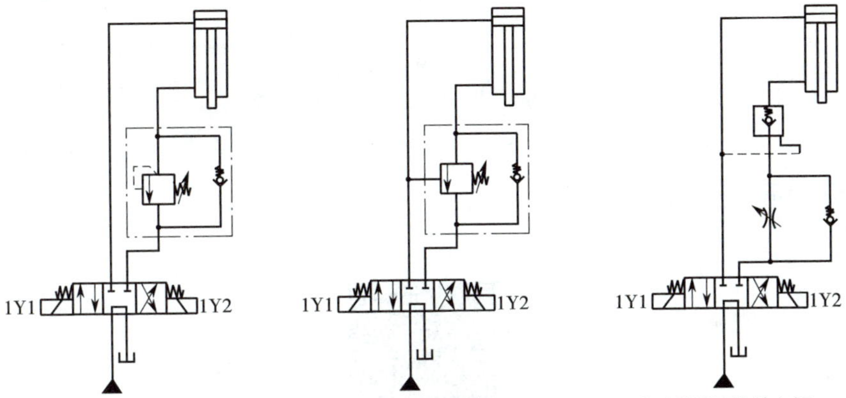

(a)采用内控式单向顺序阀　(b)采用外控式顺序阀　(c)采用液控单向阀

图 3-3-3　平衡回路

3.3.3　定位夹紧机构平衡回路的搭建

定位夹紧机构平衡回路如图 3-3-4 所示。其中，选用内控式顺序阀设计定位夹紧机构平衡回路，采用节流阀调节液压缸活塞的运动速度，当定位夹紧机构停止时，利用换向阀 M 型中位机能使液压泵卸荷。

该回路搭建步骤：

(1)根据图 3-3-4 进行液压回路的连接和检查，实训中要严格按规范操作，小组成员协助互助；

(2)确认连接无误后，打开液压泵及电源，观察液压缸运行情况是否符合控制要求；

(3)调节节流阀，观察其阀口开度对液压缸运动速度的影响；

(4)调节顺序阀，观察其对液压缸运动速度的影响；

(5)分析说明节流阀、溢流阀、顺序阀对液压缸运动速度产生影响的原因；

（6）分析和解决实训中出现的问题；

（7）实训完成并经教师检查评估合格后，关闭电源、油源，拆下管线，整理各元件并放回原位。

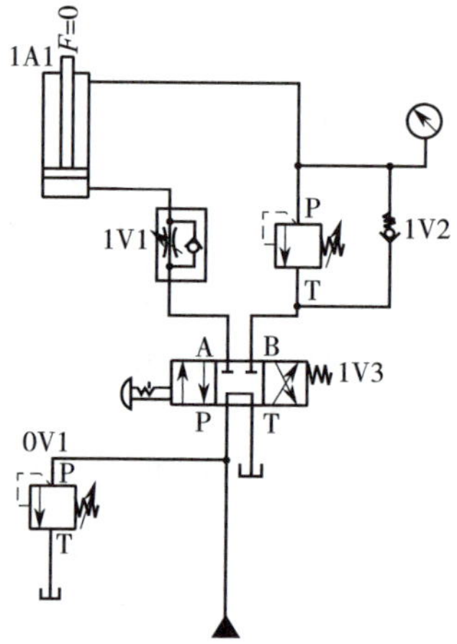

图 3-3-4　定位夹紧机构平衡回路

善思问道

中国航母发展史：从“瓦良格号”到“福建舰”

任务验收考核

姓名			学号		
任务名称	考核要点	考核要求	配分	评分标准	得分
定位夹紧机构平衡回路的搭建	1. 基础知识（80分）	（1）简述直动式顺序阀的工作原理	10	能说出给 10 分	
		（2）简述先导式顺序阀的工作原理	10	能说出给 10 分	
		（3）简述先导式顺序阀与先导式溢流阀的 3 种主要区别	10	每个给 3 分，全对给 10 分	
		（4）简述顺序阀在使用中需要注意的方面	15	每个给 2 分，全对给 15 分	
		（5）简述顺序阀的应用	15	每种给 3 分，全对给 15 分	
		（6）抄画采用液控单向阀的平衡回路	10	按完成度给分	
		（7）简述采用内控式单向顺序阀的平衡回路	10	能说出给 10 分	

续表

姓名			学号		
定位夹紧机构平衡回路的搭建	2. 职业素养（20 分）	（1）实验前准备充分	5	每处错误扣 1 分	
		（2）操作过程中积极参与，互帮互助，团结协作	5	操作过程中发现不参与实训、影响团队合作的现象扣 1 分	
		（3）实验后工作台整理干净	5	工作台有一处垃圾扣 1 分	
		（4）各元件归还原处并摆放整齐	5	每个元件摆放不整齐扣 1 分	
合计			100	总分	

习题与测试

1. 填空题

（1）顺序阀按照工作原理和结构不同，可分为__________和__________两类，直动式用于________，先导式用于________；按照控制方式不同，又可分为________和________两种。

（2）平衡回路的功用在于________或________的液压缸和与之相连的工作部件因自重而________。

（3）顺序阀是利用油路中________控制阀口启闭，以实现执行元件顺序动作。

2. 选择题

（1）某液压系统的回路上需要安装一背压阀，现有的控制元件是溢流阀、减压阀、顺序阀和单向阀，可以用作背压阀的元件是（　　）。

A. 溢流阀、减压阀和顺序阀　　B. 溢流阀、顺序阀和单向阀

C. 溢流阀、单向阀和减压阀　　D. 只有溢流阀

（2）顺序阀是（　　）控制阀。

A. 流量　　B. 压力　　C. 方向

3. 简答题

（1）描述顺序阀的应用场景。

（2）液压系统平衡回路的实现方式有哪些？

（3）顺序阀和溢流阀是否可以互换？

项目 4

组合机床动力滑台液压系统的搭建

学习导读

组合机床是以通用部件为基础，配以按工件特定形状和加工工艺设计的专用部件和夹具组成的半自动或自动专用机床，其加工范围广，自动化程度高，因此被广泛应用于产品批量较大的生产流水线中，如图 4-1 所示。动力滑台液压系统是组合机床上的主要通用部件，再配置动力头、主轴箱和各种专用的切削头等工作部件，即可实现钻、扩、铰、铣等加工。动力滑台液压系统的主要功能是完成进给速度为"快进—工进 1—工进 2—固定挡铁停留—快退—原位停止"的工作循环，同时要求回路中速度换接平稳、进给速度稳定。

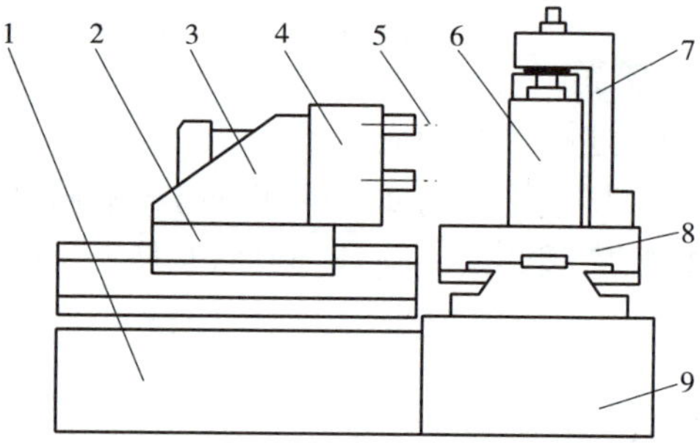

图 4-1　组合机床

1—床身；2—动力滑台；3—动力头；4—主轴箱；5—刀具；6—工件；7—夹具；8—工作台；9—底座

动力滑台液压系统的工作台在空载情况下为快进、快退，以提高效率；在工作过程中可实现两种进给速度，并且进给速度稳定，不会随负载的波动而变化。根据以上对动力滑台液压系统的分析，回路中需采用流量调节元件，尤其是采用负载变化对流量波动的影响较小的元件，组成速度控制回路，以满足动力滑台不同进给速度的要求。

项目描述

本项目以组合机床动力滑台为例，对组合机床动力滑台的液压系统进行学习，分析组合机床动力滑台节流调速液压回路，选取适当的节流阀，进行调速回路的搭建；分析组合机床动力滑台调速节流调速液压回路，选取适当的调速阀，进行调速回路的搭建；分析组合机床动力滑台快速运动液压回路，选取适当的液压元件，进行快速运动回路的搭建。图 4-2 所示为组合机床动力滑台液压系统工作原理图。

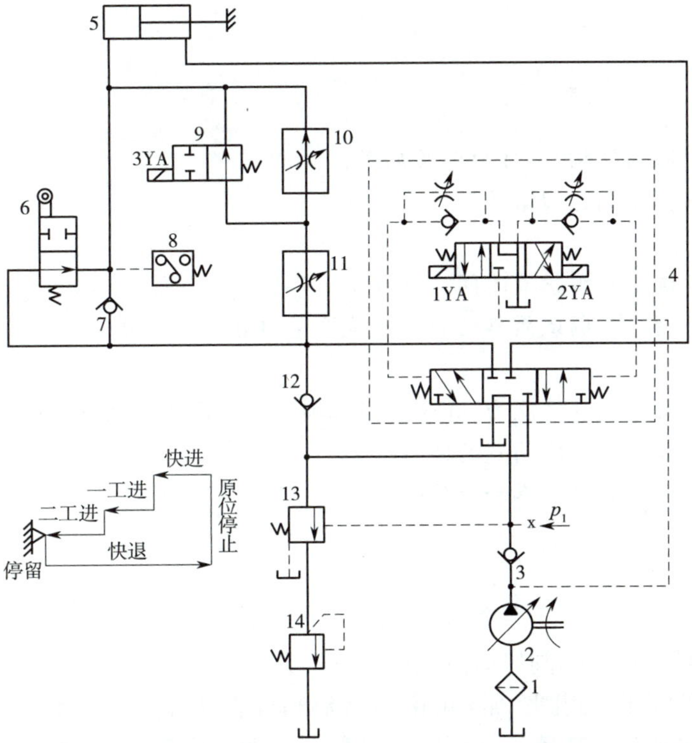

图 4-2　组合机床动力滑台液压系统工作原理图

1—过滤器；2—变量泵；3、7、12—单向阀；4—电液换向阀；5—液压缸；6—行程阀；8—压力继电器；9—电磁换向阀；10、11—调速阀；13—顺序阀；14—溢流阀

任务 4.1　动力滑台节流调速回路的搭建

任务发布

动力滑台液压系统回路中需采用流量调节元件，尤其是可以将负载变化对流量波动的影响降为最小的元件组成速度控制回路，以满足动力滑台不同进给速度的要求。要实现动

力滑台液压系统的速度控制，可以采用节流阀对液压缸活塞杆的伸出速度进行控制，这种液压回路适用于对速度稳定性要求不高的场合。

任务要求

（1）能够理解节流阀的工作原理及用途，并合理选用节流阀；
（2）能够分析节流调速回路的工作原理图；
（3）能够选用节流阀实现节流调速回路的搭建。

任务目标

1. 知识目标

（1）掌握节流阀的结构、工作原理及应用；
（2）掌握液压节流调速回路的安装调试方法。

2. 能力目标

（1）能够合理选用和维护节流阀；
（2）能够设计、搭建、调试简单的液压节流调速回路。

3. 素养目标

（1）培养学生自我调节的能力，并学会用正确的方式释放心理压力；
（2）培养学生分析和解决问题的能力；
（3）培养学生的民族自豪感和自信心。

4.1.1 节流阀

流量控制阀是通过改变阀口通流截面面积的大小来调节通过阀口的流量，从而控制执行元件运动速度的液压控制阀。常用的流量控制阀有节流阀和调速阀。

节流阀是一种通过改变节流截面以控制流体流量的阀门。节流阀的主要功能是通过调整阀门的开度来调节流体的流量和压力，从而实现对系统流量的精确控制。

微课　节流阀的工作原理

1. 节流阀的工作原理

如图 4-1-1（a）所示的节流阀结构原理图，压力油从进油口 P_1 流入，经阀芯 3 左端的节流沟槽，从出油口 P_2 流出；而转动手柄 1，通过推杆 2 使阀芯 3 克服弹簧 4 的作用力做轴向移动，可改变节流口通流截面面积，从而实现流量的调节。图 4-1-1（b）和（c）所示分别为节流阀的图形符号和实物图。

在液压回路中，液压油在经过节流口时会产生较大的液阻，通流截面面积越小，其受到的液阻便越大，而通过阀口的流量便越小。所以，改变节流口的通流截面面积，使液阻发生变化，便可以调节流量的大小，这便是流量控制阀的工作原理。

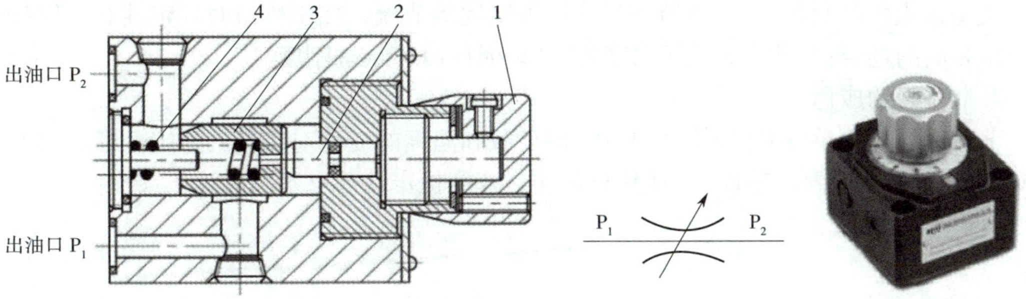

（a）结构原理图　　（b）图形符号　　（c）实物图

图 4-1-1　节流阀

1—手柄；2—推杆；3—阀芯；4—弹簧

2. 常见节流口的形式

节流阀的结构主要取决于节流口的形式，图 4-1-2 所示为几种常用的节流口形式。

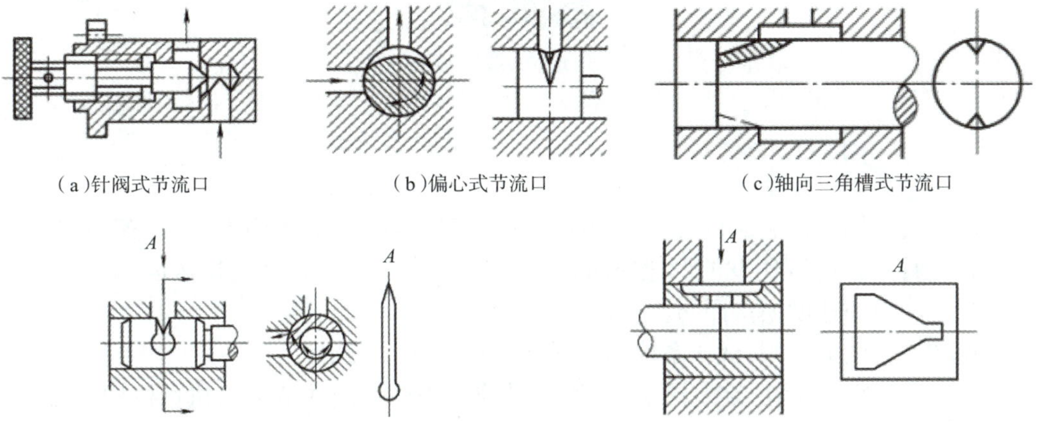

（a）针阀式节流口　（b）偏心式节流口　（c）轴向三角槽式节流口

（d）周向缝隙式节流口　（e）轴向缝隙式节流口

图 4-1-2　常用的节流口形式

图 4-1-2（a）所示为针阀式节流口，当阀芯轴向移动时，就可调节环形通道的大小，从而改变流量。这种结构的节流口加工简单，但通道长，易堵塞，而且流量受油温影响较大，一般用于对性能要求不高的场合。

图 4-1-2（b）所示为偏心式节流口，其阀芯上开有一个偏心槽，转动阀芯就可改变通道的大小，即可调节流量。这种结构的节流口容易制造，但阀芯上的径向力不平衡，旋转费力，一般用于压力较低、流量较大及对流量稳定性要求不高的场合。

图 4-1-2（c）所示为轴向三角槽式节流口，其阀芯的端部开有一个或两个斜的三角槽，轴向移动阀芯就可改变通流截面面积，即可调节流量。这种结构的节流口可以得到较小的稳定流量，目前应用较为广泛。

图 4-1-2（d）所示为周向缝隙式节流口，其阀芯上开有狭缝，转动阀芯就可改变通流截面面积，即可调节流量。这种结构的节流口可以做成薄刃结构，适用于低压、小流量场合。

图 4-1-2（e）所示为轴向缝隙式节流口，其在阀的套筒上开有轴向缝隙，阀芯轴向移动

就可改变通流截面面积，即可调节流量。这种结构的节流口在小流量时稳定性好，可用于性能要求较高的场合；但其在高压下易变形，使用时应改善结构刚度。

3. 节流阀的应用

节流阀结构简单，制造容易，体积小，但负载和温度的变化对流量的稳定性影响较大，因此只适用于负载和温度变化不大或执行机构对速度稳定性要求不高的液压系统。

动动脑：

想象一下如果把节流阀比作一个交通警察，指挥流体的“交通”，那么它是怎么“指挥”不同类型流体（如气体和液体）的流量的呢？

微课　液压节流调速回路分析

4.1.2　液压调速回路

液压系统中用于控制执行元件运动速度的回路称为速度控制回路。速度控制回路包括调节执行元件工作行程速度的调速回路、使执行元件获得较快速度的快速运动回路和使不同速度相互转换的速度换接回路。

根据调速方法的不同，液压系统调速回路主要有以下三种。

（1）节流调速回路：由定量泵供油，用流量控制阀调节进入或流出执行机构的流量，以实现调速的液压回路。

（2）容积调速回路：通过调节变量泵或变量马达的排量来调速的液压回路。

（3）容积节流调速回路：由限压变量叶片泵供油，用流量控制阀调节进入执行机构的流量，并使变量泵的流量与流量控制阀的调节流量相适应，以实现调速的液压回路。

1. 节流调速回路

节流调速回路是通过调节流量控制阀的通流截面面积来改变进入执行机构的流量，从而实现运动速度的调节。根据流量控制元件在回路中的位置不同，节流调速回路可分为进油节流调速回路、回油节流调速回路、旁路节流调速回路三种基本形式。

1）进油节流调速回路

进油节流调速回路是将节流阀串接在执行机构的进油路上，用于控制进入执行机构的流量，以达到调速的目的，其调速原理如图 4-1-3（a）所示。其中，定量泵中多余的油液通过溢流阀流回油箱，这是进油节流调速回路正常工作的必要条件，且溢流阀的调定压力与泵的出口压力相等。

根据进油节流调速回路的特点可知，该回路适用于低速、轻载、负载变化不大和对速度刚性要求不高的场合。

2)回油节流调速回路

回油节流调速回路是将节流阀串接在液压缸的回油路上,通过节流阀控制液压缸的排油量来实现速度调节。该回路与进油节流调速回路一样,定量泵中多余的油液经溢流阀流回油箱,即溢流阀保持溢流,泵的出口压力也就是溢流阀的调定压力基本保持恒定,其调速原理如图 4-1-3(b)所示。

由于节流阀的安装位置不同,回油节流调速回路和进油节流调速回路存在一定的区别,具体有以下几点。

(1)对于回油节流调速回路,由于节流阀安装在回油路上,它使液压缸回油腔有一定的背压,因此运动平稳性好,且可承受一定的负值负载;而进油节流调速回路要具备上述功能,就必须在回油路上加装背压阀,但这样做会使回路的功率损耗增加。

(2)对于回油节流调速回路,液压油流经节流阀所产生的热量直接排回油箱,散热方便;而进油节流调速回路的这部分热量则随着液压油进入液压缸,不利于散热,影响其性能并容易泄漏。

总之,进油节流调速回路和回油节流调速回路结构简单,价格低廉,但效率较低,只宜用于负载变化不大、低速、小功率的场合,如某些机床的进给系统中。

3)旁路节流调速回路

旁路节流调速回路是将节流阀装在与液压缸并联的支路上,利用节流阀把液压泵供油的一部分排回油箱来实现速度调节的回路,其调速原理如图 4-1-3(c)所示。由于溢流功能由节流阀来完成,故正常工作时,溢流阀处于关闭状态,即溢流阀用作安全阀,其调定压力为最大负载压力的 1.1~1.2 倍,液压泵的供油压力取决于负载。

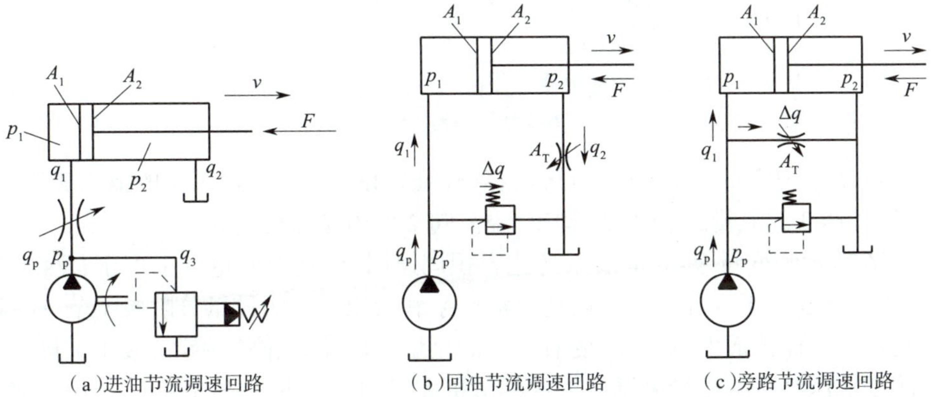

图 4-1-3　节流调速回路

旁路节流调速回路一般用于功率较大且对速度稳定性要求不高的场合。

动动脑:

思考一下假设进油节流调速回路、出油节流调速回路和旁路节流调速回路这三种回路在一场速度调控比赛中各自有一个擅长的负载类型(正负载、负负载、变化小的负载等)作为“参赛优势”,它们会如何利用自己的优势(原理)来调控执行元件的速度?

2. 容积调速回路

容积调速回路通过改变变量泵或变量液压马达的排量来调节执行元件的运动速度。在容积调速回路中，液压泵输出的液压油全部直接进入液压缸或液压马达，无溢流损失和节流损失。容积调速回路的优点是效率高、发热量少，缺点是变量液压泵结构复杂、价格较高。容积调速回路多用于工程机械、矿山机械、农业机械和大型机床等大功率的调速系统中。

根据液压泵和液压马达(或液压缸)的组合方式不同，容积调速回路可分为变量泵-定量液压缸或液压马达、定量泵-变量液压马达、变量泵-变量液压马达三种形式。

图 4-1-4 所示为变量泵-定量液压缸或液压马达容积调速回路，这两种回路均采用改变变量泵 1 的输出流量的方法进行调速。工作时，溢流阀 2 用作安全阀，它可以限定液压泵的最高工作压力，起过载保护作用；溢流阀 3 用作背压阀，溢流阀 6 用于调定辅助泵 5 的供油压力，补充系统泄漏油液。

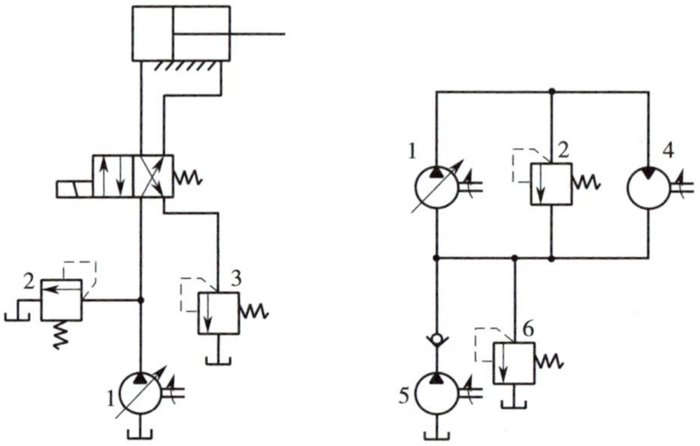

(a)变量泵-定量液压缸　　(b)变量泵-定量液压马达

图 4-1-4　变量泵和定量执行元件容积调速回路

1—变量泵；2—安全阀(溢流阀)；3—背压阀(溢流阀)；4—定量液压马达；5—辅助泵；6—溢流阀

图 4-1-5 所示为定量泵-变量液压马达容积调速回路，其中定量泵 1 的输出流量不变，调节变量液压马达 3 的流量，便可实现调速，溢流阀 2 可用作安全阀。

图 4-1-6 所示为变量泵-变量液压马达容积调速回路，其中变量泵 1 可正、反向供油，双向变量液压马达 3 可正、反向旋转，调速时液压泵和液压马达的排量分阶段调节。在低速阶段，液压马达排量保持最大，通过改变液压泵的排量来调速；在高速阶段，液压泵排量保持最大，通过改变液压马达的排量来调速。这样就扩大了调速范围。单向阀 6、7 用于使辅助泵 4 双向补油，单向阀 8、9 用于使安全阀 2 在两个方向都能起过载保护作用，溢流阀 5 用于调节辅助泵的供油压力。

3. 容积节流调速回路

容积节流调速回路的基本工作原理是采用压力补偿式变量泵供油，用调速阀(或节流阀)调节进入液压缸的流量，并使泵的输出流量自动地与液压缸所需流量相适应。

常用的容积节流调速回路由限压式变量泵与调速阀等组成的限压式容积节流调速回路以及由差压式变量泵与节流阀等组成的差压式容积节流调速回路。

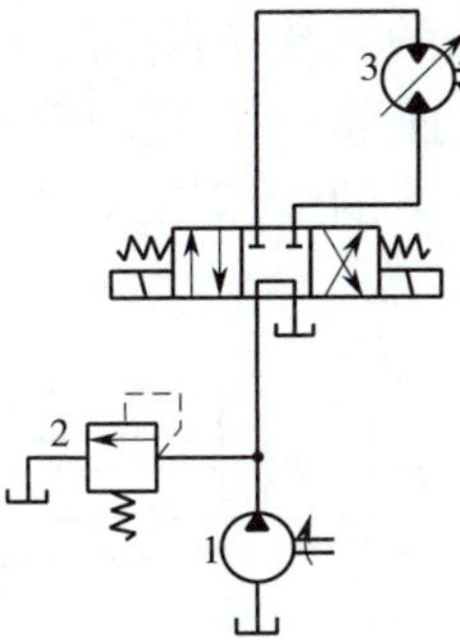

图 4-1-5　定量泵-变量液压马达容积调速回路

1—定量泵；2—溢流阀；3—变量液压马达

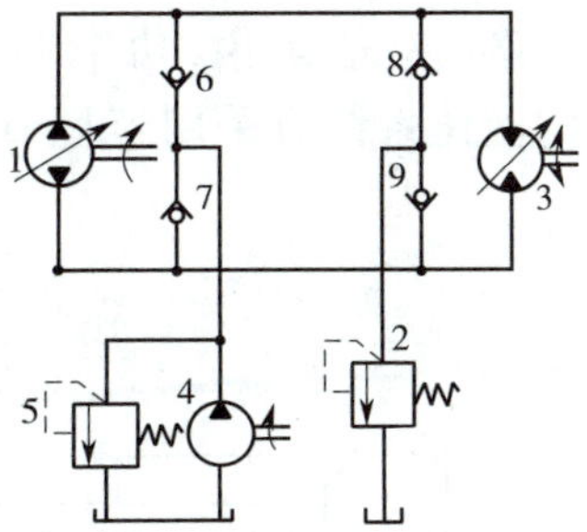

图 4-1-6　变量泵-变量液压马达容积调速回路

1—变量泵；2—安全阀；3—双向变量液压马达；4—辅助泵；5—溢流阀；6~9—单向阀

1）限压式容积节流调速回路

图 4-1-7 所示为由限压式变量泵与调速阀等组成的限压式容积节流调速回路。其中，变量泵 1 输出的液压油经调速阀 3 进入液压缸 4，其回油经背压阀 5 回油箱。调节调速阀 3 的流量 q_1 就可调节活塞的运动速度 v，由于 $q_1<q_p$，液压油迫使泵的出口与调速阀 3 的进口之间的油压升高，即泵的供油压力升高，泵的流量便自动减小到 $q_p \approx q_1$ 为止。若调速阀 3 的速度已调定，则该回路的 p_p 为一定值，故又称为定压式容积节流调速回路。

该回路的运动稳定性、速度负载特性、承载能力和调速范围均与采用调速阀的节流调速回路相同。

综上所述，限压式容积节流调速回路具有效率较高、调速较稳定、结构较简单等优点，目前已被广泛应用于负载变化不大的中小功率组合机床的液压系统中。

2）差压式容积节流调速回路

图 4-1-8 所示为由差压式变量泵与节流阀等组成的差压式容积节流调速回路。该回路采用差压式变量泵供油，通过节流阀来确定进入液压缸或流出液压缸的流量，它不但可使变量泵输出的流量与液压缸所需流量相适应，而且液压泵的工作压力能自动随负载压力而变化。

其中，溢流阀 4 用作安全阀，节流阀 3 安装在液压缸的进油路上，节流阀 3 两端的压差反馈作用在差压式变量泵的两个控制柱塞上，且柱塞 1 的面积 A_1 等于活塞 2 的活塞杆面积。由力的平衡关系可知，变量泵定子偏心距 e 的大小受节流阀 3 两端压差的控制，从而控制变量泵的流量。调节节流阀 3 的开度，就可调节进入液压缸的流量 q_1，并使泵的输出流量 q_p 自动与 q 相适应。当节流阀 3 的开度调定、负载变化时，偏心距 e 随之变化，泵口压力也随之变化，故又称为变压式容积节流调速回路。

差压式容积节流调速回路的效率比限压式容积节流调速回路要高，适用于调速范围大、速度较低的中小功率液压系统，常用在某些组合机床的进给系统中。

4. 调速回路的比较和选用

各种调速回路的性能比较见表 4-1-1，选用调速回路时主要考虑以下方面。

（1）执行机构的负载性质、运动速度、速度稳定性等要求：负载小，且工作中负载变化也小的系统，可采用节流阀节流调速；工作中负载变化较大，且要求低速稳定性好的系统，宜采用调速阀节流调速或容积节流调速；负载大、运动速度快、油的温升要求小的系统，宜采用容积调速回路。一般来说，功率在 3 kW 以下的液压系统宜采用节流调速回路，功率为 3~5 kW 的液压系统宜采用容积节流调速，功率在 5 kW 以上的液压系统宜采用容积调速回路。

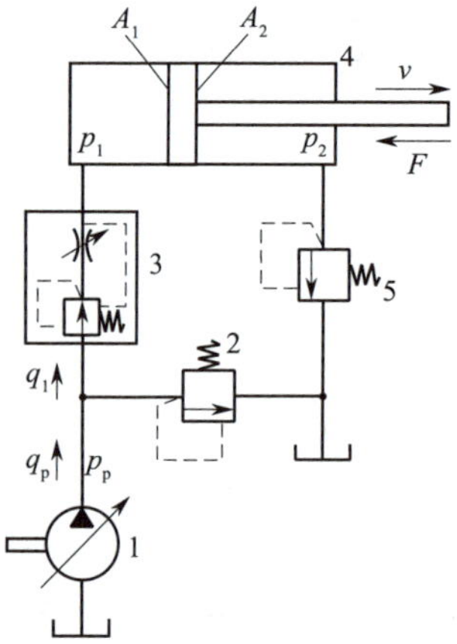

图 4-1-7　限压式容积节流调速回路

1—变量泵；2—溢流阀；3—调速阀；4—液压缸；5—背压阀（溢流阀）

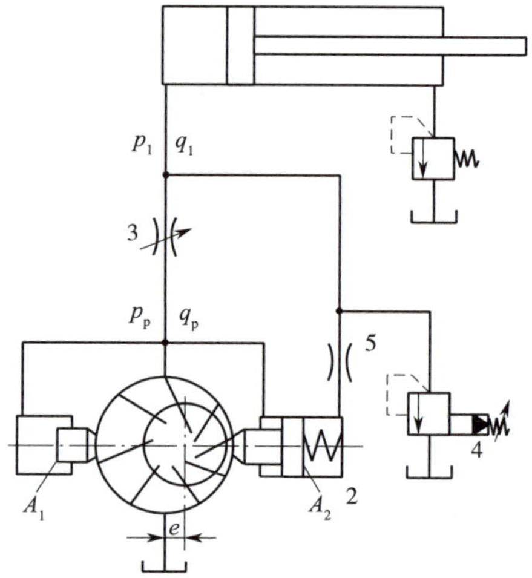

图 4-1-8　差压式容积节流调速回路

1—柱塞；2—活塞；3—节流阀；4—溢流阀；5—阻尼孔

（2）工作环境要求：在温度较高的环境下工作，且要求整个液压装置体积小、重量轻的情况，宜采用闭式容积调速回路。

（3）经济性要求：节流调速回路的成本低，功率损失大，效率也低；容积调速回路因变量泵、变量液压马达的结构较复杂，所以成本高，但其效率高，功率损失小；而容积节流调速回路的经济性则介于以上两者之间。

表 4-1-1　各种调速回路的性能比较

主要性能		节流调速回路				容积调速回路	容积节流调速回路	
		用节流阀		用调速阀			限压式	差压式
		进、回油	旁路	进、回油	旁路			
机械	速度稳定性	较差	差	好		较好	好	
	承载能力	较好	较差	好		较好	好	
调速范围		较大	小	较大		大	较大	
功率	效率	低	较高	低	较高	最高	较高	高
	发热	大	较小	大	较小	最小	较小	小
适用范围		小功率、轻载的中低压系统				大功率、重载、高速的中高压系统	中小功率的中压系统	

动动脑：

除大型机床外，容积调速回路在我们生活中的其他设备里也可能悄悄“潜伏”着。大家能不能举一些可能用到容积调速回路的设备，并且分析一下容积调速回路在这些设备里的主要作用？

4.1.4　动力滑台节流调速回路的搭建

分解组合机床动力滑台快进运动动作，快进时动力滑台对速度控制的精度和稳定性要求不高，故可采用节流调速实现速度控制。图 4-1-9 所示为动力滑台采用节流阀的进油节流调速回路，也可采用回油或旁路节流调速方式进行速度控制。

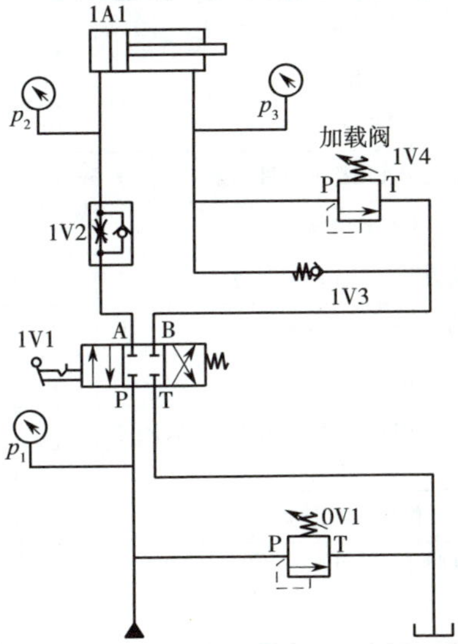

图 4-1-9　动力滑台进油节流调速回路

该回路搭建步骤：

（1）根据图 4-1-9 进行液压回路的连接和检查，实训中要严格按规范操作，小组成员协作互助；

（2）确认连接无误后，接通电源，启动液压泵，调节控制阀，观察液压缸的运行情况；

（3）进行数据检测并做好记录；

（4）根据测得数据分析不同负载下液压缸的运动速度，并根据相关结论对进油节流、回油节流和旁路节流方式进行比较；

（5）分析和解决实训中出现的问题；

（6）实训完成并经教师检查评估合格后，关闭电源、泵站，拆下管线，将各元件放回原位，整理好实训台。

善思问道

组合机床国内外研究现状及发展趋势

任务验收考核

姓名			学号		
任务名称	考核要点	考核要求	配分	评分标准	得分
动力滑台节流调速回路的搭建	1. 基础知识（80 分）	（1）简述节流阀的结构原理	10	说出给 10 分	
		（2）简述节流调速回路的三种类型	10	每个给 3 分，全对给 10 分	
		（3）简述进油和回油节流调速回路的差别	10	每个给 3 分，全对给 10 分	
		（4）搭建动力滑台节流调速回路	40	根据回路完整度给分	
		（5）抄画动力滑台节流调速回路	10	按完成度给分	
	2. 职业素养（20 分）	（1）实验前准备充分	5	每处错误扣 1 分	
		（2）操作过程中积极参与，互帮互助，团结协作	5	操作过程中发现不参与实训、影响团队合作的现象扣 1 分	
		（3）实验后工作台整理干净	5	工作台有一处垃圾扣 1 分	
		（4）各元件归还原处并摆放整齐	5	每个元件摆放不整齐扣 1 分	
合计			100	总分	

习题与测试

1. 填空题

（1）流量控制阀通过改变阀口__________的大小或__________的长短来调节液阻，从而实现对__________的控制和调节，以调节执行元件的____________。

（2）节流调速回路是通过调节流量控制阀的__________来改变进入____________的流量，从而实现______________的调节。

（3）速度控制回路的功能是使执行元件获得能满足工作需求的运动______________，它包括______________回路、______________回路、速度换接回路等。

2. 选择题

（1）若系统功率不大，负载变化较小，应采用的调速回路为（　　）。

A. 进油节流　　B. 旁路节流
C. 回油节流　　D. A 或 C

（2）回油节流调速回路（　　）。

A. 调速特性与进油节流调速回路不同
B. 经节流阀而发热的油液不容易散热
C. 广泛应用于功率不大、负载变化较大或对运动平衡性要求较高的液压系统
D. 串联背压阀可提高运动的平稳性

（3）在用定量泵和节流阀组成的进、回油节流调速回路中，若使节流阀起调速作用，在液压系统中必须（　　）。

A. 与之并联的溢流阀　　B. 与之串并联溢流阀均可
C. 有否溢流阀没关系　　D. 与之串联的溢流阀

（4）在限压式变量泵与调速阀组成的容积节流调速回路中，若负载从 F_1 降到 F_2，而调速阀开口不变，泵的工作压力（　　）；若负载保持定值，而调速阀开口变小，泵的工作压力（　　）。

A. 增大　　B. 减小
C. 不变　　D. 无法判断

3. 简答题

（1）液压系统节流调速回路的实现方式有哪些?

（2）进行调速回路的选择使用时，要考虑哪些因素?

（3）液压系统中实现流量控制的方式有哪几种? 采用的关键元件是什么?

任务 4.2　动力滑台调速节流调速回路的搭建

任务发布

在动力滑台液压系统回路中，当对速度的稳定性要求较高时，采用节流阀无法保证执行元件运行速度的稳定性，应采用调速阀节流调速回路实现执行元件运动速度的稳定调节。

任务要求

（1）能够理解调速阀的工作原理及用途，并合理选用调速阀；

（2）能够分析调速节流调速回路的工作原理图；

（3）能够选用调速阀实现调速节流调速回路的搭建。

任务目标

1. 知识目标

(1)掌握调速阀的结构、工作原理及应用;

(2)掌握液压调速节流调速回路的安装调试方法。

2. 能力目标

(1)能够合理选用和维护调速阀;

(2)能够设计、搭建、调试简单的液压调速节流调速回路。

3. 素养目标

(1)培养学生严谨的操作习惯;

(2)培养学生掌握扎实专业知识的能力;

(3)培养学生的民族自豪感和自信心。

4.2.1 调速阀

调速阀是由定差减压阀与节流阀串联而成的组合阀。其中,节流阀用于调节回路通过的流量,定差减压阀则能自动补偿负载变化的影响,使节流阀前后的压差为定值,从而消除负载变化对流量的影响。图 4-2-1 所示为调速阀的实物图。

图 4-2-1 调速阀实物图

微课 调速阀的工作原理

在特定的工作条件下,调速阀调定的速度(流量)可以不受负载变化的影响。图 4-2-2(a)所示为调速阀结构原理图。将定差减压阀和节流阀串联在一起时,减压阀的入口压力为 p_1,经过减压口减压后的压力为 p_m, p_m 同时为节流阀的入口压力,节流阀的出口压力为 p_2,由外负载决定。调速阀正常工作时, $\Delta p=p_m-p_2$ 基本恒定;当外负载增大时, p_2 增大,减压阀弹簧腔压力增大,阀芯原先的平衡被打破,阀芯向左移动,减压口开大,使 p_m 增大,维持 $\Delta p=p_m-p_2$ 基本恒定;当外负载减小时,阀芯运动情况正好相反,但同样维持压差基本恒定。图 4-2-2(b)和(c)所示分别为图形符号和简化图形符号。

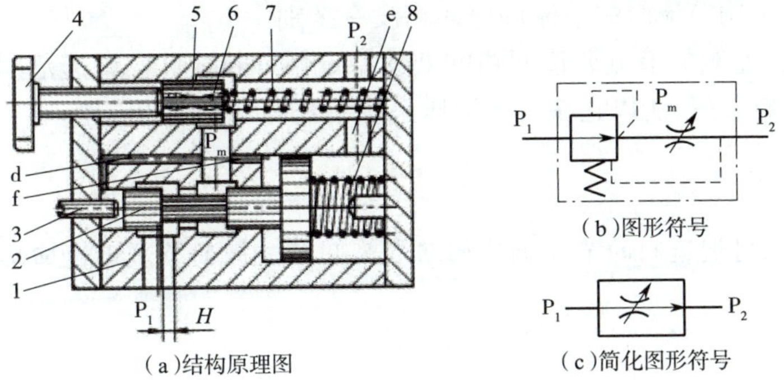

图 4-2-2　调速阀结构原理图和图形符号

1—阀体；2—减压阀芯；3—限位螺钉；4—调压手轮；5—节流阀芯；6—泄漏口；7—弹簧；8—减压阀弹簧

动动脑：

调速阀就像一个精密的流量指挥官，如果把它比作一个交通枢纽，那它里面的节流阀和定差减压阀相当于交通枢纽里的什么部分呢？

4.2.2　采用调速阀的节流调速回路

采用节流阀的节流调速回路刚性较差，主要是由于负载变化导致节流阀前后压差发生变化，从而使通过节流阀的流量发生变化。对于一些负载变化较大、对速度稳定性要求较高的液压系统，这种调速回路远不能满足要求。此时可采用调速阀代替前述各回路中的节流阀，也可组成进油、回油和旁路节流调速回路，如图 4-2-3 所示。

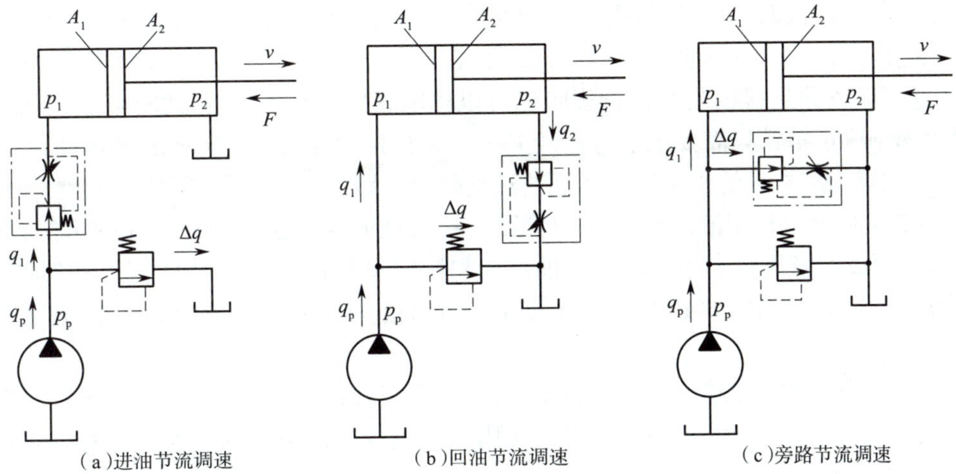

图 4-2-3　采用调速阀的节流调速回路

在采用调速阀的节流调速回路中，为了保证调速阀中定差减压阀的压力补偿作用，调速阀两端的压差必须大于某一数值，中低压调速阀为 0.5 MPa，高压调速阀为 1 MPa，否则其速度负载特性将与采用节流阀的节流调速回路没有区别。

总之，采用调速阀的节流调速回路的低速稳定性、回路刚度、调速范围等均比采用节流阀的节流调速回路要好，所以它在机床液压系统中获得了广泛的应用。

动动脑：

思考一下采用调速阀的节流调速回路和采用节流阀的节流调速回路相比，速度稳定性到底好多少？

4.2.3 速度换接回路

速度换接回路用于实现运动速度的变换，即在原来设计或调节好的几种运动速度中，从一种速度换成另一种速度。对这种回路的要求是速度换接要平稳，不允许在速度变换的过程中有前冲（速度突然增加）现象，下面介绍几种常用回路的换接方法及特点。

1. 快进速度和工作进给速度的换接回路

1）采用行程阀的速度换接回路

图 4-2-4 所示为采用单向行程阀换接快速运动（简称“快进”）和工作进给运动（简称“工进”）的速度换接回路。在图示位置时，液压缸 3 右腔的回油可经行程阀 4 和换向阀 2 流回油箱，使活塞快速向右运动；当快速运动到达所需位置时，活塞上挡块压下行程阀 4，将其通路关闭，这时液压缸右腔的回油就必须经过调速阀 6 流回油箱，活塞的运动转换为工作进给运动；当操纵换向阀 2 使回路换向后，压力油可经换向阀 2 和单向阀 5 进入液压缸右腔，使活塞快速向左退回。

在该速度换接回路中，因为行程阀的通油路是由液压缸活塞的行程控制阀芯移动而逐渐关闭的，所以换接时的位置精度高，冲出量小，而且运动速度的转换也比较平稳。该回路在机床液压系统中应用较多，它的缺点是行程阀的安装位置受到一定限制（要由挡铁压下），所以有时管路连接稍复杂。行程阀也可以用电磁换向阀来代替，此时电磁换向阀的安装位置不受限制（挡铁只需要压下行程开关），但其换接精度及速度转换的平稳性较差。

2）利用液压缸本身的管路连接实现的速度换接回路

图 4-2-5 所示为利用液压缸本身的管路连接实现的速度换接回路。在图示位置时，活塞快速向右移动，液压缸右腔的回油经油路 4 和换向阀 6 流回油箱；当活塞运动到将油路 4 封闭后，液压缸右腔的回油必须经调速阀 3 流回油箱，活塞则由快速运动转换为工作进给运动。

该速度换接回路方法简单，换接较可靠，但速度换接的位置不能调整，工作行程也不能过长以免活塞过宽，所以仅适用于工作情况固定的场合。该回路也常用作活塞运动到达端部时的缓冲制动回路。

2. 两种工作进给速度的换接回路

对于组合机床等，需要在自动工作循环中转换两种以上的工作进给速度，这时就需要采用两种（或多种）工作进给速度的换接回路。

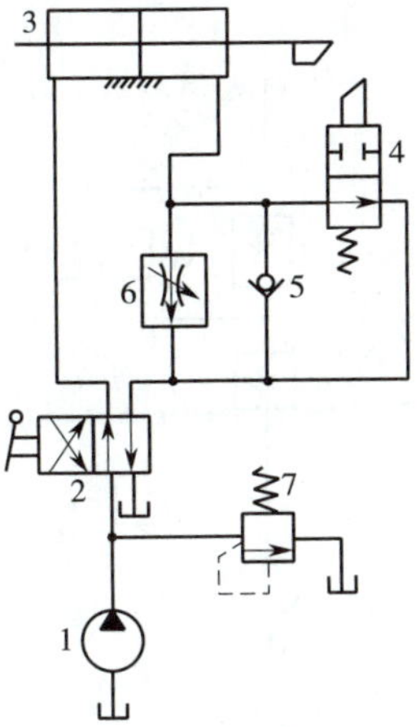

图 4-2-4　采用行程阀的速度换接回路

1—定量液压泵；2—二位四通手动换向阀；3—液压缸；4—二位二通换向阀(行程阀)；5—单向阀；6—调速阀；7—溢流阀

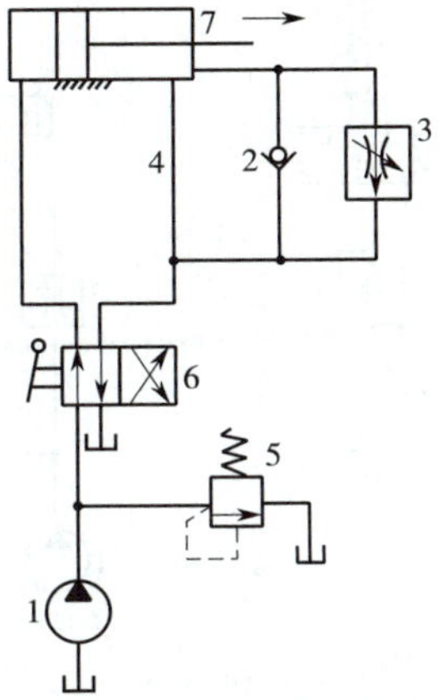

图 4-2-5　利用液压缸本身的管路连接实现的速度换接回路

1—定量液压泵；2—单向阀；3—调速阀；4—油路；5—溢流阀；6—二位四通手动换向阀；7—液压缸

1)两个调速阀并联的速度换接回路

图 4-2-6 所示为两个调速阀并联的速度换接回路。在图 4-2-6(a)中，液压泵 1 输出的压力油经调速阀 3 和电磁换向阀 5 的左位进入液压缸；当需要第 2 种工作进给速度时，电磁换向阀 5 通电，其右位接入回路，则液压泵 1 输出的压力油经调速阀 4 和电磁换向阀 5 进入液压缸。该回路中两个调速阀的节流阀口可以单独调节，互不影响，即第 1 种工作进给速度和第 2 种工作进给速度相互间没有什么限制。但一个调速阀工作时，另一个调速阀中没有油液通过，减压阀则处于完全打开的位置，在速度换接开始的瞬间不能起到减压作用，容易出现部件突然前冲的现象。

图 4-2-6(b)所示为另一种两个调速阀并联的速度换接回路。在该回路中，两个调速阀始终处于工作状态，在由一种工作进给速度转换为另一种工作进给速度时不会出现工作部件突然前冲的现象，因而工作可靠。但是，液压系统在工作中总有一定量的油液通过不起调速作用的那个调速阀流回油箱，容易造成能量损失，并使系统发热。

2)两个调速阀串联的速度换接回路

图 4-2-7 所示为两个调速阀串联的速度换接回路。其中，液压泵 1 输出的压力油经调速阀 3 和电磁换向阀 5 左位进入液压缸，这时的流量由调速阀 3 控制；当需要第 2 种工作进给速度时，电磁换向阀 5 通电，且其右位接入回路，则液压泵 1 输出的压力油先经调速阀 3，再经调速阀 4 进入液压缸，此时的流量应由调速阀 4 控制。所以，该回路中调速阀 4 的节流阀口应调得比调速阀 3 小，否则调速阀 4 将不起作用。该回路在工作时调速阀 3 一直工作，它会限制进入液压缸或调速阀 4 的流量，因此在速度换接时不会使液压缸产生前冲现象，换接平稳性较好。当调速阀 4 工作时，油液需要流经两个调速阀，故能量损失较大，系统发热也较大。但就整体而言，该速度换接回路的能量损失和发热要比图 4-2-6 所示的回路小。

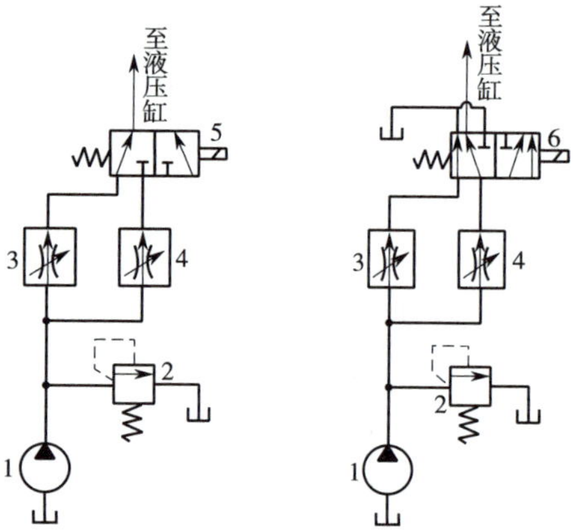

（a）回路一　　（b）回路二

图 4-2-6　两个调速阀并联的速度换接回路

1—定量液压泵；2—溢流阀；3、4—调速阀；5—二位三通电磁换向阀；
6—二位五通电磁换向阀

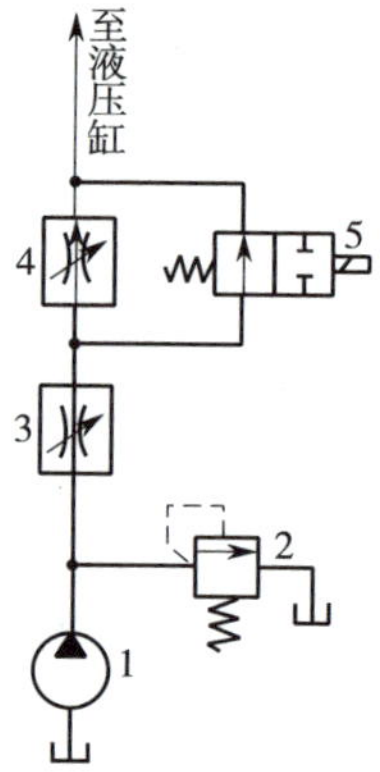

图 4-2-7　两个调速阀串联的速度换接回路

1—定量液压泵；2—溢流阀；3、4—调速阀；
5—二位二通电磁换向阀

动动脑：

思考一下在速度换接回路中有没有能量损耗问题？

4.2.4　动力滑台调速节流调速回路的搭建

分解组合机床动力滑台快进与工进动作，采用电磁换向阀速度换接回路切换动力滑台的快进与工进（图 4-2-8），而为获得平稳的速度，在此采用调速阀 1V3 控制工进速度，当动力滑台快进到加工位置（1S2）后切换为工进，即调速阀控制动力滑台慢速稳定进给；动力滑台退回时，油液流经并联的单向阀 1V6，液压缸快速退回；且回路中设有背压阀 1V5，通过背压阀压力的调整获得不同的无杆腔压力，还可通过此背压阀给液压缸加载，观察回路的速度负载特性。

慕课　动力滑台调速节流调速回路的搭建

该回路搭建步骤：

（1）根据图 4-2-8 进行液压和电气控制回路的连接和检查，行程开关 1S1 应布置在液压缸起点处，1S2 应布置在行程中间的适当位置；

（2）确认连接无误后，将溢流阀的开启压力设置为最低值，观察压力表读数 p_1，调节溢流阀 0V1，将泵口压力调节到合适值，同时观察压力表读数 p_2、p_3 和液压缸的运行情况；

（3）调节调速阀开度，使液压缸活塞杆工进时间为 7~8 s，观察并测量液压缸的快进速度、工进速度和快退速度，同时观察调速阀两端压差是否有变化；

（4）调节溢流阀 1V5，改变回油路背压（给液压缸加载），观察负载变化对工进速度的影响，并记录液压缸工进过程中压力表读数 p_1、p_2、p_3 以及测量液压缸工进所用的时间 t；

（5）分析和解决实训中出现的问题；

（6）实训完成经教师检查评估合格后，关闭电源、油源，拆下管线，整理各元件并放至原位。

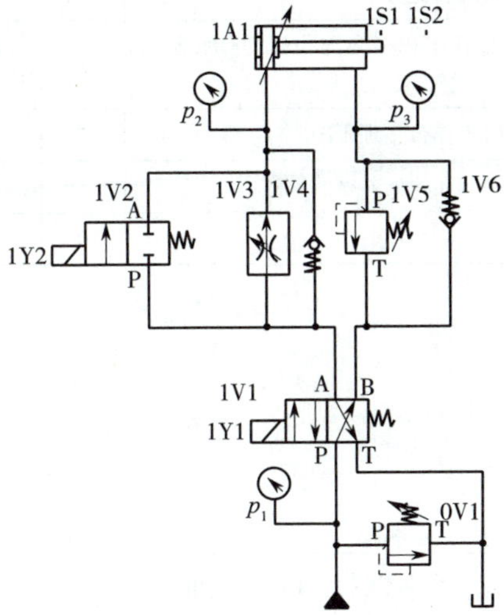

图 4-2-8　动力滑台调速节流调速回路

善思问道

【大国工匠】谭伟明：手握锉刀，在坚守的路上“淬火成形”

任务验收考核

姓名			学号		
任务名称	考核要点	考核要求	配分	评分标准	得分
动力滑台调速节流调速回路的搭建	1. 基础知识（80 分）	（1）简述调速阀的结构原理	10	说出给 10 分	
		（2）简述采用调速阀的节流调速回路与采用节流阀的节流调速回路的差别	20	说出给 20 分	
		（3）简述进油和回油节流调速回路的差别	20	每个给 5 分，全对给 20 分	
		（4）抄画任意两个速度换接回路	20	每个给 10 分	
		（5）抄画采用调速阀的回油节流调速回路	10	按完成度给分	

续表

姓名			学号		
动力滑台调速节流调速回路的搭建	2. 职业素养（20 分）	（1）实验前准备充分	5	每处错误扣 1 分	
		（2）操作过程中积极参与，互帮互助，团结协作	5	操作过程中发现不参与实训、影响团队合作的现象扣 1 分	
		（3）实验后工作台整理干净	5	工作台有一处垃圾扣 1 分	
		（4）各元件归还原处并摆放整齐	5	每个元件摆放不整齐扣 1 分	
合计			100	总分	

习题与测试

1. 填空题

（1）调速阀是由__________和__________串联而成的，由__________进行压力补偿，使__________前后压差基本保持恒定，从而__________。

（2）对于一些负载变化较大、对速度稳定性要求较高的液压系统，可采用__________来改善回路的__________，可组成__________、__________和__________调速回路。

（3）速度换接回路用来实现__________的变换，对这种回路的要求是速度换接__________，即不允许在速度变换的过程中有__________现象。

2. 选择题

（1）调速阀是（　　），单向阀是（　　），减压阀是（　　）。

A. 方向控制阀　　B. 压力控制阀　　C. 流量控制阀

（2）调速阀是组合阀，其组成是（　　）。

A. 可调节流阀与单向阀串联　　B. 定差减压阀与可调节流阀并联

C. 定差减压阀与可调节流阀串联　　D. 可调节流阀与单向阀并联

（3）在定量泵与调速阀的节流回路中，调速阀可以安放在回路的（　　）。

A. 进油路　　B. 回油路　　C. 旁油路　　D. 前三者均可

（4）当控制流量阀的开口一定，而阀的进、出口压力差 $\Delta p<(3\sim5)\times10^5$ Pa 时，随着压力差 Δp 变小，通过调速阀的流量将（　　）。

A. 增加　　B. 减少　　C. 基本不变　　D. 无法判断

3. 简答题

（1）采用调速阀的节流调速回路的实现方式有哪些？

（2）采用节流阀的节流调速回路和采用调速阀的节流调速回路有哪些区别？

（3）调速阀为什么能够使执行机构的运动速度稳定？

任务 4.3　动力滑台快速运动回路的搭建

任务发布

在组合机床动力滑台工作过程中，在空载情况下要实现快进、快退，以提高效率，需要有快速动作；在接近工件时，要以缓慢的速度对工件进行压制，且需要较大的压制力。这种情况在快、慢速工作时的速度和负载相差较大，可以采用快速运动回路来实现。

任务要求

（1）能够分析理解不同快速运动回路的工作原理；

（2）能够进行液压快速运动回路的搭建。

任务目标

1. 知识目标

（1）掌握液压快速运动回路的工作原理；

（2）掌握快速运动回路的安装、调试方法。

2. 能力目标

（1）能够理解液压快速运动回路的工作原理；

（2）能够设计液压快速运动回路，并进行搭建调试。

3. 素养目标

（1）培养学生学习新知识的兴趣；

（2）培养学生的思维创新能力；

（3）培养学生热爱祖国、热爱人民、热爱党的精神。

4.3.1　差动连接快速运动回路

1. 差动连接的原理

差动连接快速运动回路是在不增加液压泵输出流量的情况下提高工作部件运动速度的一种快速运动回路，其实质是改变液压缸的有效作用面积。

液压差动连接是通过特殊的油路实现的，当液压泵输出的油液同时进入液压缸的两腔时，由于无杆腔的有效作用面积大于有杆腔，无杆腔的推力大于有杆腔，该压力差推动活塞向有杆腔方向运动。此时，有杆腔的液压油被排出，并与液压泵输送的液压油汇合，一起流向无杆腔，从而增加了流向无杆腔的液压油量，进一步加快了活塞的运动速度。

差动连接快速运动回路实现简单且较经济，但快、慢速度的换接不够平稳。需要注意的是，差动回路的换向阀和油管通道应按差动时的流量选择，否则流动液阻将过大，会使液压泵的部分油液从溢流阀流回油箱，导致速度减慢，甚至不起差动作用。

2. 差动连接的实现方法

1）利用换向阀中位机能实现差动连接

如图 4-3-1 所示，采用换向阀的 P 型中位机能可以实现液压缸的差动连接。

2）利用二位换向阀实现差动连接

如图 4-3-2 所示，当二位换向阀切换至左位时，液压缸差动连接，活塞杆快速伸出；当二位换向阀切换至右位时，液压缸有杆腔进油，活塞杆退回。

微课　差动连接的快速运动回路

3）利用卸荷阀实现差动连接

如图 4-3-3 所示，三位换向阀 1V2 左位工作，当液压缸空载或负载很小时，卸荷阀 1V1（液控顺序阀）关闭，液压缸有杆腔排出的油液经单向阀汇合进入液压缸无杆腔，实现液压缸差动连接，活塞杆快速伸出；当液压缸负载加大时，进油路压力升高，卸荷阀 1V1 打开，液压缸有杆腔排出的油液经卸荷阀回油箱，活塞杆慢速伸出。

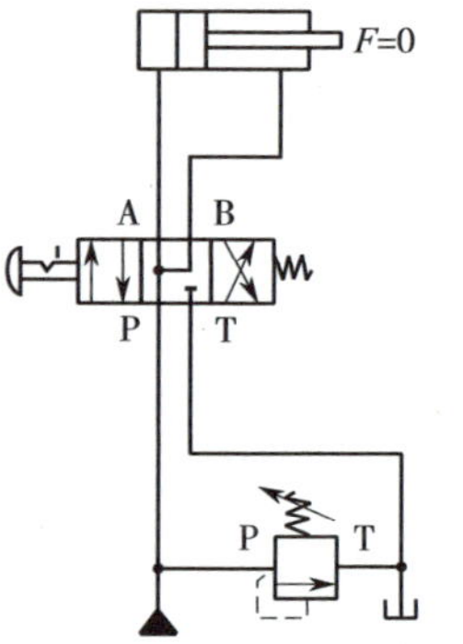

图 4-3-1　利用换向阀中位机能实现差动连接

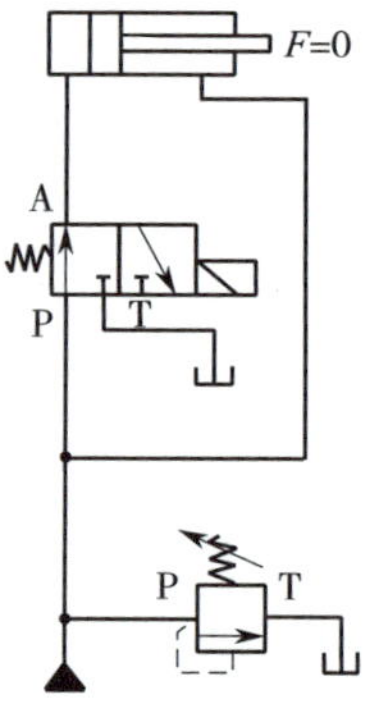

图 4-3-2　利用二位换向阀实现差动连接

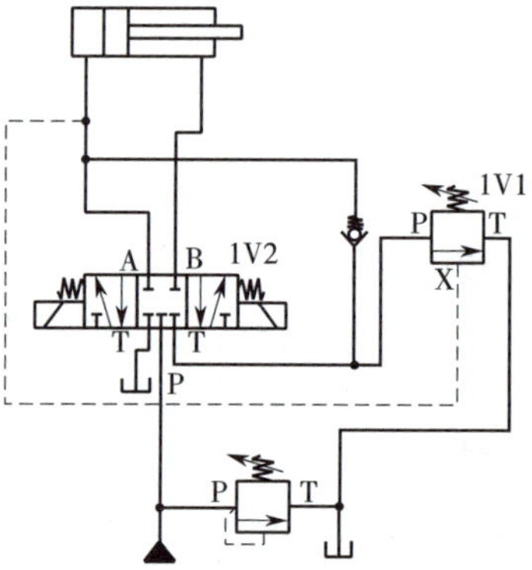

图 4-3-3　利用卸荷阀实现差动连接

动动脑：

假设你是一滴油，在差动连接快速运动回路中，当液压缸开始工作的时候，你从有杆腔出发，要经过哪些地方才能到达液压缸无杆腔？

4.3.2　双泵供油快速运动回路

双泵供油快速运动回路是利用低压大流量泵和高压小流量泵并联为系统供油的，如图 4-3-4 所示。其中，1 为高压小流量泵，用以实现工作进给运动；2 为低压大流量泵，用以实现快速运动；在快速运动时，液压泵 2 输出的油液经单向阀 4 和液压泵 1 输出的油液共同向系统供油；在工作进给时，系统压力升高，打开液控顺序阀（卸荷阀）3 使液压泵 2 卸荷，此时单向阀 4 关闭，由液压泵 1 单独向系统供油。其中，溢流阀 5 控制液压泵 1 的供油压力是根据系统所需最大工作压力来调节的，而卸荷阀 3 使液压泵 2 在快速运动时供油，在工作进给时则卸荷。因此，卸荷阀 3 的调整压力应比快速运动时系统所需的工作压力要高，但比溢流阀 5 的调整压力要低。

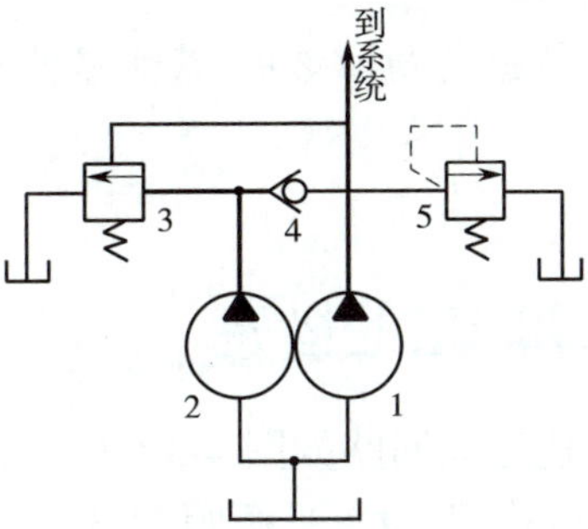

图 4-3-4　双泵供油快速运动回路

1—高压小流量泵；2—低压大流量泵；3—液控顺序阀；4—单向阀；5—溢流阀

双泵供油快速运动回路功率利用合理、效率高，并且速度换接较平稳，在快、慢速度相差较大的机床中应用很广泛，它的缺点是要用一个双联泵，油路系统也较复杂。

动动脑：

大家从能量利用、结构复杂度等方面来思考一下液压缸采用差动连接的快速运动回路和双泵供油快速运动回路在提升速度的方式上有什么根本性的区别？

4.3.3　采用蓄能器的快速运动回路

采用蓄能器的快速运动回路是在执行元件不动或需要较少的液压油时，将多余的液压油储存在蓄能器中，当需要快速运动时再将其释放出来。图 4-3-5 所示为一种采用蓄能器的快速运动回路，可用于液压缸间歇式工作的场合。其中，当液压缸不动时，换向阀 3 中位将液压泵与液压缸断开，液压泵 5 的油液经单向阀 6 给蓄能器 4 充油；当蓄能器 4 的压力达到卸荷阀 1 的调定压力时，卸荷阀 1 开启，液压泵 5 卸荷；当需要液压缸 7 动作时，换向阀 3 换向，溢流阀 2 关闭后，蓄能器 4 和液压泵 5 一起给液压缸 7 供油，实现快速运动。

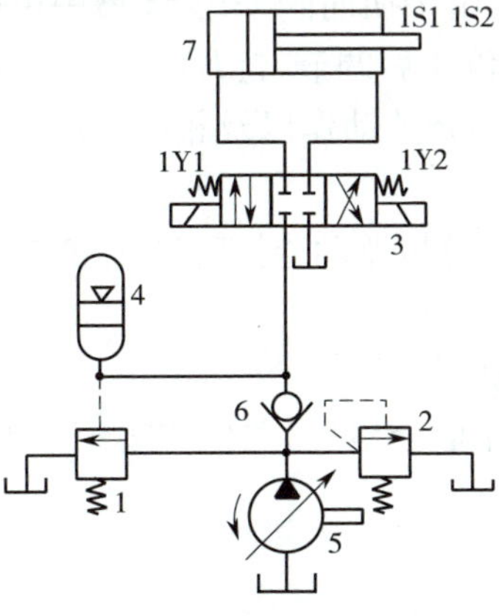

图 4-3-5　采用蓄能器的快速运动回路

1—卸荷阀；2—溢流阀；3—换向阀；4—蓄能器；5—液压泵；6—单向阀；7—液压缸

动动脑：

思考一下在采用蓄能器的快速运动回路中，蓄能器储存能量和释放能量的过程是如何精确控制的？

4.3.4 动力滑台快速运动回路的搭建

分解组合机床，动力滑台快速运动回路如图 4-3-6 所示，采用卸荷阀实现液压缸的差动连接，为使液压缸快速伸出时速度稳定，设置平衡阀 1V3，其设定压力为 0.8 MPa。

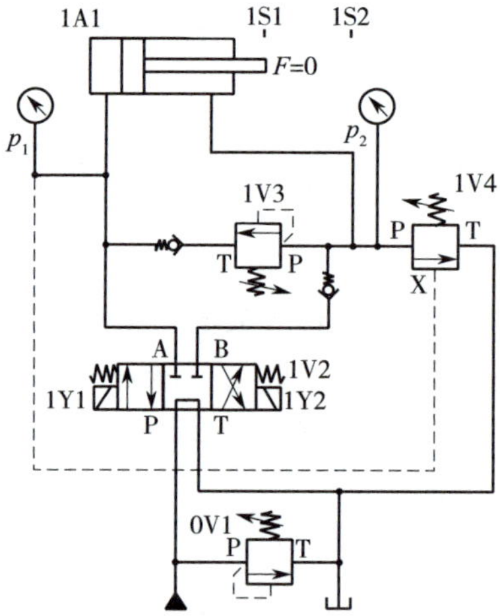

图 4-3-6 动力滑台快速运动回路

该回路搭建步骤：

(1)根据图 4-3-6 进行液压回路的连接和检查，实训中要严格按规范操作，小组成员协作互助；

(2)确认连接无误后，将溢流阀的开启压力设置为最低值，启动回路后调节溢流阀 0V1，将泵口压力调节到合适值，由于换向阀采用 M 型中位机能，溢流阀的压力应在换向阀切换至左工位、活塞杆伸出终点停止后调节，打开液压泵及电源，观察液压缸的运行情况；

(3)按下启动按钮，观察行程开关动作以及相应液压缸的运动情况，测量液压缸活塞的快进速度、工进速度和快退速度；

(4)观察压力表读数 p_1、p_2，分析差动连接时液压缸左、右腔的压力变化情况以及工进、快退时液压缸左、右腔的压力变化情况；

(5)分析和解决实训中出现的问题；

(6)实训完成经教师检查评估合格后，关闭电源、油源，拆下管线，整理各元件并放回原位。

善思问道

中国航空发展历程

任务验收考核

姓名			学号		
任务名称	考核要点	考核要求	配分	评分标准	得分
动力滑台快速运动回路的搭建	1. 基础知识（80 分）	（1）简述差动连接快速运动回路的特点	10	说出给 10 分	
		（2）简述双泵供油快速运动回路，并说出其特点	15	说出特点给 5 分，说出回路给 10 分	
		（3）简述采用蓄能器的快速运动回路	15	说出给 15 分	
		（4）简述差动连接实现方法	10	每个给 3 分，全对给 10 分	
		（5）抄画双泵供油快速运动回路	15	按完成度给分	
		（6）抄画采用蓄能器的快速运动回路	15	按完成度给分	
	2. 职业素养（20 分）	（1）实验前准备充分	5	每处错误扣 1 分	
		（2）操作过程中积极参与，互帮互助，团结协作	5	操作过程中发现不参与实训、影响团队合作的现象扣 1 分	
		（3）实验后工作台整理干净	5	工作台有一处垃圾扣 1 分	
		（4）各元件归还原处并摆放整齐	5	每个元件摆放不整齐扣 1 分	
合计			100	总分	

习题与测试

1. 填空题

（1）差动连接快速运动回路是在不增加液压泵______的情况下提高工作部件______的一种快速运动回路，其实质是改变液压缸的______。

（2）双泵供油快速运动回路功率利用合理、______，并且速度换接______，在快、慢速度______的机床中应用很广泛。

（3）采用蓄能器的快速运动回路是在______或需______时，将多余的液压油储存在______中，当需要快速运动时再将其释放出来。

（4）液压系统实现执行机构快速运动的回路有______的快速回路、______的快速回路和______的快速回路。

2. 选择题

执行机构运动部件快、慢速差值大的液压系统，应采用(　　)快速运动回路。

A. 差动连接　　　　B. 双泵供油　　　　C. 有蓄能器

3. 简答题

(1)差动连接实现方式有哪些?

(2)列举常见的快速运动回路的实现方式。

(3)画出利用换向阀中位机能实现差动连接的液压回路图。

项目 5

压力机液压系统的搭建

学习导读

观察生活中的汽车外壳、电视背板、锅碗瓢盆以及各种玩具，甚至大到飞机和轮船外壳等，这些结实、耐用而且美观的产品是怎么生产出来的呢？你不会以为这些还是像古代那样靠匠人们一锤一锤敲打出来的吧？其实这些产品都离不开压力机的使用。

压力机是一种能完成锻压、冲压、冷挤、校直、折边、弯曲、成型等工艺的压力加工机械，可用于加工金属、塑料、木材、皮革、橡胶等各种材料，具有加工效率高、使用寿命长、自动化程度高、精度高等优点，已在工业生产中得到广泛应用。图 5-1 所示为一种四柱压力机。

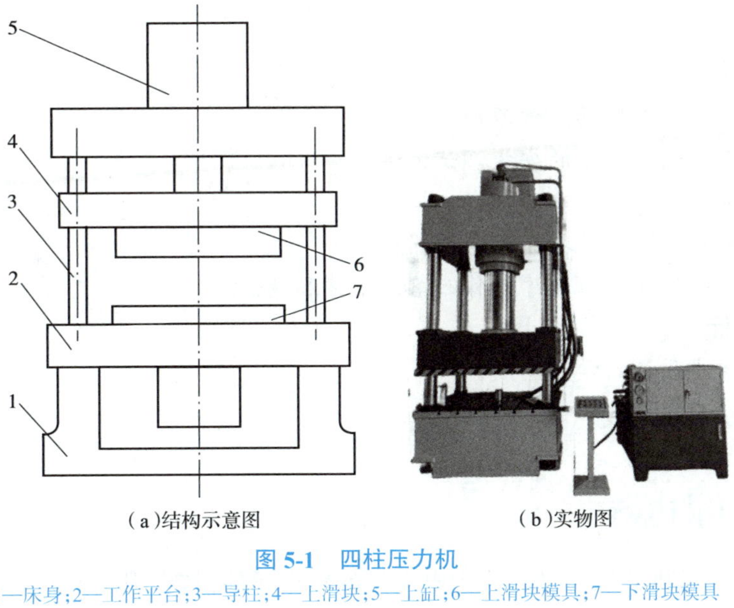

(a)结构示意图　　(b)实物图

图 5-1　四柱压力机

1—床身；2—工作平台；3—导柱；4—上滑块；5—上缸；6—上滑块模具；7—下滑块模具

项目描述

本项目以压力机液压系统为例，对液压设备原理进行学习，分析压力机多缸顺序动作回路，选取适当的压力继电器；分析液压设备系统中各系统之间的动作顺序及关联性，并进行实现；分析液压设备系统中各系统之间的动作同步及关联性，并进行验证；分析压力机整机液压系统，并进行液压系统的搭建。

任务 5.1　压力机顺序动作回路的搭建

任务发布

压力机在动作过程中要求两个或多个液压缸活塞杆按顺序要求伸出和缩回，属于多缸顺序动作。多缸顺序动作可以采用行程控制和压力控制，本任务采用压力控制的多缸顺序动作回路来实现所要求的功能。

任务要求

(1)能够分析顺序动作回路的工作原理；

(2)能够选用压力继电器实现顺序动作回路的搭建。

任务目标

1. 知识目标

(1)掌握压力继电器的工作原理及应用；

(2)掌握顺序动作回路的安装调试方法。

2. 能力目标

(1)能够合理选用和维护压力继电器；

(2)能够进行液压多缸顺序动作回路的搭建和调试。

3. 素养目标

(1)培养学生严谨的学习态度；

(2)培养学生良好的职业素养。

5.1.1　压力继电器

压力继电器是将液压信号转换为电信号的转换元件，其作用是根据液压系统的压力变化自动接通或断开有关电路，以实现对系统的程序控制和安全保护功能。压力继电器有柱塞式、薄膜式、弹簧管式和波纹管式四种结构。

图 5-1-1（a）所示为压力继电器的结构原理图。其中，控制油口 K 与液压系统连通，当油液压力达到调定值（开启压力）时，薄膜 1 在油液压力作用下向上鼓起，使柱塞 5 上升，钢球 2、8 在柱塞锥面的推动下水平移动，通过杠杆 9 压下微动开关 11 的触销 10，接通电路，从而发出电信号；当控制油口 K 的压力下降到一定数值（闭合压力）时，弹簧 6、4（通过钢球 2）将柱塞 5 压下，钢球 8 落入柱塞 5 的锥面槽内，微动开关 11 的触销 10 复位，将杠杆 9 推回，电路断开。

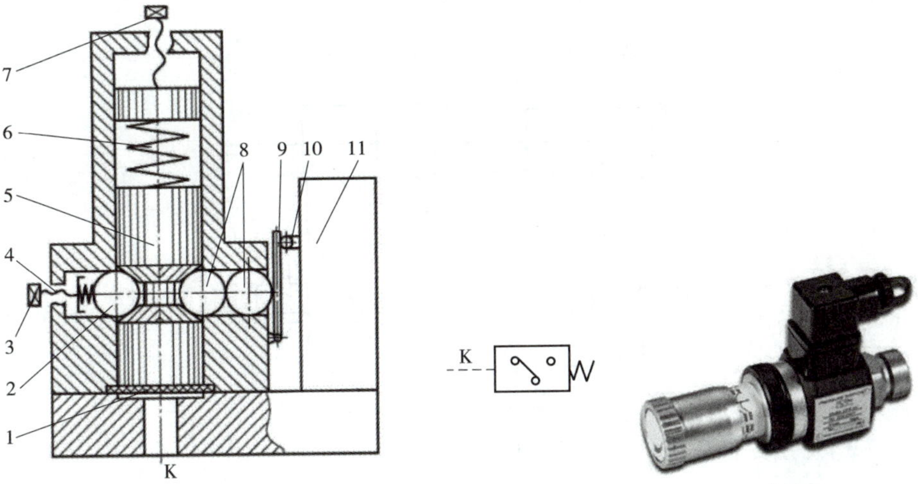

（a）结构原理图　　（b）图形符号　　（c）实物图

图 5-1-1　压力继电器

1—薄膜；2、8—钢球；3、7—调节螺钉；4、6—弹簧；5—柱塞；9—杠杆；10—触销；11—微动开关

压力继电器发出电信号时的油液压力可通过调节螺钉 7 改变弹簧 6 对柱塞 5 的压力进行调整。开启压力与闭合压力的差值称为返回区间，其大小可通过调节螺钉 3，即调节弹簧 4 的预压缩量来改变柱塞 5 移动时的摩擦阻力，使返回区间在一定范围内改变。一般中压系统的调压范围为 1.0~6.3 MPa，而返回区间一般为 0.35~0.8 MPa。

图 5-1-1（b）和（c）所示分别为压力继电器图形符号和实物图。

动动脑：

思考一下如果压力变化非常微小，像蚂蚁轻轻踩了一下那么小的压力变化，压力继电器还能准确地把这个变化转化为电信号吗？为什么？

5.1.2　压力机多缸顺序动作回路

控制液压系统中执行元件动作的先后次序的回路称为顺序动作回路。按照控制的原理和方法不同，顺序动作控制的方式可分为压力控制、行程控制和时间控制三种，常用的是压力控制和行程控制。

1. 采用压力控制的顺序动作回路

压力控制是利用油路本身压力的变化来控制阀口的启闭，使执行元件按顺序动作的一种控制方式，其主要控制元件是顺序阀和压力继电器。

微课 顺序阀控制的顺序动作回路

1）采用顺序阀控制的顺序动作回路

图 5-1-2 所示为采用顺序阀控制的顺序动作回路。其中，阀 1 和 2 是由顺序阀与单向阀构成的组合阀——单向顺序阀，也称平衡阀。该回路中有两个执行元件，即夹紧液压缸 A 和加工液压缸 B，两个液压缸按夹紧→工作进给→快退→松开的顺序动作，具体工作过程如下。

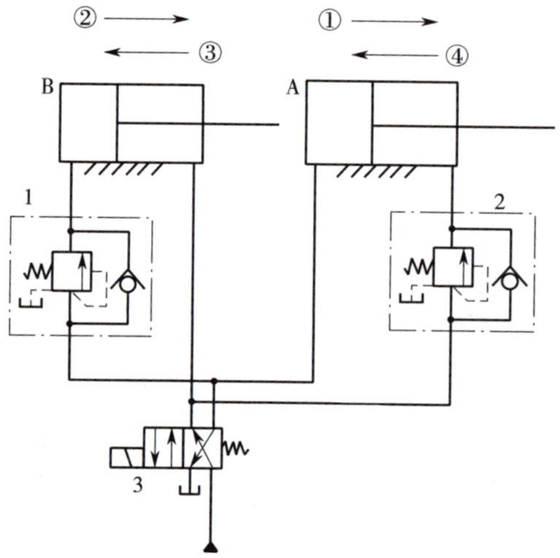

图 5-1-2　采用顺序阀控制的顺序动作回路

1、2—单向顺序阀；3—二位四通电磁换向阀；A、B—液压缸

（1）二位四通电磁换向阀 3 通电，且左位接入液压系统，压力油进入夹紧液压缸 A 左腔，由于系统压力低于单向顺序阀 1 的调定压力，其内的顺序阀未开启，夹紧液压缸 A 活塞向右运动实现夹紧，完成动作①，回油经单向顺序阀 2 的单向阀流回油箱。

（2）当夹紧液压缸 A 活塞右移到达终点，工件被夹紧，系统压力升高。当系统压力超过单向顺序阀 1 中顺序阀的调定值时，顺序阀开启，压力油进入加工液压缸 B 的左腔，活塞向右运动进行加工，回油经换向阀 3 流回油箱，完成动作②。

（3）工件加工完毕后，二位四通电磁换向阀 3 断电，且右位接入液压系统，压力油进入加工液压缸 B 的右腔，单向顺序阀 1 中的顺序阀未开启，回油经单向顺序阀 1 中的单向阀流回油箱，活塞向左快速运动实现快退，完成动作③。

（4）到达终点后，油压升高，使单向顺序阀 2 中的顺序阀开启，压力油进入夹紧液压缸 A 的右腔，回油经换向阀 3 经回油箱，活塞向左运动松开工件，完成动作④。

采用顺序阀控制的顺序动作回路的顺序动作的可靠程度主要取决于顺序阀的质量和压力调定值。为了保证顺序动作可靠、准确，应使顺序阀的调定压力大于先动作的液压缸的最高工作压力（0.8~1.0 MPa），以避免因压力波动而使顺序阀先行开启。

采用顺序阀控制的顺序动作回路适用于液压缸数量不多、负载阻力变化不大的液压系统。

2)采用压力继电器控制的顺序动作回路

图 5-1-3 所示为采用压力继电器控制的顺序动作回路。按下按钮,使二位四通电磁换向阀 1 的电磁铁通电,且左位接入系统,压力油进入液压缸 A 左腔,推动活塞向右运动,回油经二位四通电磁换向阀 1 流回油箱,完成动作①;当活塞碰上定位挡铁时,系统压力升高,使安装在液压缸 A 进油路上的压力继电器动作,发出电信号,使二位四通电磁换向阀 2 的电磁铁通电,且左位接入系统,压力油进入液压缸 B 左腔,推动活塞向右运动,完成动作②,从而实现 A、B 两个液压缸先后顺序动作。

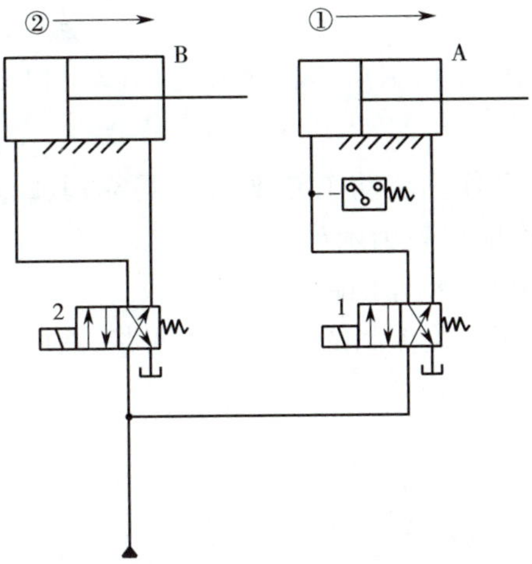

图 5-1-3　采用压力继电器控制的顺序动作回路

1、2—二位四通电磁换向阀;A、B—液压缸

采用压力继电器控制的顺序动作回路简单易行,应用较普遍;但使用时应注意,压力继电器的压力调定值应比先动作的液压缸 A 的最高工作压力高 0.3~0.5 MPa,同时又应较溢流阀调定压力低 0.3~0.5 MPa,以防止压力继电器误发信号。

2. 采用行程控制的顺序动作回路

行程控制是利用液压执行元件运动到一定位置时发出控制信号,启动下一个执行元件的动作,使各液压缸实现顺序动作的控制方式。

1)采用行程阀控制的顺序动作回路

图 5-1-4 所示为采用行程阀控制的顺序动作回路。循环开始前,两个液压缸的活塞位于图示位置。二位四通电磁换向阀 1 的电磁铁通电后,换向阀左位接入系统,压力油经换向阀 1 进入液压缸 A 的右腔,推动活塞向左移动,实现动作①;到达终点时,活塞杆上的挡块压下二位四通行程阀 2 的滚轮,使阀芯下移,压力油经行程阀 2 进入液压缸 B 的右腔,推动活塞向左运动,实现动作②;当二位四通电磁换向阀 1 的电磁铁断电时,弹簧复位,使换向阀右位接入系统,压力油经换向阀 1 进入液压缸 A 的左腔,推动活塞向右退回,实现动作③;当挡块离开行程阀 2 的滚轮时,行程阀复位,压力油经行程阀 2 进入液压缸 B 的左腔,使活塞向右运动,实现动作④。

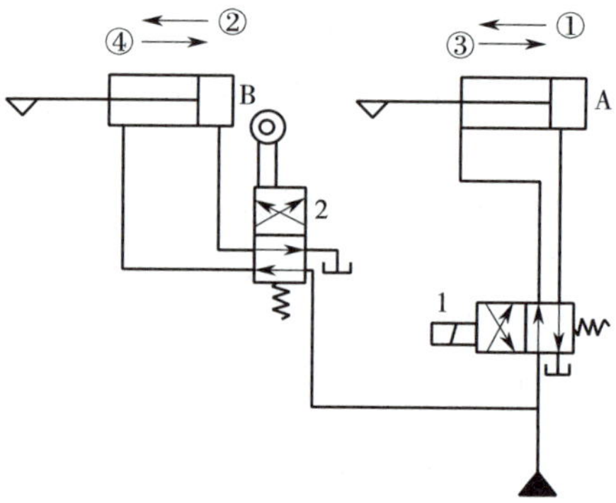

图 5-1-4　采用行程阀控制的顺序动作回路

1—二位四通电磁换向阀；2—二位四通行程阀；A、B—液压缸

采用行程阀控制的顺序动作回路动作灵敏、工作可靠，其缺点是行程阀只能安装在执行元件的附近，调整和改变动作顺序较为困难。

2）采用行程开关控制的顺序动作回路

图 5-1-5 所示为采用行程开关控制的顺序动作回路，液压缸按①→②→③→④的顺序动作，具体工作过程如下。

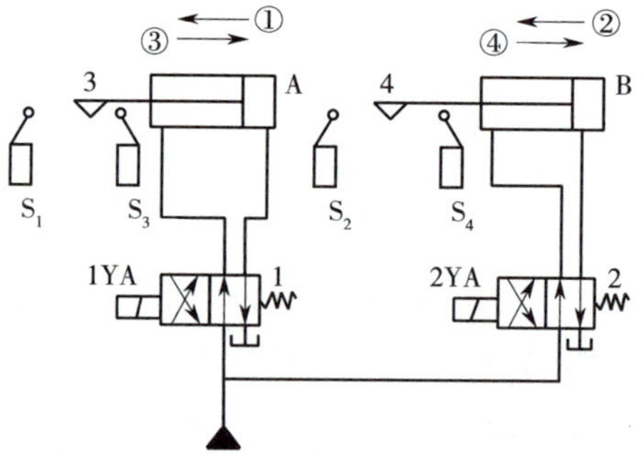

图 5-1-5　采用行程开关控制的顺序动作回路

1、2—二位四通电磁换向阀；3、4—挡块；A、B—液压缸

（1）二位四通电磁换向阀 1 的电磁铁 1YA 通电，换向阀 1 左位工作，液压缸 A 活塞左移，实现动作①。

（2）挡块 3 压下行程开关 S_1，二位四通电磁换向阀 2 的电磁铁 2YA 通电，换向阀 2 换至左位，液压缸 B 活塞左移，实现动作②。

（3）挡块 4 压下行程开关 S_2，二位四通电磁换向阀 1 的电磁铁 1YA 断电，换向阀 1 换至右位，液压缸 A 活塞右移，实现动作③。

（4）挡块 3 压下行程开关 S_3，二位四通电磁换向阀 2 的电磁铁 2YA 断电，换向阀 2 换至右位，液压缸 B 活塞右移，实现动作④。

（5）当液压缸 B 活塞运动至挡块 4 并压下行程开关 S_4，二位四通电磁换向阀 1 的电磁铁 1YA 通电，即可开始下一个工作循环。

采用行程开关控制的顺序动作回路使用方便，调节行程和动作顺序也方便，但顺序转换时有冲击，并且电气线路比较复杂，回路的可靠性取决于元件的质量。

动动脑：

如果给多缸顺序动作回路装上一个智能大脑（人工智能），它会怎样更聪明地控制液压缸的顺序动作？

3. 压力机顺序动作回路的搭建

图 5-1-6 所示为压力机顺序动作回路。

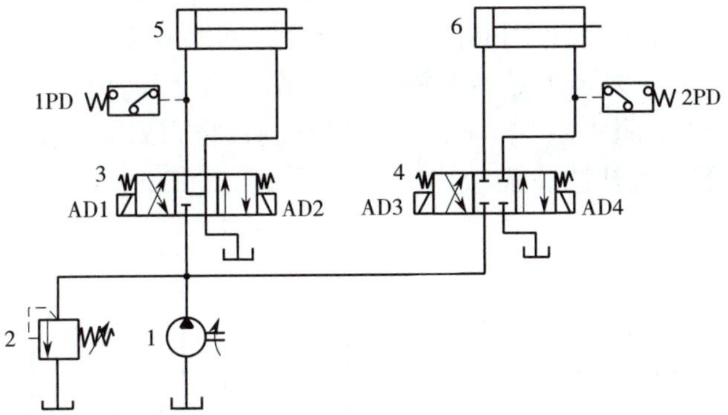

图 5-1-6　压力机顺序动作回路

1—液压泵；2—直动式溢流阀；3—三位四通电磁换向阀（Y 型）；4—三位四通电磁换向阀（O 型）；5、6—双作用单活塞杆液压缸；1PD、2PD—压力继电器

该回路搭建步骤：

（1）根据图 5-1-6 选择相应的元件进行液压回路的连接和检查，实训中要严格按规范操作，小组成员协作互助；

（2）确认连接无误后，将溢流阀 2 的开启压力设置为最低值，启动回路后调节溢流阀 2，将泵口压力调节到合适值，打开液压泵及电源，观察液压缸的运行情况；

（3）按下 SB1 按钮，AD2 得电，换向阀 3 右位工作，液压缸 5 活塞右移，当活塞行至终点，回路压力升高，压力继电器 1PD 动作，使 AD4 得电，换向阀 4 右位工作，液压缸 6 活塞右移；

（4）顺序按下 SB2、SB3 按钮，AD2、AD4 断电，AD3 通电，液压缸 6 活塞先后退，当其退至左端点时，回路压力升高，压力继电器 2PD 动作，使 AD1 得电，液压缸 5 活塞退回，这样就可以完成一个周期的前进及后退顺序动作功能；

（5）分析和解决实训中出现的问题；

（6）实训完成并经教师检查评估合格后，关闭电源、油源，拆下管线，整理各元件并放回原位。

5.1.3　压力机多缸同步回路

同步回路是指在液压系统中要求两个或多个液压执行元件以相同的位移或相同的速度同步运行时的液压回路，它的功用是使液压系统中的多个执行元件克服负载、摩擦阻力、泄漏、制造精度和结构变形上的差异，从而保证在运动上的同步。

1. 采用调速阀的同步回路

图 5-1-7 所示为采用调速阀的同步回路，在两个并联液压缸的进(回)油路上分别串接一个单向调速阀，仔细调整两个调速阀的开口大小，即可控制进入两个液压缸或自两个液压缸流出的流量，从而使它们在一个方向上实现速度同步。该回路结构简单，但达到同步调整比较麻烦，且同步精度不高，不宜用于偏载或负载变化频繁的场合。

微课　调速阀的同步回路分析

2. 采用串联液压缸的同步回路

将有效工作面积相等的两个液压缸串联起来便可实现两个液压缸的同步，这种回路允许较大的偏载。因偏载造成的压差并不影响该回路流量的改变，只导致微量的压缩和泄漏，因此同步精度较高，回路效率也较高。这种情况下液压泵的供油压力至少是两个液压缸工作压力之和，但由于制造误差、内泄漏及混入空气等因素的影响，经多次行程后，将积累为两个液压缸显著的位置差别，因此回路中应具有位置补偿装置，如图 5-1-8 所示。

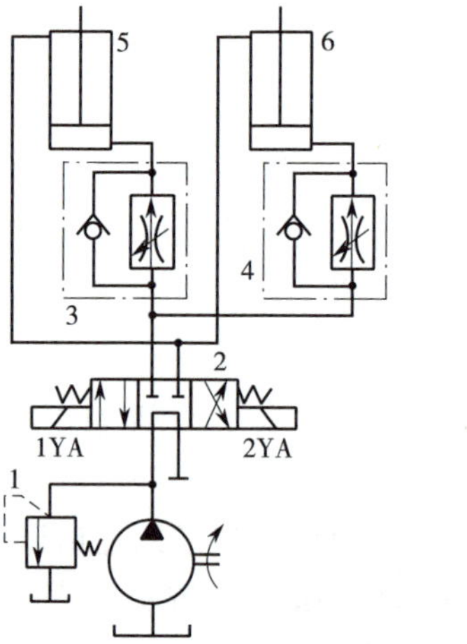

图 5-1-7　采用调速阀的同步回路

1—溢流阀；2—电磁换向阀；3、4—单向调速阀；5、6—液压缸

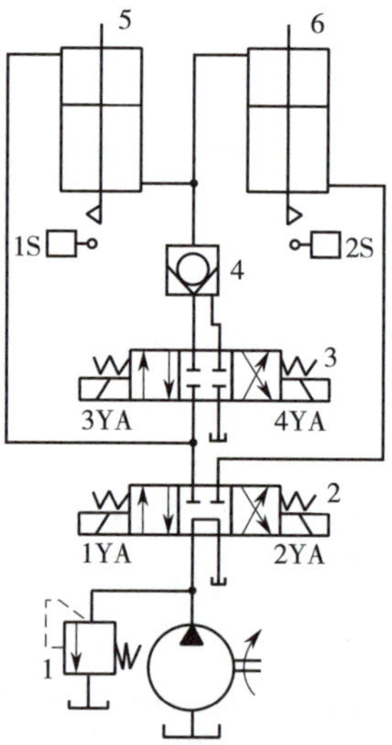

图 5-1-8　带补偿装置的串联液压缸的同步回路

1—溢流阀；2、3—电磁换向阀；4—液控单向阀；5、6—液压缸

当两个液压缸活塞同时下行时，若液压缸 5 活塞先到达行程端点，则挡块压下行程开关 1S，电磁铁 3YA 得电，换向阀 3 左位接入回路，压力油经换向阀 3 和液控单向阀 4 进入液压缸 6 上腔，进行补油，使其活塞继续下行到达行程端点。如果液压缸 6 活塞先到达端点，行程开关 2S 使电磁铁 4YA 得电，换向阀 3 右位接入回路，压力油进入液控单向阀 4 的控制腔，打开液控单向阀 4，液压缸 5 下腔与油箱接通，使其活塞继续下行到达行程端点，从而消除积累误差。

动动脑：

在多缸同步回路中，如果其中一个气缸或者液压缸的内部压力突然增大，那么这个压力变化会如何影响整个同步回路中的流量分配？

善思问道

抗战留下的工业遗产:济南二机床厂

任务验收考核

姓名			学号		
任务名称	考核要点	考核要求	配分	评分标准	得分
压力机顺序动作回路的搭建	1. 基础知识（80 分）	(1)简述压力继电器的结构原理	10	说出给 10 分	
		(2)简述采用压力继电器控制的多缸顺序回路	10	说出给 10 分	
		(3)抄画采用顺序阀控制的顺序动作回路	10	按完成度给分	
		(4)简述多缸顺序动作回路的概念和分类	15	说出概念给 5 分,分类各给 5 分	
		(5)简述采用行程阀控制的顺序动作回路	15	说出给 15 分	
		(6)简述同步回路的分类	10	每个给 5 分	
		(7)抄画采用同步马达的同步回路	10	按完成度给分	
	2. 课堂纪律（20 分）	(1)实验前准备充分	5	每处错误扣 1 分	
		(2)操作过程中积极参与,互帮互助,团结协作	5	操作过程中发现不参与实训、影响团队合作的现象扣 1 分	
		(3)实验后工作台整理干净	5	工作台有一处垃圾扣 1 分	
		(4)各元件归还原处并摆放整齐	5	每个元件摆放不整齐扣 1 分	
合计			100	总分	

习题与测试

1. 填空题

(1)压力继电器是利用油液的压力来启闭电气微动开关触点的__________,当油液的压力达到压力继电器的__________时,发出__________,控制电气元件(如电动机、电磁铁等)动作。

(2)顺序动作回路的功能是使几个执行元件严格按预定顺序动作,按控制方式不同,可分为__________控制和__________控制。

(3)同步回路的功能是使相同尺寸的执行元件在运动上同步,同步运动可分为________同步和__________同步两大类。

2. 选择题

(1)当两个液压缸的结构尺寸不同,但要求其活塞移动的速度同步时,应采用(　　)同步回路。

A. 两液压缸串联　　B. 两液压缸并联　　C. 用调速阀控制两并联液压缸

(2)拧动压力继电器(　　)可调节压力继电器的返回区间。

A. 上方的调压螺钉　B. 侧面的调压螺钉　C. 下面的调压螺钉

(3)要求运动部件的行程能灵活调整或动作顺序能较容易地变动的多缸液压系统,应采用(　　)的顺序动作回路。

A. 顺序阀控制　　B. 压力继电器控制　C. 电气行程开关控制

3. 简答题

(1)压力继电器的应用场景有哪些?

(2)常见的多缸顺序动作回路的实现方式有哪些?

(3)在多缸液压系统中,如果要求以相同的位移或相同的速度运动,应采用什么回路?这种回路通常有几种控制方法?哪种方法同步精度最高?

任务 5.2　压力机整机液压系统的搭建

任务发布

压力机液压系统由能源转换装置(液压泵和液压缸)、能量调节装置(各种阀)以及能量输送装置(油箱、管路)等组成,借助电气系统的控制,驱动滑块完成各种工艺动作循环。压力机上的上滑块由四柱导向、上液压缸驱动,实现"快速下行→慢速加压→保压延时→快速回程→原位停止"的动作循环。下液压缸布置在工作台中间孔内,驱动下滑块实现"向上顶出→向下退回→原位停止"或"浮动压边下行→停止→顶出"的动作循环。压力机液压系统以压力控制为主,系统压力高、流量大、功率大,尤其要注意如何提高系统效率和防止产生液压冲击。

任务要求

(1)能够分析压力机整机液压设备工作原理;

(2)能够选用合适的元件搭建压力机整机液压系统。

任务目标

1. 知识目标

(1)掌握压力机整机液压设备工作原理;

(2)掌握压力机整机液压系统安装调试方法。

2. 能力目标

（1）能够识读压力机整机液压设备工作原理图；

（2）能够搭建压力机整机液压系统。

3. 素养目标

（1）培养学生严谨的学习态度；

（2）培养学生良好的职业素养；

（3）培养学生分析和解决问题的能力。

5.2.1　压力机整机液压系统分析

液压机的类型很多，其中以四柱液压机最为典型，它通常由横梁、导柱、工作台、滑块和顶出机构等部件组成。四柱液压机在其四根立柱之间安置上、下两个液压缸，上液压缸驱动上滑块，实现“快速下行→慢速加压→保压延时→快速返回→原位停止”的动作循环；下液压缸驱动下滑块，实现“向上顶出→向下退回→原位停止”或“浮动压边下行→停止→顶出”的动作循环，如图 5-2-1 所示。液压机的液压系统以压力控制为主，具有压力高、流量大、功率大的特点。下面以 3 150 kN 通用四柱液压机为例分析其液压系统。

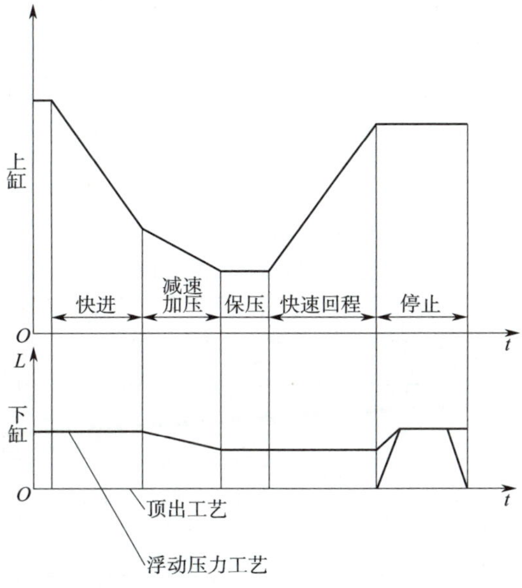

图 5-2-1　3 150 kN 通用四柱液压机工作循环

1. 3 150 kN 通用四柱液压机液压系统的工作原理

图 5-2-2 所示为 3 150 kN 通用四柱液压机液压系统工作原理图，表 5-2-1 为该型号液压机液压系统的电磁铁动作顺序表。该液压机的工作特点是上液压缸竖直放置，当上滑块组件没有接触到工件时，系统为空载高速运动；当上滑块接触到工件后，系统压力急剧升高，且上液压缸的运动速度迅速降低，直至为零，进行保压。

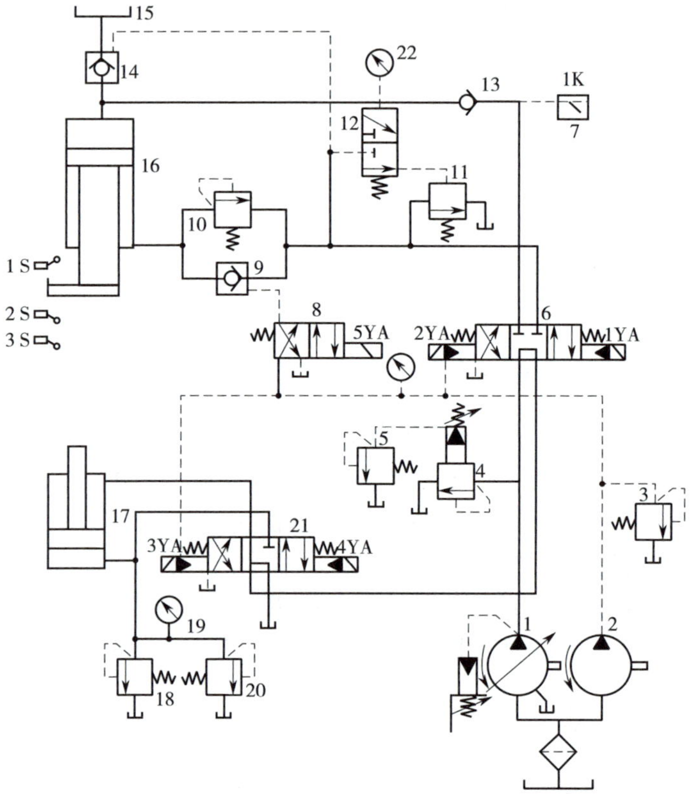

图 5-2-2　3 150 kN 通用四柱液压机液压系统工作原理图

1—主泵；2—辅助泵；3、4、18—溢流阀；5—远程调压阀；6、21—电液换向阀；7—压力继电器；8—电磁换向阀；9—液控单向阀；10、20—背压阀；11—顺序阀；12—液动换向阀；13—单向阀；14—充液阀；15—油箱；16—上液压缸；17—下液压缸；19—节流器；22—压力表

表 5-2-1　3 150 kN 通用四柱液压机液压系统回路控制阀电磁铁动作顺序表

动作程序		1YA	2YA	3YA	4YA	5YA
上液压缸	快速下行	+	−	−	−	+
	慢速下行并加压	+	−	−	−	−
	保压	−	−	−	−	−
	泄压、上液压缸回程	−	+	−	−	−
	原位停止	−	−	−	−	−
下液压缸	向上顶出	−	−	+	−	−
	向下退回	−	−	−	+	−
	浮动压边	+	−	−	−	−
	原位停止	−	−	−	−	−

注："+"表示电磁铁得电，"−"表示电磁铁失电。

1)液压机上滑块的工作过程

Ⅰ. 启动

按下启动按钮,主泵 1 和辅助泵 2 同时启动,此时系统中所有电磁阀的电磁铁均处于失电状态,主泵 1 输出的油液经电液换向阀 6 的中位及电液换向阀 21 的中位流回油箱(处于卸荷状态),辅助泵 2 输出的油液经低压溢流阀 3 流回油箱,系统空载启动。

Ⅱ. 快速下行

泵启动后,按下快速下行按钮,电磁铁 1YA、5YA 得电,电液换向阀 6 右位接入系统,控制油液经电磁换向阀 8 右位使液控单向阀 9 打开,上液压缸带动上滑块实现空载快速运动。这时油路的流动情况如下。

进油路:主泵 1 →电液换向阀 6(右位)→单向阀 13 →上液压缸 16(上腔)。

回油路:上液压缸 16(下腔)→液控单向阀 9 →电液换向阀 6(右位)→电液换向阀 21(中位)→油箱。

由于上液压缸竖直安放,其滑块在自重作用下快速下降,此时主泵 1 虽处于最大流量状态,但仍不能满足上液压缸快速下降的流量需要,因而在上液压缸上腔会形成负压,上部油箱 15 中的油液在一定的外部压力作用下,经液控单向阀 14(充液阀)进入上液压缸上腔,实现对上液压缸上腔的补油。

Ⅲ. 慢速下行接近工件并加压

当上滑块下降至一定位置时,压下电气行程开关 2S 后,电磁铁 5YA 失电,电磁换向阀 8 左位接入系统,使液控单向阀 9 关闭,上液压缸下腔油液经背压阀 10、电液换向阀 6 右位、电液换向阀 21 中位回油箱。此时,上液压缸上腔压力升高,充液阀 14 关闭。上液压缸滑块在主泵 1 的液压油作用下慢速接近要压制成型的工件。当上液压缸滑块接触工件后,由于负载急剧增加,使上腔压力进一步升高,主泵 1 的输出流量自动减小。这时油路的流动情况如下。

进油路:主泵 1 →电液换向阀 6(右位)→单向阀 13 →上液压缸 16(上腔)。

回油路:上液压缸 16(下腔)→背压阀 10 →电液换向阀 6(右位)→电液换向阀 21(中位)→油箱。

Ⅳ. 保压

当上液压缸上腔压力达到预定值时,压力继电器 7 发出信号,使电磁铁 1YA 失电,电液换向阀 6 回中位,上液压缸的上、下腔封闭,由于充液阀 14 和单向阀 13 具有良好的密封性能,使上液压缸上腔实现保压,其保压时间由压力继电器 7 控制的时间继电器调整实现。在上液压缸上腔保压期间,液压泵卸荷,油路的流动情况如下:

主泵 1 →电液换向阀 6(中位)→电液换向阀 21(中位)→油箱。

Ⅴ. 泄压、上缸回程

保压过程结束后,压力继电器发出信号,电磁铁 2YA 得电,电液换向阀 6 左位接入系统。由于上液压缸上腔压力很高,液动换向阀 12 上位接入系统,液压油经电液换向阀 6 左位、液动换向阀 12 上位使外控顺序阀 11 开启,此时主泵 1 输出的油液经顺序阀 11 流回油箱。主泵 1 在低压下工作,由于充液阀 14 的阀芯为复合式结构,具有先卸荷再开启的功能,所以充液阀 14 在主泵 1 的较低压力作用下,只能打开其阀芯上的卸荷针阀,使上液压缸上腔中的很小一部分油液经充液阀 14 流回油箱，上腔压力逐渐降低。当该压力降到一定值后，液动换向阀 12 下位接入系统，外控顺序阀 11 关闭，主泵 1 的供油压力升高，使充液阀 14 完全打开。这时油路的流动情况如下。

进油路：主泵 1 →电液换向阀 6（左位）→液控单向阀 9 →上液压缸 16（下腔）。

回油路：上液压缸 16（上腔）→充液阀 14 →油箱。

Ⅵ. 原位停止

当上液压缸滑块上升至行程挡块压下电气行程开关 1S 时，电磁铁 2YA 失电，电液换向阀 6 中位接入系统，液控单向阀 9 将主缸下腔封闭，上液压缸在起点原位停止不动，液压泵卸荷。这时油路的流动情况如下：

主泵 1 →电液换向阀 6（中位）→电液换向阀 21（中位）→油箱。

2）液压机下滑块的工作过程

Ⅰ. 向上顶出

工件压制完毕后，按下顶出按钮，电磁铁 3YA 得电，电液换向阀 21 左位接入系统。这时油路的流动情况如下：

进油路：主泵 1 →电液换向阀 6（中位）→电液换向阀 21（左位）→下液压缸 17（下腔）。

回油路：下液压缸 17（上腔）→电液换向阀 21（左位）→油箱。

Ⅱ. 向下退回

下液压缸 17 活塞上升，顶出压好的工件后，按下退回按钮，电磁铁 3YA 失电、4YA 得电，电液换向阀 21 右位接入系统，下液压缸活塞下行，使下滑块退回到原位。这时油路的流动如下。

进油路：主泵 1 →电液换向阀 6（中位）→电液换向阀 21（右位）→下液压缸 17（上腔）。

回油路：下液压缸 17（下腔）→电液换向阀 21（右位）→油箱。

Ⅲ. 浮动压边

有些模具工作时需要对工件进行压紧拉伸。当在液压机上用模具对薄板进行拉伸压边时，要求下滑块上升到一定位置，实现上、下模具的合模，使合模后的模具既能保持一定的压力将工件夹紧，又能使模具随上滑块组件的下压而下降（浮动压边）。这时，电液换向阀 21 处于中位，由于上液压缸的压紧力远远大于下液压缸往上的推力，上液压缸滑块组件下压时，下液压缸活塞被迫随之下行，下液压缸下腔油液经节流器 19 和背压阀 20 流回油箱，使下液压缸下腔保持所需的向上的压边压力。调节背压阀 20 开启压力的大小，即可改变浮动压边力的大小。下液压缸上腔则经电液换向阀 21 中位从油箱补油。溢流阀 18 为下液压缸下腔的安全阀，只有在下液压缸下腔压力过载时才起作用。

Ⅳ. 原位停止

下液压缸到达下终点后，使所有的电磁铁都失电，各电磁阀均处于原位，泵低压卸荷。

2.3 150 kN 通用四柱液压机液压系统的性能特点

该液压系统主要由压力控制回路、换向回路、快慢速换接回路和平衡锁紧回路等组成，其主要性能特点如下。

（1）采用高压大流量的柱塞变量泵供油，通过电液换向阀 6、21 的中位机能使主泵 1 空载启动，在上、下液压缸原位停止时主泵 1 卸荷，利用系统工作过程中压力的变化来自动调节主泵 1 的输出流量，使其与上液压缸的运动状态相适应，这样既符合工艺要求，又节省能量。

（2）利用上滑块的自重实现上液压缸快速下行，并用充液阀 14 补油，使快速运动回路结构简单、补油充分，且使用的元件少。

（3）采用由带缓冲装置的充液阀 14、液动换向阀 12 和外控顺序阀 11 组成的泄压回路，结构简单，减小了上液压缸由保压转换为快速回程时的液压冲击，使液压缸运动平稳。

（4）采用单向阀 13、充液阀 14 保压，系统卸荷的保压回路在实现上液压缸上腔保压的同时实现系统卸荷，因此系统的节能效果好。

（5）采用由液控单向阀 9 和内控顺序阀组成的平衡锁紧回路，使上液压缸滑块可以在任何位置处停止，且能够长时间保持在锁定的位置上。

动动脑：

这么复杂的压力机液压系统也学完了，大家有什么感想呢？

5.2.2　压力机整机液压系统的搭建

按图 5-2-2 搭建 3 150 kN 通用四柱液压机液压回路。

该回路搭建步骤：

（1）根据图 5-2-2 选择相应的元件进行液压回路的连接和检查，实训中要严格按规范操作，小组成员协作互助；

（2）确认连接无误后，将溢流阀的开启压力设置为最低值，启动回路后调节溢流阀，将泵口压力调节到合适值，打开液压泵及电源，观察液压缸的运行情况；

（3）按下启动按钮，观察液压缸的运动情况；

（4）观察压力表，分析压力机压力变化情况；

（5）分析和解决实训中出现的问题；

（6）实训完成经教师检查评估合格后，关闭电源、油源，拆下管线，整理各元件并放至原位。

善思问道

【大国工匠】冯新岩：向世界性难题发起挑战

任务验收考核

姓名			学号		
任务名称	考核要点	考核要求	配分	评分标准	得分
压力机整机液压系统的搭建	1. 基础知识（80分）	（1）说出压力机上液压缸和下液压缸的工作过程	20	不做解释只说过程即可，每个给2分	
		（2）说出液压机上滑块的工作过程	12	不做解释只说过程即可，每个给2分	
		（3）说出液压机下滑块的工作过程	8	不做解释只说过程即可，每个给2分	
		（4）简述液压机液压系统的性能特点	20	每种给4分	
		（5）抄画压力机液压原理图	20	按完成度给分	
	2. 职业素养（20分）	（1）实验前准备充分	5	每处错误扣1分	
		（2）操作过程中积极参与，互帮互助，团结协作	5	操作过程中发现不参与实训、影响团队合作的现象扣1分	
		（3）实验后工作台整理干净	5	工作台有一处垃圾扣1分	
		（4）各元件归还原处并摆放整齐	5	每个元件摆放不整齐扣1分	
合计			100	总分	

习题与测试

1. 填空题

（1）通用四柱液压机液压系统主要由________、________、________和________等组成。

（2）液压机上滑块的工作过程包括__________、__________、__________、__________、__________和__________。

（3）液压机下滑块的工作过程包括__________、__________、__________和__________。

（4）通用四柱液压机通常由__________、__________、__________、__________和__________等部件组成

2. 画图题

利用电脑软件或手工绘制 3 150 kN 通用四柱液压机的液压系统原理图。

项目 6

工件夹紧气压回路的搭建

学习导读

在现代化的生产工厂内，工件的夹紧固定装置主要采用液压或气压两种方式，其中气压夹紧装置因具有小巧便捷、成本较低的优势，从而得到了更为广泛的应用。例如，在机床加工和钻孔的机器上，首先需要把工件夹紧，而夹紧工件可以采用双作用气缸来操作，双作用气缸依靠按钮开关来控制，所夹工件的尺寸和夹紧力可根据实际需要进行调整。图 6-1 所示为机床打孔示意图。那么，气压传动通常由哪些部分组成呢？其又是由什么装置对整个系统提供动力呢？

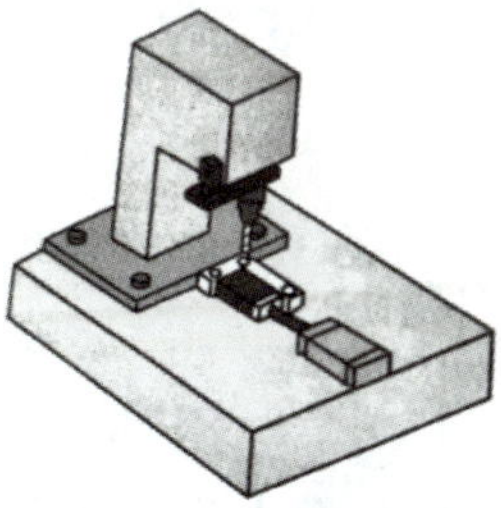

图 6-1　机床打孔示意图

在机床加工过程中，对定位夹紧装置有以下要求：工件的夹紧压力小于主系统的工作压力，并可根据工件材料的硬度进行调整；在装夹过程中，先对工件进行定位，在确保定位完成后，方能实施夹紧；在加工过程中，夹紧力保持不变；加工完成后，要能快速松开工件，以便更换下一待加工工件，提高工作效率。

项目描述

本项目以机床工件夹紧机构为载体，学习工件夹紧系统气压回路，通过分析工件夹紧气压回路组成，组建工件夹紧气压基础回路；分析工件夹紧气压回路对气源的要求，选取合适的气源系统；分析工件夹紧气压回路辅助元件组成，选取合适的气动辅助元件；分析工件夹紧气压回路对执行元件的要求，选取合适的气缸或气动马达。

任务 6.1　工件夹紧气压回路气动基础认识

任务发布

气压传动与控制技术简称"气动技术"，它是以空气压缩机为动力源，以压缩空气为工作介质，进行能量传递和信息传递的工程技术。气动技术是实现生产过程自动化和机械化的最有效手段之一，具有高速高效、清洁安全、成本低、易维护等优点，被广泛应用于轻工机械等领域中，在生产过程自动化中发挥着非常重要的作用。

任务要求

（1）能够理解气压回路的工作原理；

（2）能够理解气压传动工作介质的特点。

任务目标

1. 知识目标

（1）掌握气压回路的工作原理以及组成；

（2）掌握气压传动的特点及应用。

2. 能力目标

（1）能够绘制气压基础回路；

（2）能够理解并绘制工件夹紧气压回路。

3. 素养目标

（1）培养学生对所学知识的分析比较能力及综合应用能力；

（2）培养学生对科学探究的兴趣。

6.1.1　工件夹紧气压回路的工作原理和气压系统组成

1. 工件夹紧气压回路的工作原理

工件夹紧气压回路是利用空气压缩机将电动机或其他原动机输出的机械能转变为空气的压力能，然后在控制元件的控制作用和辅助元件的配合下，通过执行元件将空气的压力能转变为机械能，从而完成直线或回转运动，并对外做功。

工件夹紧气压传动系统是机械加工自动生产线和组合机床中常用的夹紧装置的驱动系统。图 6-1-1 所示为工件夹紧气压回路，其动作循环如下：当工件运动到指定位置后，气缸 A 的活塞杆伸出，工件定位后，两侧的气缸 B 和 C 的活塞杆同时伸出，从两侧面夹紧工件，然后再进行切削加工，加工完毕后各气缸退回，将工件松开。

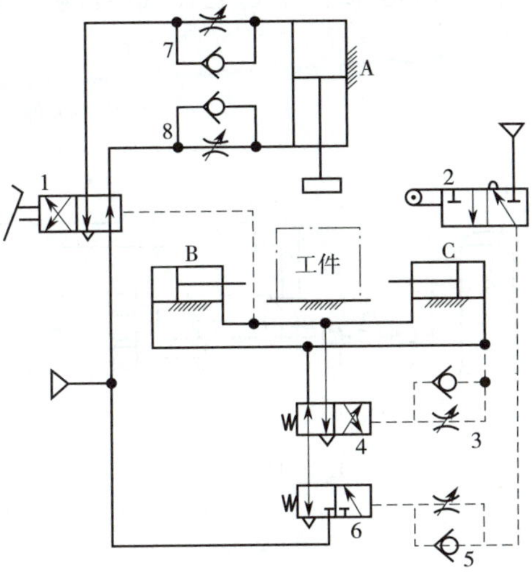

图 6-1-1　工件夹紧气压回路

1—脚踏阀；2—行程阀；3、5、7、8—单向节流阀；4、6—换向阀；A、B、C—气缸

该回路的具体工作原理如下：用脚踩下脚踏阀 1，压缩空气进入气缸 A 的上腔，使活塞下降定位工件；当压下行程阀 2 时，压缩空气经单向节流阀 5 使二位三通气控换向阀 6 换向（调节节流阀开口可以控制换向阀 6 的延时接通时间），压缩空气通过换向阀 4 进入两侧气缸 B 和 C 的无杆腔，使活塞杆前进而夹紧工件；然后钻头开始钻孔，同时流过换向阀 4 的一部分压缩空气经过单向节流阀 3 进入换向阀 4 右端，经过一段时间（由节流阀控制）后换向阀 4 右位接通，两侧气缸 B 和 C 后退到原来位置；同时，一部分压缩空气作为信号进入脚踏阀 1 的右端，使脚踏阀 1 右位接通，压缩空气进入气缸 A 的下腔，使活塞杆退回原位；活塞杆上升的同时，使行程阀 2 复位，气控换向阀 6 也复位（此时单向节流阀 3 右位接通），由于气缸 B 和 C 的无杆腔通过换向阀 6、换向阀 4 排气，换向阀 6 自动复位到左位，完成一个工作循环。当该回路再次踩下脚踏阀 1 后，才能开始下一个工作循环。

2. 气压系统的组成

气压传动系统主要由气源装置、气动控制元件、气动执行元件、气动辅助元件、工作介质等五部分组成。图 6-1-2 所示为气压传动系统组成示意图。

（1）气源装置的主体部分是空气压缩机，它是将原动机供给的机械能转变为气体的压力能的一种能量转换装置。

（2）气动控制元件包括用于控制压缩空气的压力、流量和流动方向的各种气动压力控制阀、流量控制阀和方向控制阀，以及逻辑运算、检测、自动控制等一类的信号控制元件等，以便使执行机构完成预定的工作循环。

微课　气压系统的组成

（3）气动执行元件包括实现直线往复运动的气缸和实现连续回转运动的气动马达，它是将气体的压力能转换与机械能的一种能量转换装置。

（4）气动辅助元件包括过滤器、油雾器、管接头及消声器等，它是保证压缩空气的净化、元件的润滑、元件间的连接及消声等所必需的辅助元器件。

（5）气压传动系统的工作介质是压缩空气，它在气压传动控制中起到传递运动、动力和信号的作用。

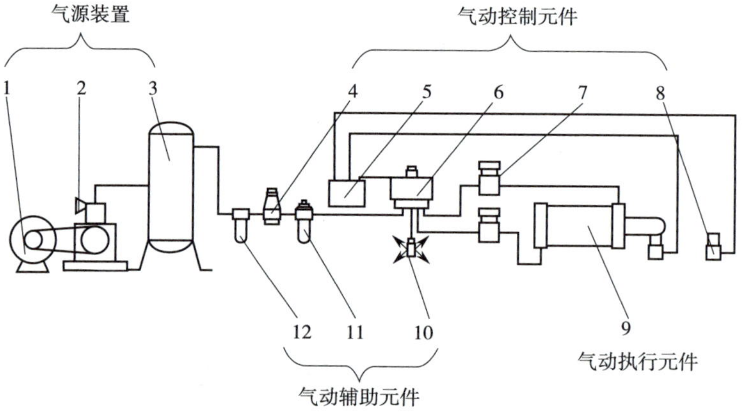

图 6-1-2　气压传动系统组成示意图

1—电动机；2—空气压缩机；3—储气罐；4—压力控制阀；5—逻辑元件；6—方向控制阀；7—流量控制阀；8—行程阀；9—气缸；10—消声器；11—油雾器；12—分水滤气器

动动脑：

在工件夹紧气压回路中，脚踏阀起到了什么关键作用呢？如果把它换成手动的按钮阀，会有什么不同呢？

6.1.2　气压传动的特点

气动技术在国内外发展都很快，它一般被广泛应用于机械、电子、轻工、纺织、食品、医药、包装、冶金、石化、航空、交通运输等各个工业部门。气动机械手、组合机床、加工中心、自动生产线、自动检测和实验装置等已大量涌现，它们在提高生产效率、自动化程度、产品质量、工作可靠性和实现特殊工艺等方面显示出极大的优越性。

1. 气压传动的优点

（1）工作介质是空气，与液压油相比可节约能源，而且取之不尽、用之不竭；气体不易堵塞流动通道，用后可将其随时排入大气中，不会污染环境。

（2）空气的黏度很小（约为液压油的万分之一），所以流动阻力小，在管道中流动的压力损失也小，便于集中供应和远距离输送。

（3）气体压力具有较强的自保持能力，即使压缩机停机，关闭气阀，装置中仍然可以维持一个稳定的压力。

（4）气动元件可靠性高、寿命长，电气元件可运行 100 万次，而气动元件可运行 2 000 万~4 000 万次。

（5）工作环境适应性好，特别是在易燃、易爆、多尘埃、强磁、辐射、振动等恶劣环境中，比液压、电子、电气传动控制优越。

（6）气动装置结构简单、成本低、维护方便，而且若过载能自动保护。

2. 气压传动的缺点

（1）由于空气的可压缩性较大，气动装置的动作稳定性较差，负载变化对工作速度的影响较大。

（2）由于工作压力低，气动装置的输出力或力矩受到限制。在结构尺寸相同的情况下，气压传动装置比液压装置输出的力要小得多。

（3）气动装置中的信号传递速度比光、电控制速度慢，所以不宜用于对信号传递速度要求十分高的复杂线路中。

（4）噪声较大，尤其是在超声速排气时，需要加消声器。

表 6-1-1 给出了气压传动与其他传动的性能比较。

表 6-1-1　气压传动与其他传动的性能比较

类型		操作力	动作快慢	环境要求	构造	负载变化影响	操作距离	无级调速	工作寿命	维护	价格
气压传动		中等	较快	适应性好	简单	较大	中距离	较好	长	一般	便宜
液压传动		最大	较慢	不怕振动	复杂	有一些	短距离	良好	一般	要求高	稍贵
电传动	电气	中等	快	要求高	稍复杂	几乎没有	远距离	良好	较短	要求较高	稍贵
	电子	最小	最快	要求特高	最复杂	没有	远距离	良好	短	要求更高	最贵
机械传动		较大	一般	一般	一般	没有	短距离	较困难	一般	简单	一般

动动脑：

大家有没有想过，打气筒给自行车打气的原理和气压传动有联系吗？

6.1.3　工件夹紧气压回路的搭建

识读工件夹紧气压回路的控制原理图，理解并抄画控制原理图图纸，能够根据原理图选择合适的气压传动系统元器件，并按照控制原理图进行工件夹紧气压回路的搭建，掌握基础控制系统调试的方法。

安装步骤：

（1）根据系统回路图，把所需的气动元件有布局地卡在铝型台面上，再用气管将它们连接在一起，组成回路；

（2）仔细检查后，打开气泵的放气阀，压缩空气进入三联件，调节减压阀，使压力为0.4 MPa 后，气缸将首先退回；

（3）用脚踩下脚踏阀 1，压缩空气进入气缸 A 的上腔，使活塞下降定位工件；

（4）压下行程阀 2，气缸 B 和 C 夹紧工件，钻头工作，然后经过一段时间气缸复位；

（5）分析和解决实训中出现的问题；

（6）实训完成并经教师评估合格后，关闭电源、气源，拆下管线，整理各元件并放回原位。

善思问道

气压传动的应用领域

任务验收考核

姓名			学号		
任务名称	考核要点	考核要求	配分	评分标准	得分
工件夹紧气压回路气动基础认识	1. 基础知识（80 分）	（1）简述工件夹紧气压回路	30	说出给 30 分	
		（2）简述气压系统的组成	20	每个给 4 分，全对给 20 分	
		（3）简述气压传动的优点	18	每个给 3 分	
		（4）简述气压传动的缺点	12	每个给 3 分	
	2. 职业素养（20 分）	（1）不迟到或早退	10	迟到或早退各扣 5 分	
		（2）遵守课堂纪律	10	根据实际情况给分	
合计			100	总分	

习题与测试

1. 填空题

（1）气压传动是以__________为工作介质进行能量传递和信号传递的一门传动技术。

（2）气压传动系统主要由气源装置、__________、气动执行元件、__________、工作介质等五部分组成。

（3）在气压传动系统中，压缩空气的主要作用为传递运动、__________和__________的作用。

2. 选择题

(1)气压传动的优点是(　　)。

A. 工作介质取之不尽、用之不竭,但易污染

B. 气动装置噪声大

C. 执行元件的速度、转矩、功率均可做无级调节

D. 无法保证严格的传动比

(2)气压传动中空气的黏度很小,因而空气流动时的(　　)。

A. 阻力损失大　　B. 阻力损失小　　C. 流量损失大　　D. 流量损失小

3. 简答题

(1)根据所学知识,举例说明气动技术的应用领域。

(2)举例说明气压传动的优点以及缺点。

(3)气压传动与液压传动有何异同?

任务 6.2　气源装置和气动辅助元件认识

任务发布

气源装置为气动系统提供满足一定质量要求的压缩空气,它是气动系统的动力部分。这部分元件性能的好坏直接关系到气动系统能否正常工作,而气动辅助元件是保证气动系统正常工作必不可少的组成部分。

任务要求

(1)能够掌握空气压缩机和气源净化装置的工作原理及选用;

(2)能够掌握气动辅助元件的工作原理及选用。

任务目标

1. 知识目标

(1)掌握空气压缩机的工作原理、结构与选用方法;

(2)掌握气源净化装置的工作原理、结构与作用;

(3)掌握气动辅助元件的工作原理、结构及应用。

2. 能力目标

(1)能够合理选用空气压缩机和气源净化装置;

(2)能够合理选用气动辅助元件。

3. 素养目标

（1）培养学生对所学知识的分析比较能力及综合应用能力；

（2）培养学生严格的安全生产规范意识。

6.2.1 空气压缩机

气源装置为气动系统提供满足一定质量要求的压缩空气，它是气动系统的重要组成部分。如图 6-2-1 所示，气源装置的主体是空气压缩机（气源），它是气压传动系统的动力元件。由于大气中混有灰尘、水蒸气等杂质，因此由大气压缩而成的压缩空气必须经过降温、净化、稳压等一系列处理后方可供给气压系统使用。这就需要在空气压缩机出口管路上安装一系列辅助元件，如冷却器、油水分离器、空气过滤器、干燥器、气缸等。此外，为了提高气压传动系统的工作性能，改善工作条件，还需要用到其他辅助元件，如油雾器、转换器、消声器等。

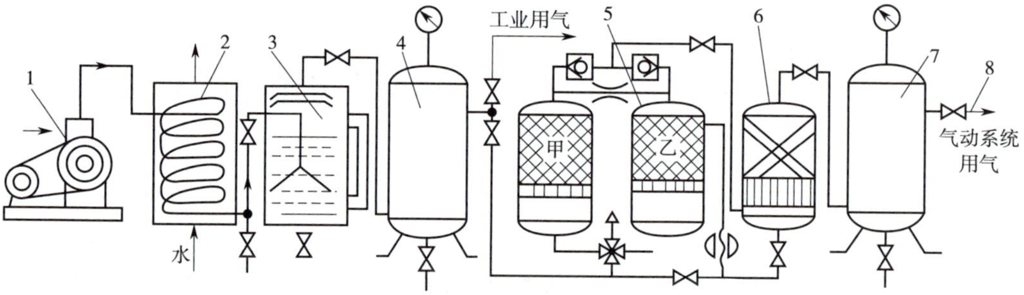

图 6-2-1 气源装置

1—空气压缩机；2—冷却器；3—油水分离器；4、7—气罐；5—干燥器；6—空气过滤器；8—输气管

空气压缩机是将原动机提供的机械能转换为气体压力能的一种能量转换装置，即气压发生装置，它为气动装置提供具有一定压力和流量的压缩空气。

1. 空气压缩机的分类

空气压缩机是一种气压发生装置，其种类很多，分类形式也有数种。空气压缩机按工作原理不同可分为容积式压缩机和动力式压缩机，如图 6-2-2 所示。

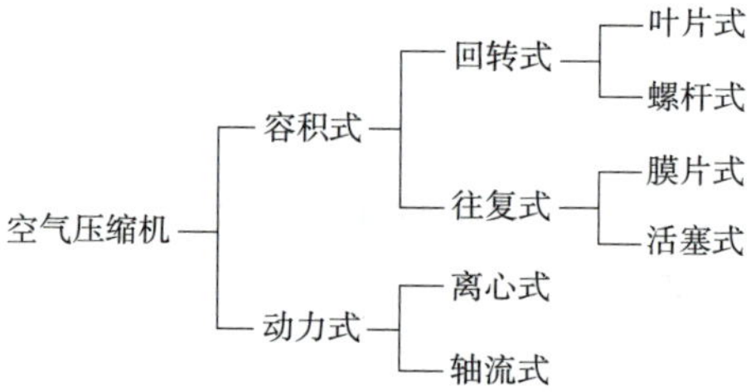

图 6-2-2 空气压缩机分类

容积式压缩机的工作原理是通过压缩腔的内部容积变化来提高气体或蒸气压力。按照结构不同，容积式压缩机又可分为活塞式、膜片式、螺杆式、叶片式等。

动力式压缩机的工作原理是提高气体分子的运动速度，然后使气体的动能转化为压力能以提高压缩空气的压力。按照结构不同，动力式压缩机又可分为离心式、轴流式等。

在气压传动系统中通常采用活塞式空气压缩机。

2. 活塞式空气压缩机的工作原理

活塞式空气压缩机是最常用的空气压缩机，如图 6-2-3 所示。

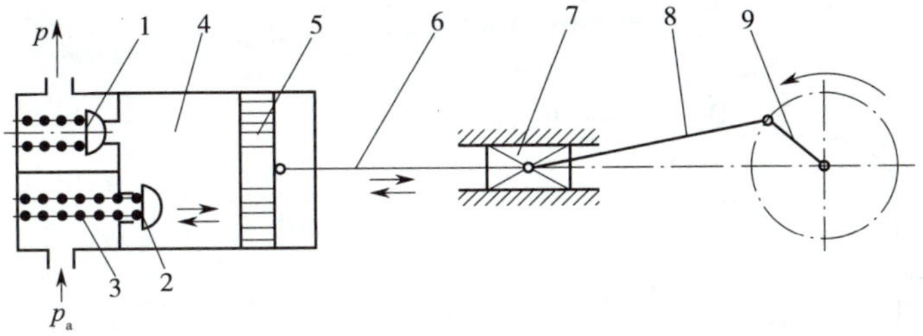

微课　空气压缩机的工作原理

图 6-2-3　活塞式空气压缩机

1—排气阀；2—吸气阀；3—弹簧；4—气缸；5—活塞；6—活塞杆；7—滑块；8—连杆；9—曲柄

活塞式空气压缩机通过曲柄连杆机构使活塞做往复运动，从而实现吸气、压气动作，并达到提高气体压力的目的。其中，曲柄 9 由原动机（电动机）带动旋转，从而驱动活塞 5 在气缸 4 内往复运动。当活塞向右运动时，气缸内容积增大而形成部分真空，活塞左腔的压力低于大气压力 p_a，吸气阀 2 开启，外界空气进入气缸内，这个过程称为吸气过程。当活塞反向运动时，吸气阀关闭，随着活塞的左移，气缸内的气体受到压缩而使压力升高，这个过程称为压缩过程。当气缸内的压力高于输出气管内压力 p 后，排气阀 1 打开，压缩空气被送至输出气管内，这个过程称为排气过程。当曲柄旋转一周，活塞往复行程一次，即完成一个工作循环。

图 6-2-3 所示为单级活塞式空气压缩机，常用于需要压力范围为 0.3~0.7 MPa 的气动系统。

动动脑：

假如我们是超级英雄，要利用空气压缩机来阻止一场洪水，大家想想我们应该如何用空气压缩机来帮忙呢？

6.2.2　气源净化装置

气源净化装置，即压缩空气净化设备，一般包括气罐、后冷却器、油水分离器、空气过滤器、干燥器等。

1. 气罐

气罐的主要作用如下：

（1）存储一定体积的压缩空气，以备发生故障或临时需要时使用；

（2）消除由于空气压缩机断续排气而使系统产生的压力脉动，保证输出气流的连续性和平稳性；

（3）降低空气压缩机的启动-停止频率，其功能相当于增大了空气压缩机的功率；

（4）进一步分离压缩空气中的油、水等杂质。

一般气动系统中的气罐多为立式，通常用钢板焊接而成，并装有泄放过剩压力的安全阀、指示罐内压力的压力表和排放冷凝水的排水阀。图 6-2-4 所示为气罐的结构图、图形符号和实物图。

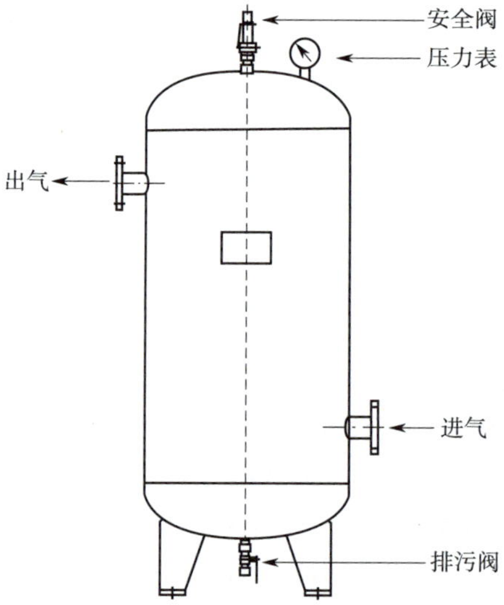

（a）结构图

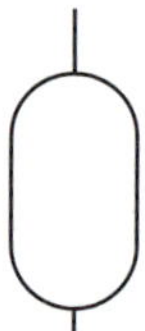

（b）图形符号

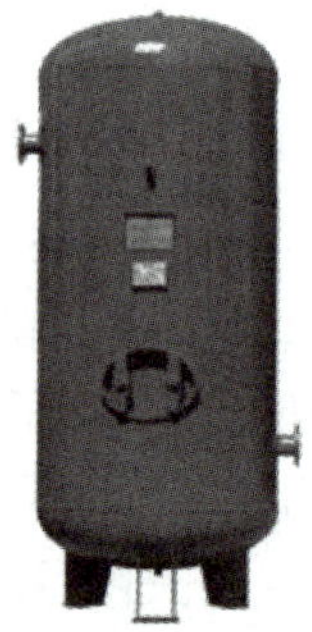

（c）实物图

图 6-2-4　气罐

2. 后冷却器

后冷却器安装在空气压缩机出口管道上，将空气压缩机排出的压缩气体温度由 140~170 ℃降至 40~50 ℃，使其中的水汽、油雾气凝结成水滴和油滴，便于经油水分离器排出。后冷却器一般采用水冷换热装置，其结构形式有列管式、散热片式、套管式、蛇管式和板式等。图 6-2-5 所示为蛇管式后冷却器与列管式后冷却器结构图以及后冷却器的图形符号和实物图。当热压缩空气在浸没于冷水中的管内流动时，冷却水在水套中流动，经管壁进行热交换，使压缩空气得到冷却。

3. 油水分离器

油水分离器又称为除油器，它安装在后冷却器出口管道上，用于分离压缩空气中凝聚的水分、油分、灰尘等杂质，使压缩空气得到初步净化。油水分离器的结构形式有环形回转式、撞击折回式、离心旋转式、水浴式以及以上各种形式的组合等。

油水分离器的工作原理是当压缩空气进入油水分离器后产生流向和速度的急剧变化，再依靠惯性作用，将密度比压缩空气大的油滴和水滴分离出来，并沉降于壳体底部，最后由放油水阀定期排出。图 6-2-6 所示为油水分离器的工作原理图、图形符号和实物图。

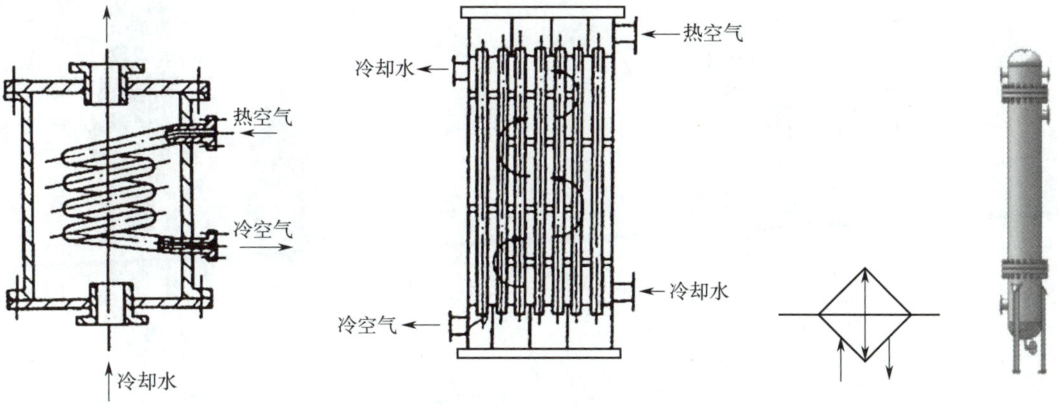

（a）蛇管式后冷却器结构图　（b）列管式后冷却器结构图　（c）图形符号　（d）实物图

图 6-2-5　后冷却器

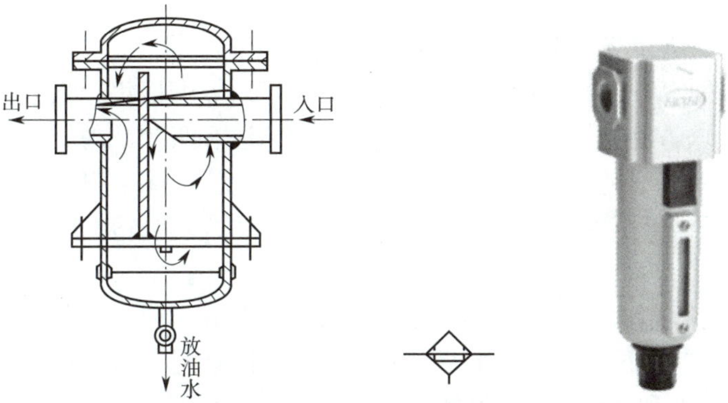

（a）工作原理图　（b）图形符号　（c）实物图

图 6-2-6　油水分离器

4. 空气过滤器

压缩空气的过滤是气压传动系统中的重要环节，不同的场合对压缩空气的要求也不同。空气过滤器的作用是进一步滤除压缩空气中的杂质，常用的空气过滤器有一次空气过滤器（也称简易过滤器，过滤效率为 50%~70%）、二次空气过滤器（过滤效率为 70%~99%），在要求高的特殊场合还可使用更高效率的过滤器（过滤效率大于 99%）。

图 6-2-7 所示为二次空气过滤器的结构原理图、图形符号和实物图。从入口进入的压缩空气被引入旋风叶子 1，旋风叶子上有许多呈一定角度的缺口，迫使压缩空气沿切线方向产生强烈旋转。这样，夹杂在压缩空气中的较大的水滴、油滴、灰尘等便依靠自身的惯性与存水杯 2 的内壁碰撞，并从压缩空气中分离出来，最后沉到杯底；而微粒灰尘和雾状水汽则由滤芯 3 滤除。为防止气体旋转将存水杯中积存的污水卷起，在滤芯下部设有挡水板 4，并通过下面的排水阀 5 将存水杯中的污水及时排放掉。

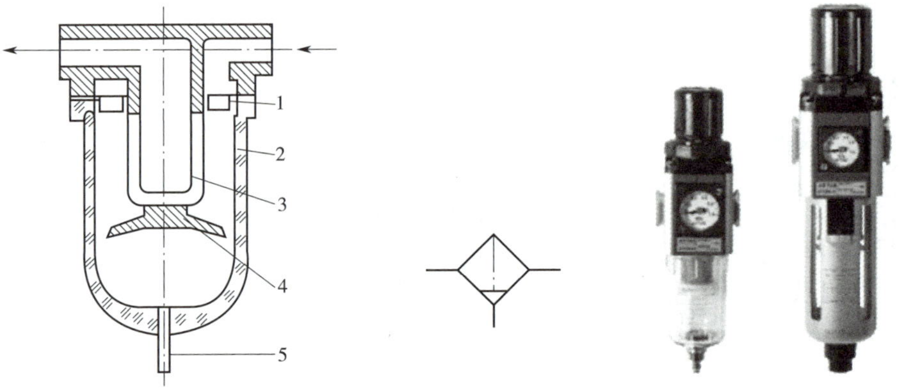

（a）结构原理图　（b）图形符号　（c）实物图

图 6-2-7　二次空气过滤器

1—旋风叶子；2—存水杯；3—滤芯；4—挡水板；5—排水阀

5. 干燥器

干燥器的作用是为了满足精密气动装置用气，进一步净化经过初步净化的压缩空气，以便吸收和排除其中的水分、油分及杂质，使湿压缩空气变成干压缩空气。

压缩空气的干燥方法主要有机械法、离心法、冷冻法和吸附法等，目前使用最广泛的是吸附法和冷冻法。冷冻法是利用制冷设备使空气冷却到露点温度，析出空气中的多余水分，从而达到所需要的干燥程度。该方法适用于处理低压、大流量并对干燥程度要求不高的压缩空气。

图 6-2-8 所示为吸附式干燥器。其中，湿压缩空气从管 1 进入干燥器，通过上吸附剂层 5、过滤网 6、上栅板 7 和下吸附剂层 8 后，其中的水分被吸附剂吸收而变得干燥，然后再经过铜丝网 9、下栅板 10 和过滤网 11，最后干燥、洁净的压缩空气从管 12 排出。

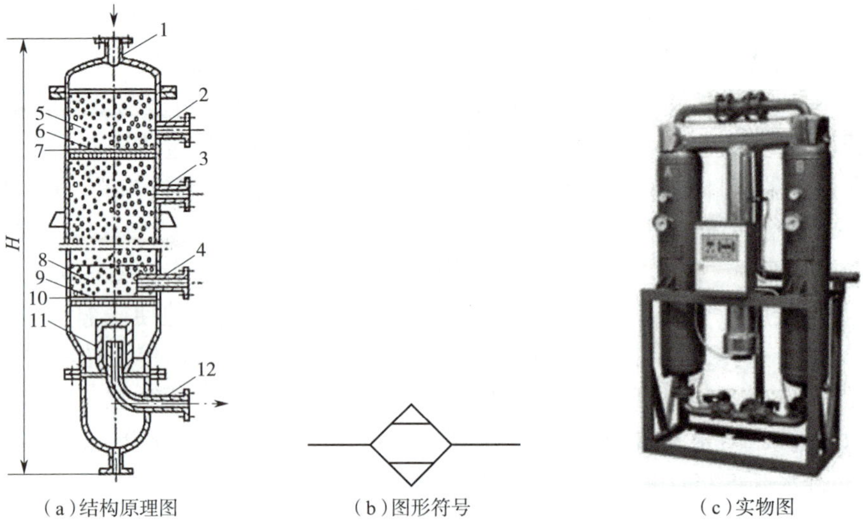

（a）结构原理图　（b）图形符号　（c）实物图

图 6-2-8　吸附式干燥器

1、2、3、4、12—管；5—上吸附剂层；6、11—过滤网；7—上栅板；8—下吸附剂层；9—铜丝网；10—下栅板

动动脑：

大家想一下，空气过滤器就像一个超级细密的筛子，那它是怎么把压缩空气中的杂质像挑豆子一样筛出去的呢？

6.2.3 气动辅助元件

1. 油雾器

油雾器是一种特殊的注油装置，它以压缩空气为动力，将润滑油喷射成雾状并混入压缩空气中，使压缩空气具有润滑气动元件的能力。目前，气动控制系统中的控制阀、气缸和气动马达主要是依靠带有油雾的压缩空气实现润滑的，其优点是方便、干净且润滑质量高。

图 6-2-9（a）所示为普通型油雾器结构原理图。其中，压缩空气从输入口进入后，通过立杆 1 上的小孔 a 进入截止阀的阀座 4 的腔内，在截止阀的阀芯 2 上、下表面形成压差，此压差被弹簧 3 的部分弹簧力所平衡，而使阀芯 2 处于中间位置，因而压缩空气就进入储油杯 5 的上腔 c，使油面受压，压力油经吸油管 6 将单向阀 7 的阀芯托起，该阀芯上部管道有一个边长小于其直径的四方孔，使该阀芯不能将上部管道封死，压力油能不断地流入视油器 9 内，再滴入立杆 1 中，并被通道中的高速气流从小孔 b 中引射出来，从输出口输出。视油器上部的节流阀 8 可以调节油量，打开油塞 10 可以向储油杯 5 中加油。图 6-2-9（b）和（c）所示分别为其图形符号和实物图。

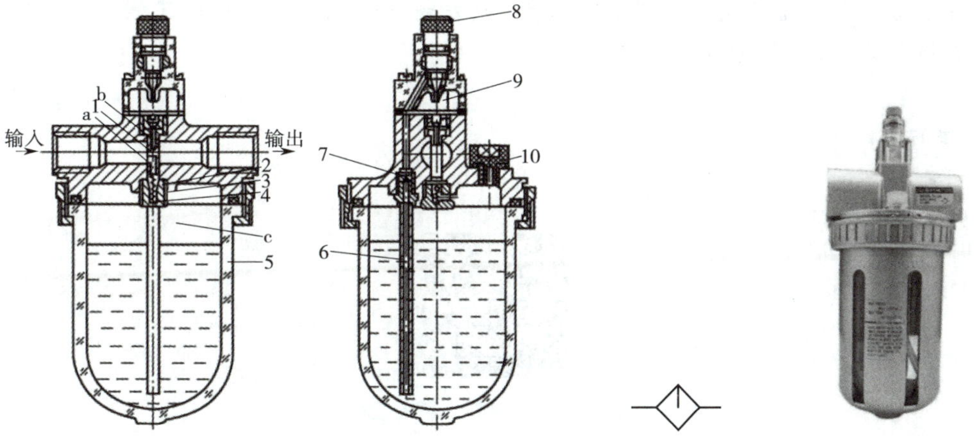

（a）结构原理图　　（b）图形符号　　（c）实物图

图 6-2-9 普通型油雾器

1—立杆；2—阀芯；3—弹簧；4—阀座；5—储油杯；6—吸油管；7—单向阀；8—节流阀；9—视油器；10—油塞

2. 消声器

气动装置的噪声一般都比较大，尤其当压缩气体通过气缸排气口、换向阀排气口或泄压阀直接排向大气时，较高的压差会使气体体积急剧膨胀，产生涡流，引起气体的振动，并发出强烈的噪声。安装消声器就是为了消除这种噪声。消声器是指能阻止声音传播并允许气流通过的一种气动元件。气动装置中的消声器主要有阻性消声器、抗性消声器和阻抗复合消声器三大类。图 6-2-10(a)所示为一种阻性消声器的结构,图 6-2-10(b)和(c)所示分别为其图形符号和实物图。

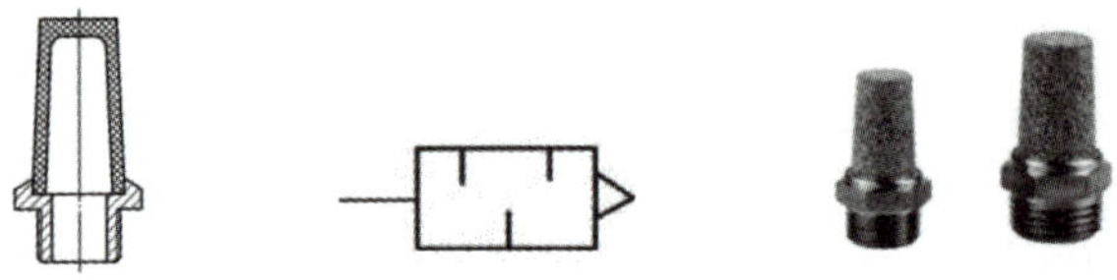

(a)结构　　(b)图形符号　　(c)实物图

图 6-2-10　阻性消声器

3. 管道连接件

管道连接件包括管子和各种管接头。有了管道连接件,才能把气动控制元件、气动执行元件和气动辅助元件等连接成一个完整的气动控制系统。

管子可分为硬管和软管两种。例如,总气管和支气管等一些固定不动、不需要经常装拆的地方,应使用硬管;连接运动部件、临时使用、装拆方便的管路应使用软管。硬管有铁管、铜管、黄铜管、紫铜管和硬塑料管等;软管有塑料管、尼龙管、橡胶管、金属编织塑料管以及挠性金属导管等。其中,常用的是紫铜管和尼龙管。

气动系统中使用的管接头的结构及工作原理与液压管接头基本相似,可分为卡套式、扩口螺纹式、卡箍式、插入快换式等。

动动脑:

如果你们是负责气动设备维护的工程师,发现气动辅助元件出现了泄漏,在进行修复或更换之前,你们要做哪些准备工作?

善思问道

【大国工匠】徐立平:雕刻火药的“大国工匠”

任务验收考核

姓名			学号		
任务名称	考核要点	考核要求	配分	评分标准	得分
气源装置和气动辅助元件认识	1. 基础知识（80 分）	（1）简述空气压缩机的工作原理	15	说出给 15 分	
		（2）说出气源净化装置包括哪些设备	10	每个给 2 分	
		（3）简述油雾器的作用	10	说出给 10 分	
		（4）简述气液转换器的作用	15	说出给 15 分	
		（5）简述空气过滤器的工作原理	15	说出给 15 分	
		（6）简述油水分离器的作用	15	说出给 15 分	
	2. 职业素养（20 分）	（1）不迟到或早退	10	迟到或早退各扣 5 分	
		（2）遵守课堂纪律	10	根据实际情况给分	
合计			100	总分	

习题与测试

1. 填空题

（1）空气压缩机是将原动机提供的__________转换成气体压力能的一种能量转换装置，即气压发生装置，它可为气动装置提供具有一定__________和__________的压缩空气。

（2）空气压缩机是一种气压发生装置，其种类很多，分类形式也有数种。按其工作原理不同可分为______________和______________。

（3）在气动技术中，通常将分水滤气器、__________和__________组合在一起使用，称为气源处理装置。

（4）油雾器是一种特殊的注油装置，它以__________为动力，将润滑油喷射成雾状并混入压缩空气中，使压缩空气具有__________的能力。

（5）气源处理装置的作用是__________。

2. 选择题

（1）以下不是储气罐作用的是（　　）。

A. 稳定压缩空气的压力　　B. 储存压缩空气

C. 分离油水杂质　　D. 滤去灰尘

（2）要分离压缩空气中的油雾，需要使用（　　）。

A. 空气过滤器　　B. 干燥器　　C. 油雾器　　D. 油雾过滤器

（3）以下不属于气源净化装置的是（　　）。

A. 后冷却器　　B. 油雾器　　C. 空气过滤器　　D. 除油器

（4）气动三大件联合使用的正确安装顺序为（　　）。

A. 油雾器→空气过滤器→减压阀　　B. 减压阀→油雾器→空气过滤器

C. 空气过滤器→减压阀→油雾器　　　　D. 空气过滤器→油雾器→减压阀

3. 简答题

（1）根据所学知识，简述储气罐在整个气压传动系统中的作用。

（2）在实际操作及使用空气压缩机的过程中有哪些注意事项？

（3）详细描述油水分离器的工作原理及作用。

（4）简述油雾器的工作原理，并画出其图形符号。

（5）简单说明气动系统噪声大的原因，可采取的降低噪声的措施以及消声器的常用类型。

任务 6.3　气动执行元件认识

任务发布

气缸和气动马达是气压传动的执行元件，它们能将压缩空气的压力能转换为机械能。气缸用于实现直线往复运动或往复摆动，气动马达则用于实现连续回转运动。

任务要求

（1）能够了解气缸的特点及应用，并合理选用气缸；

（2）能够了解气动马达的特点及应用，并合理选用气动马达。

任务目标

1. 知识目标

（1）掌握气缸的结构、工作原理；

（2）掌握气动马达的结构、工作原理。

2. 能力目标

（1）能够合理选用气缸；

（2）能够合理选用气动马达。

3. 素养目标

（1）培养学生探索新知识的能力；

（2）培养学生的动手实践能力和团队合作精神。

6.3.1　气缸

气缸是把压缩空气的压力能转换成直线往复运动或往复摆动的机械能的装置。在气动自动化系统中，气缸具有成本相对较低、安装容易、结构简单、耐用、缸径尺寸齐全及行程可选范围大等优点，目前是应用最广泛的一种执行元件。

1. 气缸的分类

根据使用条件、场合的不同，气缸的结构、形状也有多种形式，常见的分类方法如下。

（1）按压缩空气作用在活塞端面上的方向不同，可分为单作用气缸和双作用气缸。

（2）按结构特点不同，可分为活塞式气缸、叶片式气缸、薄膜式气缸和气-液阻尼缸等。

（3）按安装方法不同，可分为耳座式气缸、法兰式气缸、轴销式气缸和凸缘式气缸。

（4）按尺寸不同，通常将缸径为 2.5~6 mm 的气缸称为微型气缸；将缸径为 8~25 mm 的气缸称为小型气缸；将缸径为 32~320 mm 的气缸称为中型气缸；将缸径大于 320 mm 的气缸称为大型气缸。

（5）按气缸的功能不同，可分为普通气缸和特殊气缸，普通气缸包括单作用气缸和双作用气缸，常用于无特殊使用要求的场合，如一般的驱动、定位、夹紧装置的驱动等，特殊气缸包括气-液阻尼缸、薄膜式气缸、冲击式气缸、伸缩缸等。

2. 气缸的工作原理

1）单作用气缸

单作用气缸只可以在活塞一侧通入压缩空气以使其伸出或缩回，活塞另一侧通过呼吸孔与大气连通，其结构原理图如图 6-3-1（a）所示。单作用气缸只能在一个方向上做功，而活塞的反方向动作则要靠一个复位弹簧或施加外力来实现。图 6-3-1（b）和（c）所示分别为单作用气缸的图形符号和实物图。

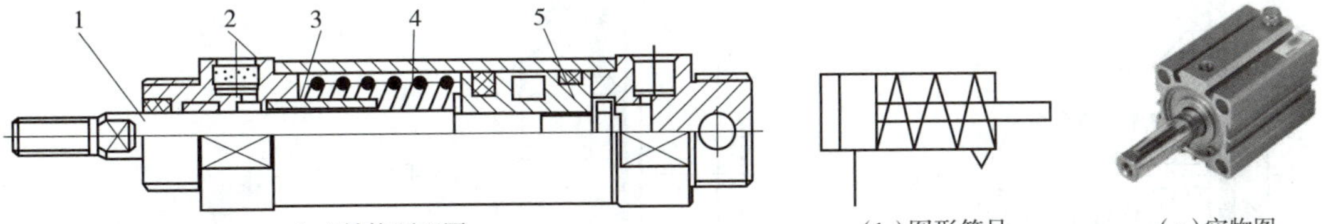

（a）结构原理图　（b）图形符号　（c）实物图

图 6-3-1　单作用气缸

1—活塞杆；2—过滤片；3—止动套；4—弹簧；5—活塞

单作用气缸具有以下工作特点：

（1）单边进气，结构简单，耗气量小；

（2）缸内安装了弹簧，增加了气缸长度，缩短了气缸的有效行程；

（3）借助弹簧力复位，使压缩空气的能量有一部分用于克服弹簧力，从而减少了活塞杆的输出力，该输出力的大小和活塞杆的运动速度在整个行程中随弹簧的形变而变化；

（4）气缸复位弹簧的弹力随其变形大小而变化，因此活塞杆的输出力和运动速度在行程中是变化的。

因此，单作用气缸多用于行程较短以及对活塞杆输出力和运动速度要求不高的场合，如用于定位和夹紧等。

2）双作用气缸

双作用气缸活塞的往返运动是依靠压缩空气在缸内被活塞分隔开的两个腔室（有杆腔

和无杆腔)交替进入和排出实现的,压缩空气可以在两个方向上做功,由于气缸活塞的往返运动全部靠压缩空气来完成,所以称为双作用气缸,其结构原理图、图形符号和实物图如图 6-3-2 所示。

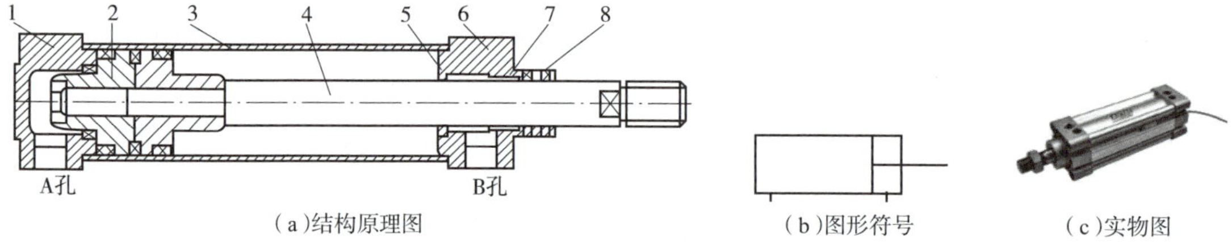

图 6-3-2　双作用气缸

1—后缸盖;2—活塞;3—缸筒;4—活塞杆;5—缓冲密封圈;6—前缸盖;7—导向套;8—防尘圈

由于没有复位弹簧,双作用气缸可以获得更长的有效行程和更稳定的输出力;且无杆腔的有效作用面积大于有杆腔的有效作用面积,所以向无杆腔供气产生的输出力要大于向有杆腔供气产生的输出力。

3)薄膜式气缸

薄膜式气缸是一种利用压缩空气使膜片产生变形,进而推动活塞杆做直线往复运动的气缸。薄膜式气缸由缸体、膜片、膜盘和活塞杆等主要零件组成,其功能类似于活塞式气缸,可分为单作用式和双作用式两种,如图 6-3-3 所示。

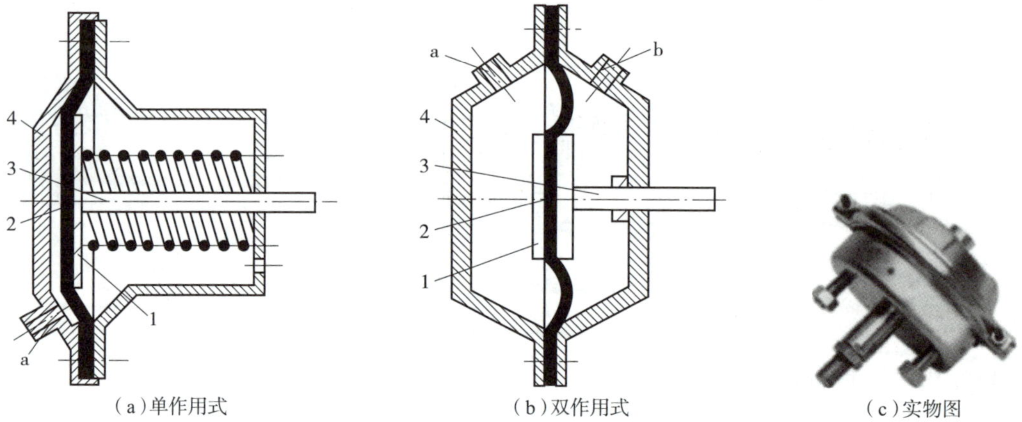

图 6-3-3　薄膜式气缸

1—膜盘;2—膜片;3—活塞杆;4—缸体;a、b—进、出气口

薄膜式气缸与活塞式气缸相比,具有结构简单紧凑、制造容易、成本低、维修方便、寿命长、泄漏小、效率高等优点。但是由于膜片的变形量有限,故其行程短(一般不超过 40~50 mm),且气缸活塞杆上的输出力随行程的加大而减小,只适用于气动夹具、自动调节阀及短行程的工作场合。

4)冲击式气缸

冲击式气缸是一种体积小、结构简单、易于制造、耗气功率小,但能产生相当大的冲击力的特殊气缸。与普通气缸相比,冲击式气缸的结构特点是增加了一个具有一定容积的蓄能腔和喷嘴。冲击式气缸的工作原理如图 6-3-4 所示。

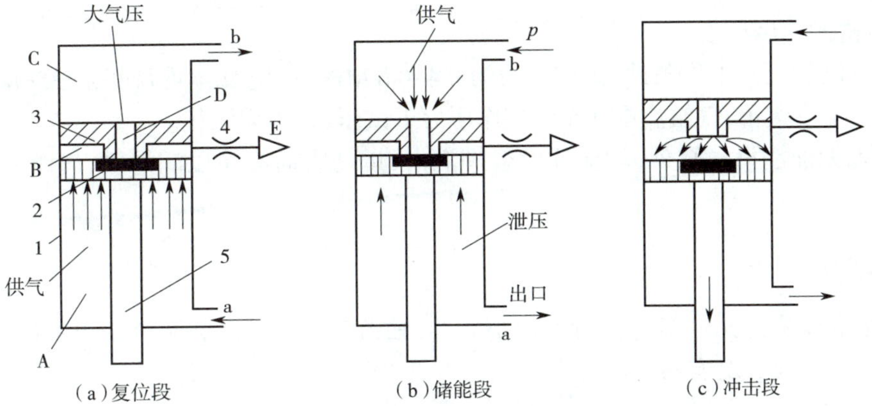

图 6-3-4　冲击式气缸工作原理图

1—缸筒;2—活塞;3—中盖;4—控制阀;5—活塞杆;A—活塞杆腔;B—无杆腔;C—蓄能腔;D—喷嘴口;E—排气口

冲击式气缸的整个工作过程可简单地分为三个阶段。第一阶段如图 6-3-4(a)所示,压缩空气由孔 a 输入缸筒的下腔,蓄能腔经孔 b 排气,使活塞 2 上升同时用密封垫封住喷嘴,中盖和活塞间的环形空间经排气孔与大气相通。第二阶段如图 6-3-4(b)所示,压缩空气改由孔 b 进气,输入蓄能腔中,缸筒下腔经孔 a 排气。由于活塞 2 上端气压作用在面积较小的喷嘴上,而活塞下端受力面积较大,一般设计成喷嘴面积的 9 倍,缸筒下腔的压力虽因排气而下降,但此时活塞下端向上的作用力仍然大于活塞上端向下的作用力。第三阶段如图 6-3-4(c)所示,蓄能腔的压力继续增大,缸筒下腔的压力继续降低,当蓄能腔内的压力高于活塞下腔的压力 9 倍时,活塞开始向下移动。活塞一旦离开喷嘴,蓄能腔内的高压气体迅速充入活塞与中盖间的环形空间,使活塞上端受力面积突然增加 9 倍,于是活塞将以极大的加速度向下运动,气体的压力能转换成活塞的动能。在达到一定冲程时,获得最大冲击速度和能量。利用这个能量对工件进行冲击做功,从而产生很大的冲击力。

冲击式气缸结构简单,成本低,耗气功率小,且能产生相当大的冲击力,故应用十分广泛。它可以完成下料、冲孔、弯曲、打印、铆接、模锻和破碎等多种作业。为了有效地使用冲击式气缸,应注意正确地选择冲击式气缸尺寸及合适的控制回路。

3. 气缸的选择和使用要求

1)气缸的选择

(1)安装形式的选择。根据安装位置、使用目的等因素来确定气缸的安装形式。一般场合下,多选用固定式气缸;在需要随同工作机构连续回转时,应选用回转式气缸;在既要求活塞杆做直线运动,又要求缸体本身做较大圆弧摆动时,则选用轴销式气缸;有特殊要求时,可选用特殊气缸。

(2)作用力大小的确定。根据工作机构所需作用力的大小确定气缸的推力和拉力。

(3)气缸行程长短的确定。气缸行程与使用场合和工作机构所需行程有关,也受到加工和结构的限制。

(4)活塞(或缸体)运动速度的确定。活塞(或缸体)的运动速度主要取决于气缸输入的压缩空气流量、气缸进出气口的大小以及导管内径的大小，普通气缸的运动速度一般为0.5~1 m/s。

2）气缸的使用要求

（1）气缸的正常工作条件：工作压力为0.4~0.6 MPa，环境及介质温度为-35~80 ℃。

（2）气缸安装前，气缸应在1.5倍工作压力下试压，且不应漏气。

（3）除无油润滑气缸外，均应注意合理润滑，运动表面应涂以润滑脂，气源入口设置油雾器。

动动脑：

大家有没有看见过那种会喷气的小玩具，里面的气体是怎么被推动出来的呢？这和气缸的工作原理有没有相似之处呢？

6.3.2 气动马达

气动马达也是气动执行元件的一种，它的作用相当于电动机或液压马达，即输出力矩，并拖动机构做旋转运动。气动马达是将压缩空气的压力能转换成旋转的机械能的能量转换装置。

1. 气动马达的分类及特点

气动马达按结构形式可分为叶片式气动马达、活塞式气动马达和齿轮式气动马达等类型，最为常见的是叶片式气动马达和活塞式气动马达。叶片式气动马达制造简单，结构紧凑，但低速运动转矩小，低速性能不好，适用于中、低功率的机械中，目前在矿山及风动工具中应用普遍。活塞式气动马达在低速情况下有较大的输出功率，且低速性能好，适用于载荷较大或要求低速大转矩的机械，如起重机、绞车、绞盘、拉管机等。

与液压马达相比，气动马达具有以下特点：

（1）工作安全，可以在易燃、易爆、高温、振动、潮湿、灰尘等恶劣环境下工作，同时不受高温和振动的影响；

（2）具有过载保护作用，可以长时间满载工作而温升较小，且过载时只需降低转速或停车；

（3）可以无级调速，通过控制进气流量，就能调节转速和功率，额定转速可以由每分钟几十转调节到几十万转；

（4）具有较高的启动力矩，可以直接带负载运动；

（5）结构简单，操纵方便，可以正反转，维护容易，成本低；

（6）输出功率相对较小，最大只有20 kW左右；

（7）耗气量大，效率低，噪声大。

2. 气动马达的工作原理

1）叶片式气动马达

图6-3-5（a）所示为叶片式气动马达的工作原理图。它的主要结构和工作原理与叶片

式液压马达相似，主要包括一个径向装有 3~10 个叶片的转子，偏心安装在定子内，而转子两侧有前后盖板，叶片在转子的槽内可径向滑动，叶片底部通有压缩空气，转子转动是依靠离心力和叶片底部气压将叶片紧压在定子内表面上实现的。当压缩空气从 A 口进入定子内，会使叶片带动转子做顺时针旋转，并产生转矩，废气从排气口 C 排出，而定子腔内残留气体则从 B 口排出。如需改变气动马达旋转方向，只需改变进、排气口即可。叶片式气动马达的实物图如图 6-3-5(b)所示。

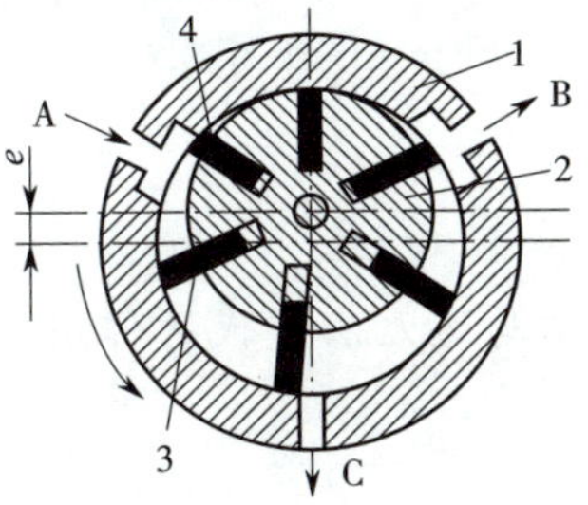

(a)工作原理图

(b)实物图

图 6-3-5　叶片式气动马达

1—定子；2—转子；3、4—叶片；e—偏心距；A—顺时针旋转进气口；B—逆时针旋转进气口；C—排气口

2)径向活塞式气动马达

图 6-3-6(a)所示为径向活塞式气动马达的工作原理图。其中，压缩空气经进气口进入分配阀(又称配气阀)后再进入气缸，推动活塞及连杆组件运动，并使曲柄旋转。曲柄旋转的同时，带动固定在曲轴上的分配阀同步转动，使压缩空气随分配阀角度位置的改变而进入不同的腔内，依次推动各个活塞运动，由此各活塞及连杆带动曲轴连续运转。与此同时，与进入气缸相对应的气缸则处于排气状态。径向活塞式气动马达的实物图如图 6-3-6(b)所示。

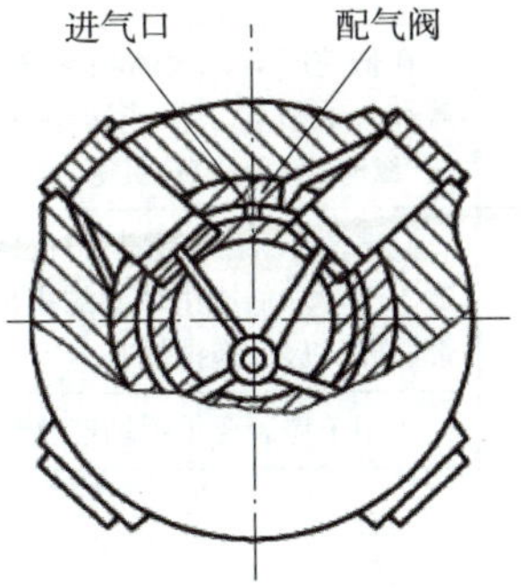

(a)工作原理图

(b)实物图

图 6-3-6　活塞式气动马达

3)薄膜式气动马达

图 6-3-7 所示为薄膜式气动马达的工作原理图。它实际上是一个薄膜式气缸，当它做往复运动时，通过推杆端部的棘爪使棘轮运动。

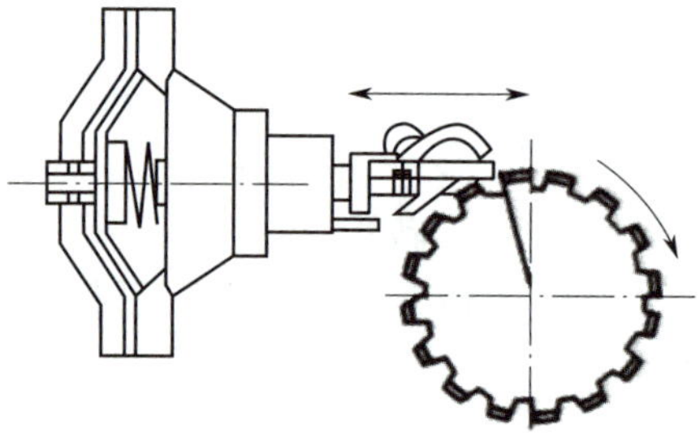

图 6-3-7　薄膜式气动马达工作原理图

动动脑：

气动马达在一些特殊环境下具有电动马达无法替代的作用。你们能猜到是哪些特殊环境吗？

3. 气动马达的选择及使用要求

1）气动马达的选择

不同类型的气动马达具有不同的特点和适用范围，主要根据负载的状态要求选择适当的气动马达。

2）气动马达的使用要求

应特别注意的是，润滑是气动马达正常工作不可缺少的环节。气动马达在得到正确、良好润滑的情况下，在两次检修之间至少可运转 2 500~3 000 h。一般应在气动马达的换向阀前安装油雾器，以进行不间断的润滑。表 6-3-1 列出了各种气动马达的特点及适用范围。

表 6-3-1　各种气动马达的特点及适用范围

类型	转矩	速度	功率	每千瓦耗气量 Q（m^3/min）	特点及应用范围
活塞式	中、高转矩	低速和中速	由零点几瓦到 17 kW	小型：1.9~2.3 大型：1~1.4	在低速时有较大的功率输出和较好的转矩特性；适用于载荷较大和要求低速转矩较高的机械，如手提工具、起重机、绞车、绞盘、拉管机等
叶片式	低转矩	高速	由零点几瓦到 13 kW	小型：1.8~2.3 大型：1~1.4	制造简单，结构紧凑，但低速启动转矩小，低速性能不好；适用于要求低或中功率的机械，如手提工具、复合工具传送带、升降机泵、拖拉机等
薄膜式	高转矩	低速	小于 1 kW	1.2~1.4	适用于控制要求很精确、启动转矩大、速度低的机械

知识拓展：

齿轮式气动马达

图 6-3-8 所示为齿轮式气动马达的结构原理图。这种气动马达的工作室由一对齿轮构成，压缩空气由对称中心处输入，齿轮在压力的作用下回转。

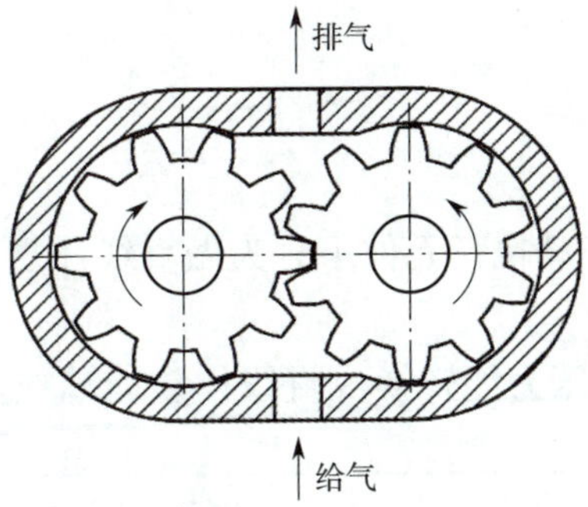

图 6-3-8　齿轮式气动马达的结构原理图

齿轮式气动马达与其他类型的气动马达相比，具有体积小、重量轻、结构简单、对气源质量要求低、耐冲击及惯性小等优点，但它的转矩脉动较大、效率较低。小型齿轮式气动马达的转速高达 10 000 r/min，大型齿轮式气动马达的转速能达到 1 000 r/min，功率可达 50 kW。通常，齿轮式气动马达主要用于矿山工具。

善思问道

改变中国，让世界惊叹的“新四大发明”

任务验收考核

姓名			学号		
任务名称	考核要点	考核要求	配分	评分标准	得分
气动执行元件认识	1. 基础知识（80 分）	（1）说出气缸的分类	15	每个给 3 分，全对给 15 分	
		（2）简述双作用气缸的工作原理	10	说出给 10 分	
		（3）简述气动马达的特点	15	每个给 2 分，全对给 15 分	
		（4）简述叶片式气动马达的工作原理	15	说出给 15 分	
		（5）简述单作用气缸的特点	10	每个给 2 分，全对给 10 分	
		（6）简述径向活塞式气动马达的工作原理	15	说出给 15 分	
	2. 职业素养（20 分）	（1）不迟到或早退	10	迟到或早退各扣 5 分	
		（2）遵守课堂纪律	10	根据实际情况给分	
合计			100	总分	

习题与测试

1. 填空题

(1)按照运动方式不同,气动执行元件可分为做直线往复运动或往复摆动的__________和做连续回转运动的__________。

(2)气缸是把压缩空气的压力能转换成直线往复运动或往复摆动的机械能的装置,按结构特点不同,可分为__________、__________、__________、气-液阻尼缸等。

(3)按气缸的功能不同,可分为__________和特殊气缸,普通气缸包括__________和双作用气缸,常用于无特殊使用要求的场合,如一般的驱动、定位、夹紧装置的驱动等,特殊气缸包括__________、薄膜式气缸、__________、伸缩缸等。

(4)双作用气缸活塞的往返运动是依靠压缩空气在缸内被活塞__________交替进入和排出来实现的。

(5)气动马达按结构形式可分为__________、__________和齿轮式气马达等类型。

2. 选择题

(1)为了使活塞运动平稳,普遍采用(　　)。

A. 活塞式气缸　　B. 叶片式气缸　　C. 膜片式气缸　　D. 气-液阻尼缸

(2)能用压缩空气输出角速度的气动执行元件是(　　)。

A. 回转气缸　　B. 摆动气缸　　C. 冲击气缸　　D. 气动马达

(3)能把压缩空气的能量转化为活塞高速运动能量的气缸是(　　)。

A. 冲击气缸　　B. 摆动气缸　　C. 膜片气缸　　D. 气液阻尼缸

3. 简答题

(1)膜片气缸和薄型气缸的工作行程均较短,其主要区别是什么?

(2)根据所学叶片式气动马达的工作原理,结合现实生活中常见的手持式气动打磨抛光机,说明气动马达的优点及缺点。

(3)回转气缸、摆动气缸、气动马达都能实现回转运动吗?这三种气动执行元件有何主要区别?

项目 7

机械手气压回路的组建与调试

学习导读

机械手是近几十年发展起来的一种高科技自动化生产设备，它的特点是可通过编程来完成各种预期的作业任务，在构造和性能上兼有人和机器的优点，尤其体现了人的智能性和适应性。机械手作业的准确性和在各种环境中完成作业的能力，在国民经济各领域有着广阔的发展前景。那么，机械手是如何实现各种动作而代替人工完成工作的呢？下面我们就开始学习。

气动机械手是由气缸、摆缸、气爪、吸盘等气动元件组成的抓取机构，它可以替代人手的部分动作来完成物料的抓取、搬运，从而实现物料的自动上、下料，在自动化生产中被广泛地应用。图 7-1 所示为典型的气动机械手结构示意图。

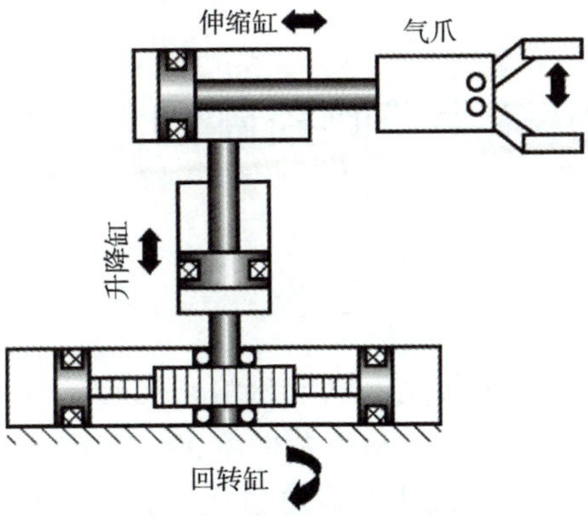

图 7-1　气动机械手结构示意图

项目描述

本项目通过分析物料抓取机械手的结构、工作过程及其气动系统，使学生掌握分析气压传动系统的基本方法与步骤，进而能够设计、组装与调试简单的气动系统。本项目主要通过以下三个方面来学习气动控制回路：分析机械手的方向控制回路，选取适当的方向控制阀，进行方向控制回路的搭建；分析机械手的压力控制回路，选取适当的压力控制阀，进行压力控制回路的搭建；分析机械手的速度控制回路，选取适当的流量控制阀，进行速度控制回路的搭建。图 7-2 所示为气动机械手气动控制系统原理图。

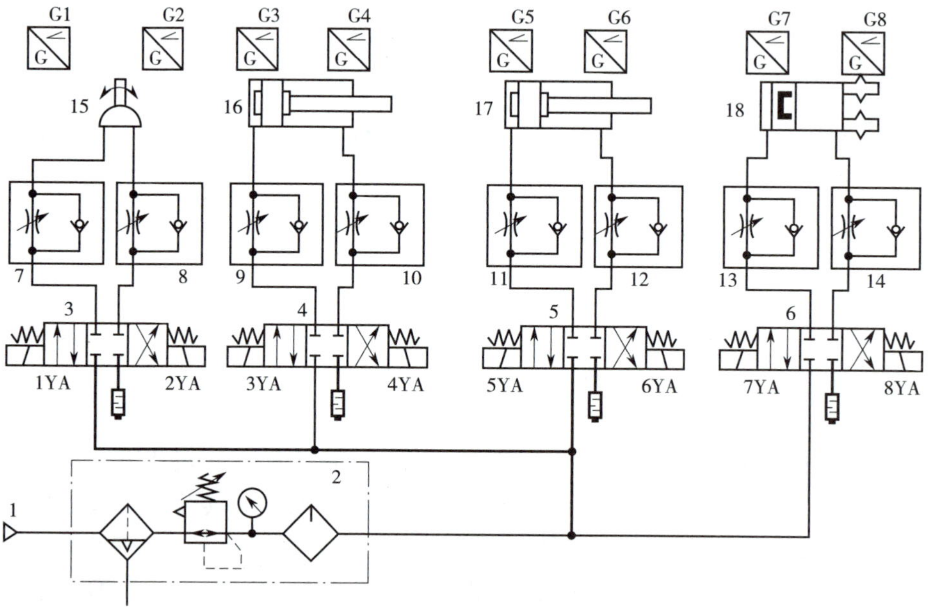

图 7-2　气动机械手气动控制系统原理图

1—气源；2—气动三联件；3~6—三位四通电磁换向阀；7~14—单向节流阀；15—回转气缸；16—升降气缸；17—伸缩气缸；18—气爪；G1~G8—磁性开关（位置检测）

任务 7.1　机械手方向控制回路的组建与调试

任务发布

气压传动系统中的控制元件是控制和调节压缩空气的压力、流量、流动方向和发送信号的重要元件。利用它们可以组成各种气动控制回路，使气动执行元件按要求运动。

气压传动系统由具备各种功能的基本回路组成，因此熟悉和掌握气动基本回路是分析气压传动系统的基础。气动控制回路是由气动控制元件构成的基本控制回路，常见的气动控制回路有方向控制回路、压力控制回路、速度控制回路、安全保护回路、延时回路等。下面以方向控制回路中最基本的直接与间接控制为例学习气动方向控制回路。

任务要求

（1）理解气动方向控制阀的工作原理及应用，并合理选用气动方向控制阀；
（2）能够正确搭建并调试气动方向控制回路。

任务目标

1. 知识目标

（1）掌握气动方向控制阀的结构、工作原理及应用；
（2）掌握气动方向控制回路的安装调试方法。

2. 能力目标

（1）能够合理选用气动方向控制阀；
（2）能够设计、搭建、调试气动方向控制回路。

3. 素养目标

（1）培养学生对所学知识的分析比较能力及综合应用能力；
（2）培养学生的创新思维能力；
（3）培养学生终身学习的能力。

7.1.1　方向控制阀认识

控制元件按功能和用途可分为方向控制阀、压力控制阀和流量控制阀三大类。此外，还有通过改变气流的方向和通断来实现各种逻辑功能的气动逻辑元件和射流元件等。

方向控制阀是改变气体的流动方向或通断的控制阀。方向控制阀按气流在阀内的作用方向可分为单向型控制阀和换向型控制阀。

根据方向控制阀的功能、控制方式、结构形式、阀内气流的方向及密封形式等方面的不同，可以对方向控制阀做不同分类，见表 7-1-1。

表 7-1-1　方向控制阀的分类

分类方式	类型
阀内气体的流动方向	单向阀、换向阀
阀芯的结构形式	截止阀、滑阀
阀的密封形式	硬质密封、软质密封
阀的工作位数及通路数	二位三通、二位五通、三位五通
阀的控制操纵方式	气压控制、电磁控制、机械控制、手动控制

1. 单向型控制阀

单向型控制阀包括单向阀和梭阀等。

1)单向型

单向阀是用于控制气流方向,使其只能单向通过的方向控制阀。普通单向阀只允许气流在一个方向上通过,而在相反方向上则完全关闭,如图 7-1-1 所示。其中,图示位置为阀芯在弹簧力作用下关闭,在 P 口通入气流后,作用在阀芯上的气压力克服弹簧力和摩擦力将阀芯打开,P 口与 A 口接通。气流从 P 口流向 A 口的流动称为正向流动。为了保证气流从 P 口到 A 口稳定流动,应在 P 口和 A 口之间保持一定的压力差,使阀芯保持在开启位置。若在 A 口通入气流,A 口与 P 口不通,即气流不能反向流动。

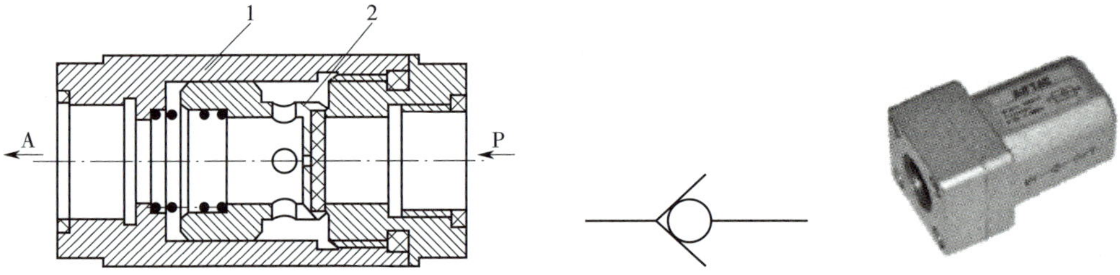

(a)结构原理图　　(b)图形符号　　(c)实物图

图 7-1-1　单向阀的结构原理图、图形符号及实物图

1—阀体;2—阀芯

2)梭阀

梭阀相当于两个单向阀组合而成的阀。按照进气口和工作口的通断关系,梭阀又可分为或门型梭阀和与门型梭阀。梭阀的应用很广,多用于手动或自动控制的并联回路中。

Ⅰ. 或门型梭阀

图 7-1-2 所示为或门型梭阀的结构图,其相当于由两个单向阀串联而成,无论是 P_1 口还是 P_2 口输入,A 口总是有输出的,其作用相当于实现逻辑"或"的功能。

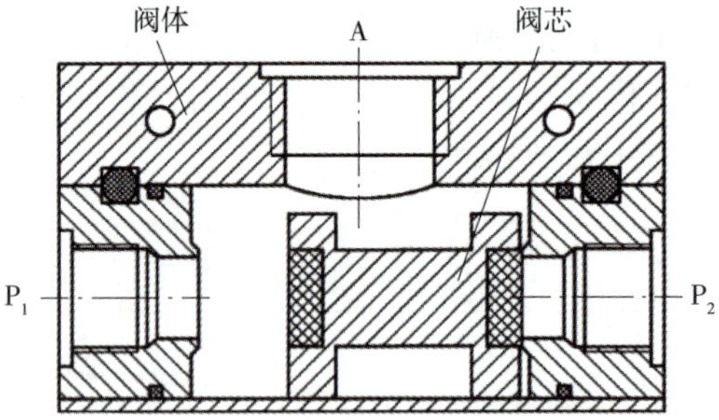

图 7-1-2　或门型梭阀的结构图

如图 7-1-3 所示,在气压传动系统中,当两个口 P_1 或 P_2 均可与另一口 A 相通,而不允许 P_1 口与 P_2 口相通时,就要采用或门型梭阀。

如图 7-1-3(a)所示,当 P_1 口进气时,将阀芯推向右边,P_2 口被关闭,于是气流从 P_1 口进入 A 口。反之,气流则从 P_2 口进入 A 口,如图 7-1-3(b)所示。当 P_1 口、P_2 口同时进气时,哪端压力高,A 口就与哪端相通,另一端就自动关闭。图 7-1-3(c)为该阀的图形符号。

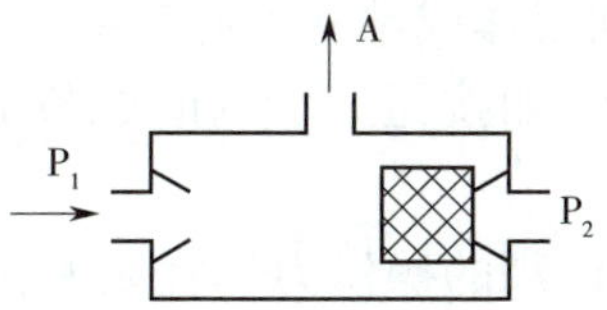

（a）P_1 进气、P_2 关闭

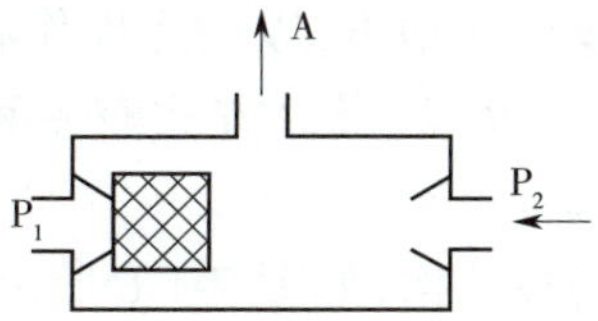

（b）P_1 关闭、P_2 进气

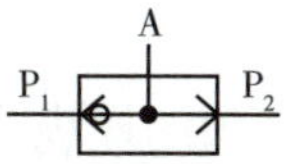

（c）图形符号

图 7-1-3　或门型梭阀

Ⅱ. 与门型梭阀

图 7-1-4 所示为与门型梭阀的结构图。与门型梭阀（即双压阀）有两个输入口和一个输出口，当两个输入口 P_1、P_2 同时都有输入时，A 口才会有输出，因此具有逻辑“与”的功能。

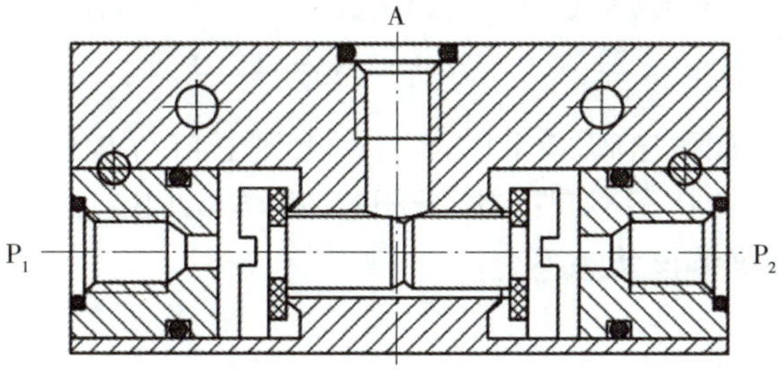

图 7-1-4　与门型梭阀的结构图

对于与门型梭阀，当 P_1 口或 P_2 口单独输入时，A 口无输出，如图 7-1-5（a）和（b）所示；只有当 P_1、P_2 口同时有输入时，A 口才有输出，如图 7-1-5（c）所示；当 P_1、P_2 口气流压力不等时，气压低的气流通过 A 口输出。图 7-1-5（d）所示为该阀的图形符号。

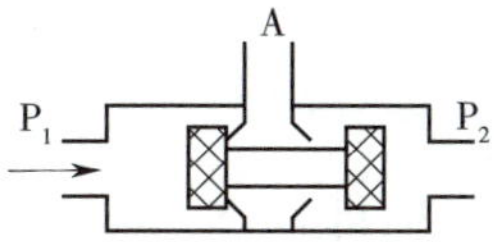

（a）P_1 口输入

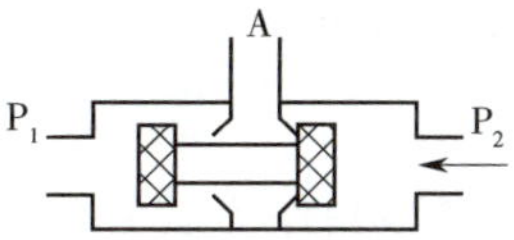

（b）P_2 口输入

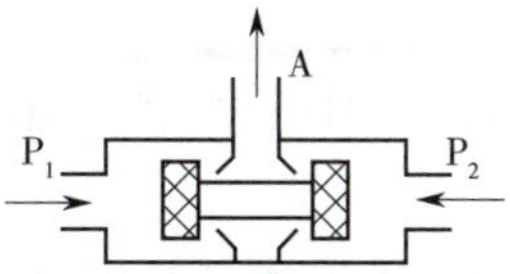

（c）P_1、P_2 口同时输入

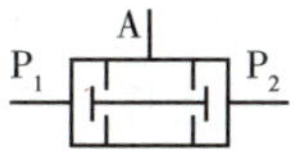

（d）图形符号

图 7-1-5　与门型梭阀

2. 换向型控制阀

换向型控制阀简称“换向阀”，其作用是利用换向阀阀芯相对阀体的运动，使气路接通或断开，从而使气动执行元件实现启动、停止或者变换运动方向。换向型控制阀主要包括人力控制换向阀、机动控制换向阀、气压控制换向阀和电磁控制换向阀等。

1）人力控制换向阀

利用人力来获得轴向力，从而使阀迅速移动换向的控制方式称为人力控制。人力控制换向阀一般应安装在便于操作的地方，以防止操作者长期工作或站立引起疲劳。人力控制可分为手动控制和脚踏控制等，其操纵方式有多种形式，如按钮式、旋钮式、锁式及推拉式等。

手动阀的操纵头部有多种结构，如图 7-1-6 所示。手动阀的操作力不宜太大，故常采用长手柄以减小操作力，或者阀芯采用气压平衡结构，以减小气压作用面积。

图 7-1-6　手动阀操纵头部的结构

对于推拉式手动阀，如拔出阀芯（图 7-1-7(a)），则 P 口与 B 口、A 口与 O_1 口相通，若手放开，阀依靠定位装置保持状态不变；如压下阀芯（图 7-1-7(b)），则 P 口与 A 口、B 口与 O_2 口相通，若气路改变，能维持该状态不变。

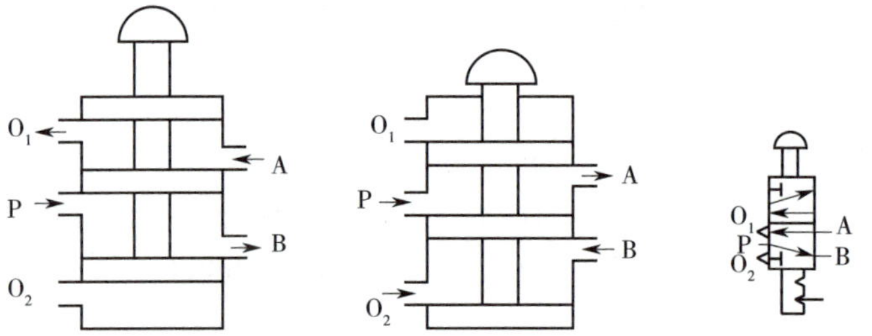

图 7-1-7　推拉式手动阀

旋钮式、锁式、推拉式等操作方式具有定位功能，即操作力除去后能保持阀的工作状态不变。图 7-1-7(c)所示为该阀的图形符号，其上的缺口数表示有几个定位位置。

2)机械控制换向阀

机械控制换向阀又称行程阀，常依靠凸轮、挡块或其他机械外力推动阀芯，使阀换向，多在行程控制系统中作为信号阀使用。

图 7-1-8 所示为机械控制换向阀的一种结构形式。其中，机械凸轮或挡块直接与滚轮 1 接触后，通过杠杆 2 使阀芯 5 换向。该阀的优点是减小了顶杆 3 所受的侧向力，同时通过杠杆传力也减小了外部的机械压力。

3)气压控制换向阀

气压控制换向阀是以压缩空气为动力切换气阀，使气路换向或通断的阀。气压控制换向阀的用途很广，多用于组成全气阀控制的气压传动系统或易燃、易爆以及高净化等场合。

Ⅰ.单气控截止式换向阀

图 7-1-9 所示为单气控截止式换向阀。图 7-1-9(a)所示为无气控信号 K 时阀的状态（即常态），此时阀芯 1 在弹簧 2 的作用下处于上端位置，使阀口 A 与 O 相通，A 口排气。图 7-1-9

(b)所示为有气控信号 K 时阀的状态(即动力阀状态),在气体压力的作用下,阀芯 1 压缩弹簧 2 下移,使阀口 A 与 O 断开,P 口与 A 口接通,A 口有气体输出。

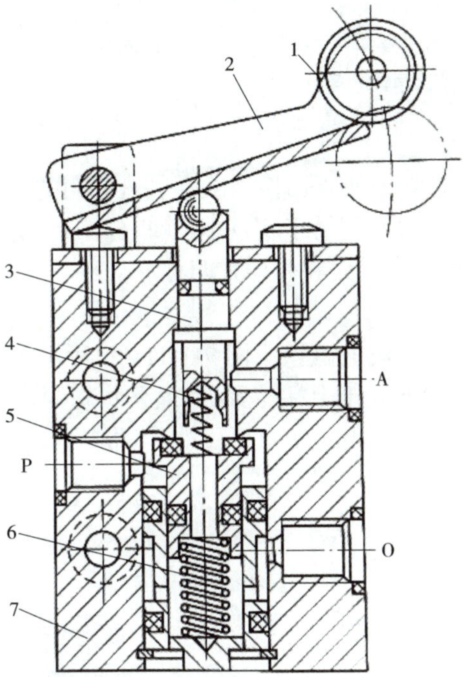

(a)结构原理图

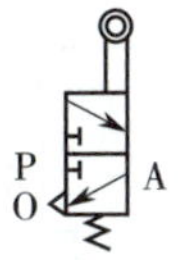

(b)图形符号

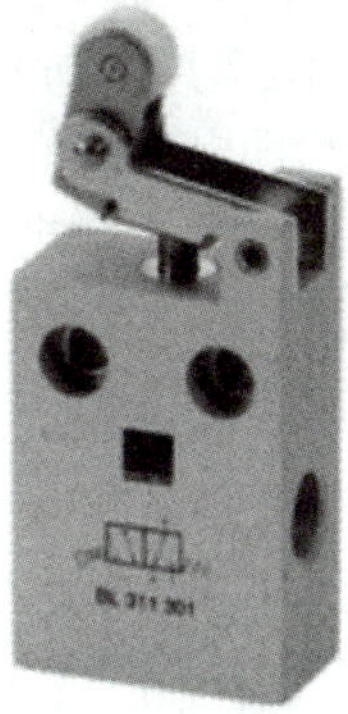
(c)实物图

图 7-1-8　机械换向阀

1—滚轮;2—杠杆;3—顶杆;4—缓冲弹簧;5—阀芯;6—密封弹簧;7—阀体

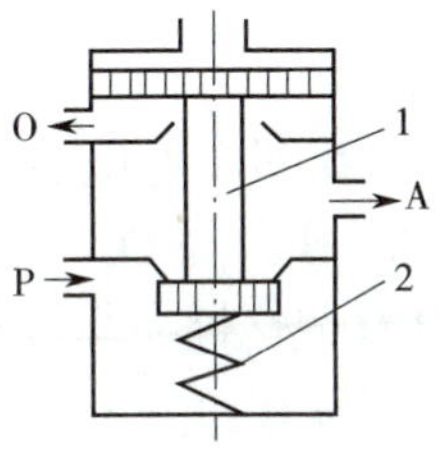

(a)无控制信号

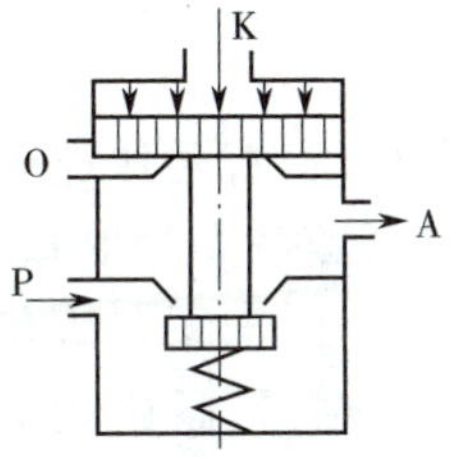

(b)有控制信号

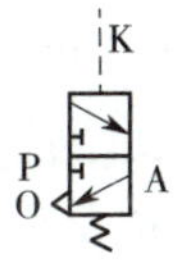

(c)图形符号

(d)实物图

图 7-1-9　单气控截止式换向阀

1—阀芯;2—弹簧

Ⅱ. 双气控滑阀式换向阀

图 7-1-10 所示为双气控滑阀式换向阀。图 7-1-10(a)所示为有气控信号 K_2 时阀的状态,此时阀停在左边,其通路状态为 P 口与 A 口、B 口与 O_2 口相通。图 7-1-10(b)为有气控信号 K_1 时阀的状态(此时信号 K_2 已不存在),阀芯换位,其通路状态变为 P 口与 B 口、A 口与 O_1 口相通。双气控滑阀具有记忆功能,即气控信号消失后,阀仍能保持在有信号时的工作状态。

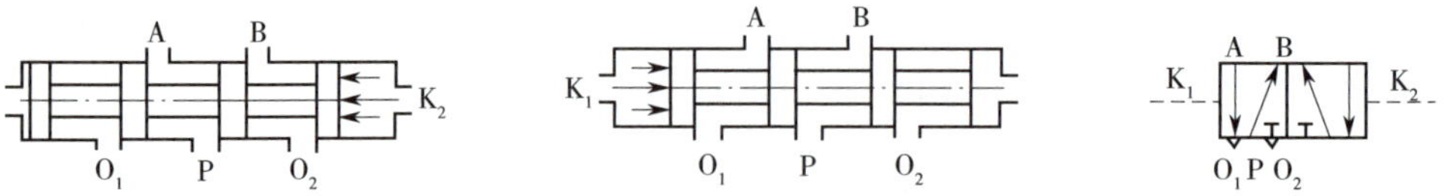

（a）有气控信号 K_2 （b）有气控信号 K_1 （c）图形符号

图 7-1-10 双气控滑阀式换向阀

4）电磁控制换向阀

利用电磁线圈通电时静铁芯对动铁芯产生电磁吸力使阀切换以改变气流方向的阀称为电磁控制换向阀，简称“电磁换向阀”或“电磁阀”。这种阀易于实现电-气联合控制，能实现远距离操作，故得到广泛应用。常用的电磁换向阀有直动式和先导式两种。

Ⅰ. 直动式电磁换向阀

图 7-1-11 所示为直动式单电控电磁阀，它只有一块电磁铁。图 7-1-11（a）所示为常态情况，即电磁线圈不通电，此时阀在复位弹簧的作用下处于上端位置，其通路状态为 A 口与 O 口相通，A 口进气。当电磁线圈通电时，电磁铁 1 推动阀芯 2 向下移动，气路换向，其通路状态为 P 口与 A 口相通，A 口排气，如图 7-1-11（b）所示。

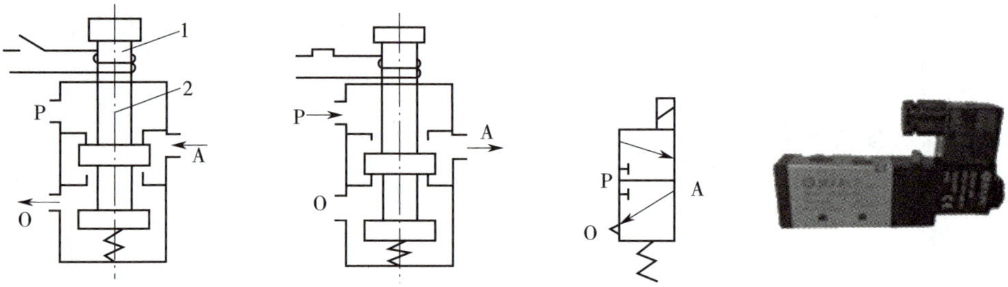

（a）断电 （b）通电 （c）图形符号 （d）实物图

图 7-1-11 直动式单电控电磁阀

1—电磁铁；2—阀芯

图 7-1-12 所示为直动式双电控电磁阀，它有两块电磁铁。当线圈 1 通电、线圈 2 断电时（图 7-1-12（a）），阀芯 3 被推向右端，其通路状态为 P 口与 A 口、B 口与 O_2 口相通，A 口排气、B 口进气。当线圈 1 断电时，阀芯 3 仍处于原有状态，即具有记忆性。当线圈 2 通电、1 断电时（图 7-1-12（b）），阀芯 3 被推向左端，其通路状态为 P 口与 B 口、A 口与 O_1 口相通，B 口排气、A 口进气。若线圈 2 断电，气流通路仍保持原状态。

Ⅱ. 先导式电磁换向阀

直动式电磁换向阀是由电磁铁直接推动阀芯移动的。当阀的通径较大时，采用直动式结构所需的电磁铁体积和电力消耗都必然加大，为克服此弱点可采用先导式结构。

先导式电磁阀是由电磁铁首先控制气路，并产生先导压力，再由先导压力推动主阀阀芯，使电磁阀换向。图 7-1-13 所示为先导式双电控换向阀。当先导阀 1 的线圈通电，而先导阀 2 断电时（图 7-1-13（a）），主阀 3 的 K_1 腔进气、K_2 腔排气，使主阀阀芯向右移动，此时 P 口与 A 口、B 口与 O_2 口相通，A 口排气、B 口进气。当先导阀 2 通电，而先导阀 1 断电时（图 7-1-13（b）），由于主阀的 K_2 腔进气、K_1 腔排气，使主阀阀芯向左移动，此时 P 口与 B

口、A 口与 O_1 口相通，B 口排气、A 口进气。先导式双电控电磁阀具有记忆功能，即通电换向，断电保持原状态。为保证主阀正常工作，两个先导阀不能同时通电，因此，电路中要考虑互锁。

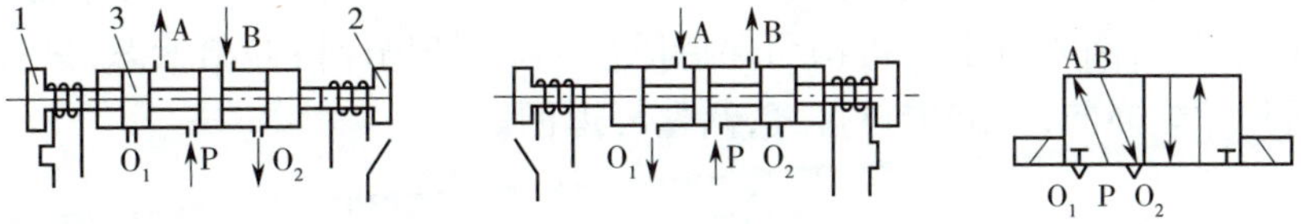

（a）线圈 1 通电、线圈 2 断电　（b）线圈 2 通电、线圈 1 断电　（c）图形符号

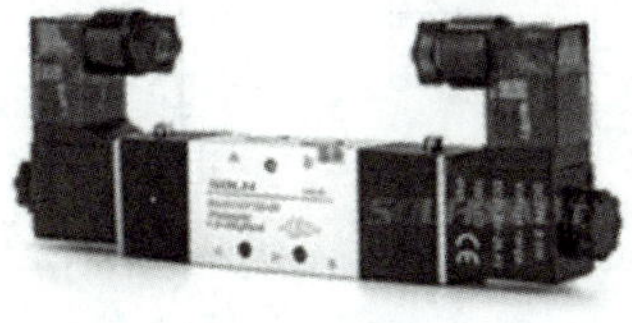

（d）实物图

图 7-1-12　直动式双电控电磁阀

1、2—电磁铁；3—阀芯

先导式电磁换向阀便于实现电-气联合控制，所以应用广泛。

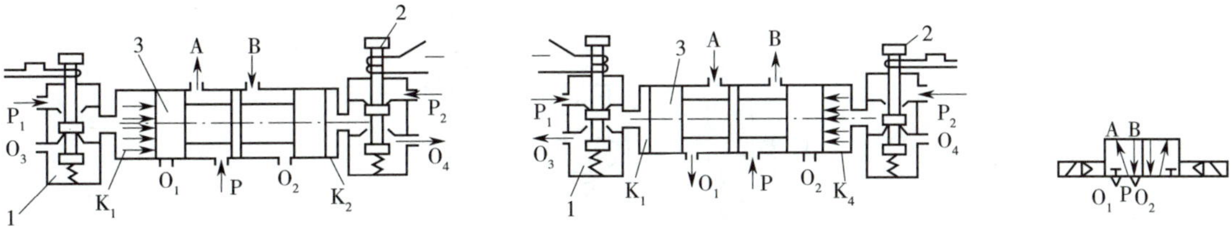

（a）先导阀 1 通电、2 断电　（b）先导阀 2 通电、1 断电　（c）图形符号

图 7-1-13　先导式双电控换向阀

1、2—先导阀；3—主阀

动动脑：

在气动方向控制阀中，气压控制、电磁控制、机械控制和人力控制这几种方式在实际应用场景、响应速度和控制精度上有哪些差异？

7.1.2　方向控制回路选用

气动执行元件的换向主要是利用方向控制阀实现的。方向控制阀按其通路数可分为二通阀、三通阀、四通阀、五通阀等，利用这些方向控制阀可以构成单作用执行元件和双作用执行元件的各种换向控制回路。

1. 单作用气缸换向回路

单作用气缸依靠气压使活塞杆朝单方向伸出，反向依靠弹簧力或自重等其他外力返回。通常采用二位三通阀、三位三通阀和二位二通阀来实现方向控制。

图 7-1-14 所示为采用手控二位三通阀控制的单作用气缸换向回路，其适用于气缸缸径较小的场合。图 7-1-14（a）所示为采用弹簧复位式手控二位三通换向阀的换向回路，当按下按钮后，阀进行切换，活塞杆伸出；当松开按钮后，阀复位，活塞杆依靠弹簧力返回。图 7-1-14（b）所示为采用带定位机构手控二位三通换向阀的换向回路，当按下按钮后，活塞杆伸出；当松开按钮后，因阀有定位机构而保持原位，活塞杆仍保持伸出状态，只有把按钮上拔时，二位三通阀才能换向，气缸进行排气，活塞杆返回。

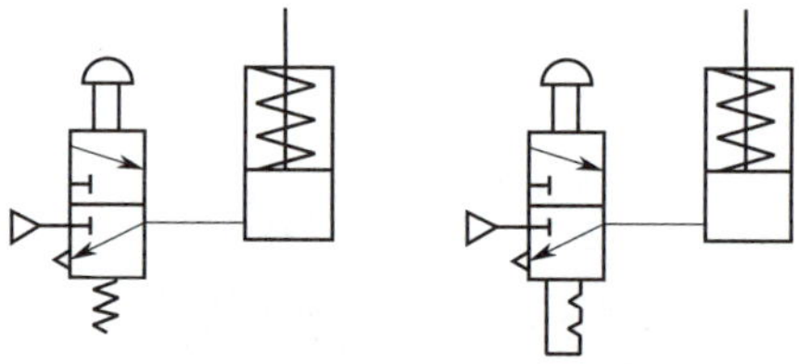

（a）弹簧复位式　　（b）带定位机构

图 7-1-14　二位三通阀手动换向回路

图 7-1-15 所示为采用气控二位三通换向阀控制的换向回路。当缸径很大时，手控阀的流通能力过小，将影响气缸运动速度。因此，直接控制气缸换向的主控阀需采用通径较大的气控阀 2，手动操作阀 1 也可用机控阀代替。

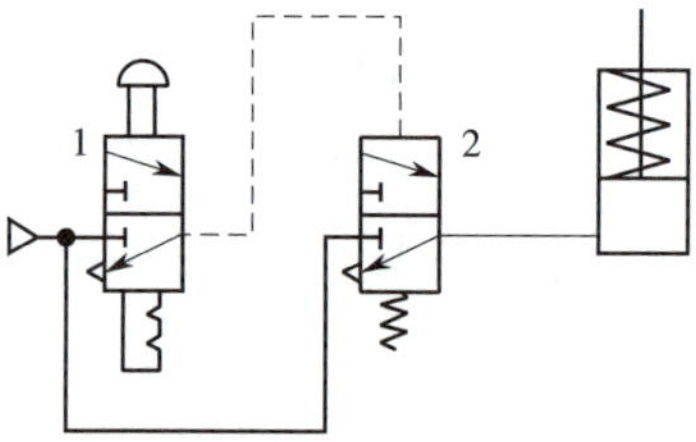

图 7-1-15　二位三通阀气控换向回路

1—手动操作阀；2—气控阀

图 7-1-16 所示为采用电控二位三通换向阀的控制回路。图 7-1-16（a）所示为采用单电控换向阀的控制回路，此回路如果气缸在伸出时突然断电，则单电控阀将立即复位，气缸返回。图 7-1-16（b）所示为采用双电控换向阀的控制回路，其中双电控阀为双稳态阀，具有记忆功能，如果气缸在伸出时突然断电，气缸仍将保持在原来的状态。如果回路需要考虑失电保护控制，则以选用双电控阀为宜，且双电控阀应水平安装。

微课　空气压缩机的工作原理

图 7-1-17 所示为采用一个二位二通阀和一个二位三通阀的组合控制回路，该回路能实现单作用气缸的中间停止功能。

2. 双作用气缸换向回路

双作用气缸换向回路是指通过控制气缸两腔的吸气和排气来实现气缸的伸出和缩回运动的回路，一般采用二位五通阀和三位五通阀控制。

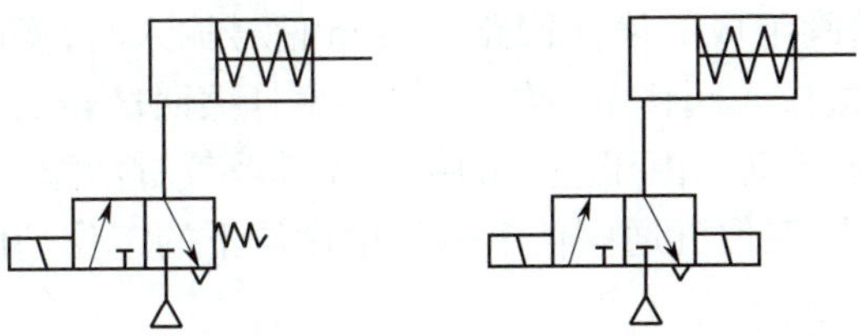

（a）采用单电控换向阀　（b）采用双电控换向阀

图 7-1-16　二位三通阀电控换向回路

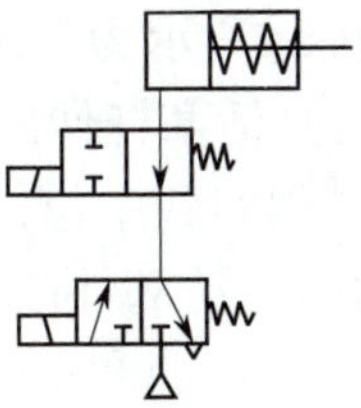

图 7-1-17　二位二通阀和二位三通阀联合电控换向回路

1）采用二位五通阀控制

图 7-1-18 所示为采用二位五通阀手动控制的双作用气缸换向回路。其中，图 7-1-18（a）所示为采用弹簧复位的手动二位五通阀换向回路，它是不带“记忆”的换向回路；图 7-1-18（b）所示为采用定位机构的手动二位五通阀换向回路，它是有“记忆”的换向回路。

图 7-1-19 所示为采用二位五通阀气控换向回路。其中，图 7-1-19（a）所示为采用双气控二位五通阀作为主控阀的换向回路，它是具有“记忆”的换向回路，气控信号 m 和 n 由手控阀或机控阀供给；图 7-1-19（b）所示为采用单气控二位五通阀作为主控阀的换向回路，由带定位机构的手控二位三通阀提供气控信号。

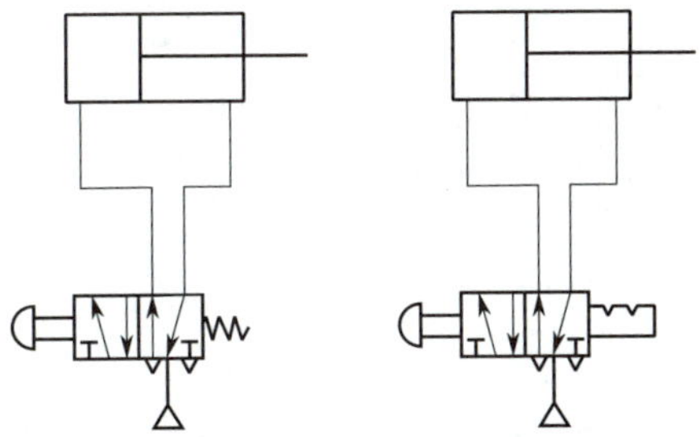

（a）采用弹簧复位　（b）采用定位机构

图 7-1-18　采用二位五通阀手动换向回路

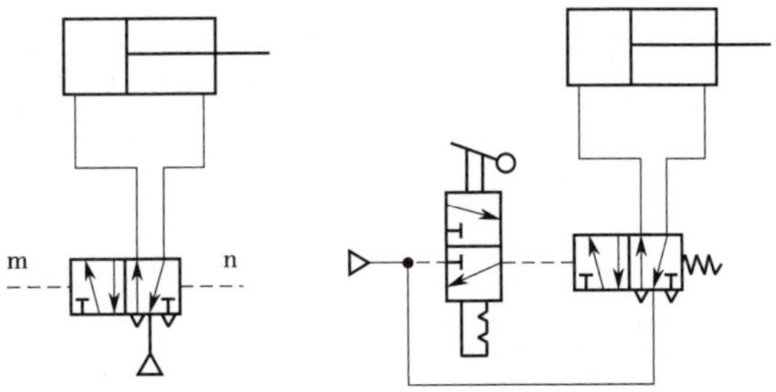

（a）采用双气控　（b）采用单气控

图 7-1-19　采用二位五通阀气控换向回路

2）采用三位五通阀控制

当气动系统需要中间定位时，可采用三位五通阀构成的换向回路，如图 7-1-20 所示。

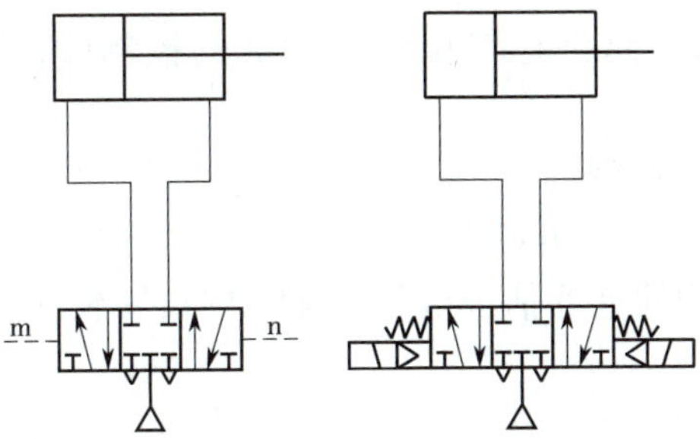

（a）采用双气控三位五通阀　（b）采用双电控气动三位五通阀

图 7-1-20　采用三位五通阀控制换向回路

图 7-1-20(a)所示为采用双气控三位五通阀组成的换向回路。当 m 信号输入时，换向阀移至左位，气缸活塞杆伸出；当 n 信号输入时，换向阀移至右位，气缸活塞杆缩回；当 m、n 均排气时，换向阀回到中位，活塞杆在中途停止运动。由于空气的可压缩性及气缸活塞、活塞杆及其带动的运动部件产生的惯性力，仅利用三位五通阀使活塞杆中途停下的定位精度不高。

图 7-1-20(b)所示为采用双电控气动三位五通阀组成的换向回路，活塞可在中途停止运动，利用电气控制线路来进行控制。

动动脑：

如果把梭阀比作一个做决策的小管家，它是如何根据不同的气流情况来决定“放行”哪路气流的呢？

3. 气动方向控制回路的组建与调试

以手动控制单气控二位五通阀实现双作用气缸换向为例，进行气动方向控制回路的组建与调试。图 7-1-21 所示为双作用气缸换向回路图。

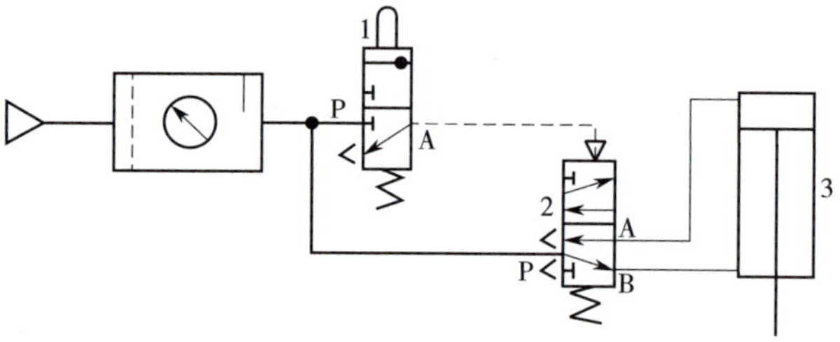

图 7-1-21 双作用气缸换向回路图

1—旋钮式阀；2—二位五通阀；3—气缸

该回路组建和调试步骤：

(1)根据图 7-1-21，把所需的气动元件有布局地卡在铝型台面上，再用气管将它们连接在一起，组成回路；

(2)打开气泵的放气阀，压缩空气进入三联件，调节减压阀，使压力为 0.4 MPa 后，气缸将首先退回；

(3)转动旋钮式阀 1，气路到达二位五通阀 2 的控制端，使二位五通阀 2 换向，气缸前进；

(4)复位旋钮式阀 1，气缸退回；

(5)分析和解决实训中出现的问题；

(6)实训完成并经教师检查评估合格后，关闭电源、气源，拆下管线，整理各元件并放回原位。

善思问道

【共和国勋章】王永志

任务验收考核

姓名			学号		
任务名称	考核要点	考核要求	配分	评分标准	得分
机械手方向控制回路的组建与调试	1. 基础知识（80 分）	（1）简述方向控制阀的概念	5	能说出给 5 分	
		（2）简述方向控制阀的分类	15	每个给 3 分	
		（3）简述与门型梭阀的工作原理	10	能说出给 10 分	
		（4）简述单气控截止式换向阀的工作原理	10	能说出给 10 分	
		（5）简述两种单作用气缸换向回路	20	每个给 10 分	
		（6）抄画采用二位五通阀气控换向回路	20	按完成度给分	
	2. 职业素养（20 分）	（1）实验前准备充分	5	每处错误扣 1 分	
		（2）操作过程中积极参与，互帮互助，团结协作	5	操作过程中发现不参与实训、影响团队合作的现象扣 1 分	
		（3）实验后工作台整理干净	5	工作台有一处垃圾扣 1 分	
		（4）各元件归还原处并摆放整齐	5	每个元件摆放不整齐扣 1 分	
合计			100	总分	

习题与测试

1. 填空题

（1）方向控制回路是通过换向阀的换向使气缸改变方向的换向回路。常用的方向控制回路有__________、__________。

（2）方向控制阀是气压传动系统中通过改变压缩空气的__________和__________，来控制执行元件启动、停止及运动方向的气动元件。

（3）方向控制阀的排气口可以用字母__________表示。

（4）方向控制阀按作用特点可分为__________控制阀和__________控制阀两种。

2. 选择题

（1）下列元件不是辅助元件的是(　　)。

A. 气管　　B. 管接头　　C. 油雾器　　D. 换向阀

（2）以下不属于方向控制阀的是(　　)。

A. 与门型梭阀　　B. 或门型梭阀　　C. 快速排气阀　　D. 排气节流阀

（3）(　　)与其他控制方式相比，使用频率较低，动作速度较慢。

A. 气压控制阀　　B. 电磁控制阀　　C. 人力控制阀　　D. 机械控制阀

3. 简答题

（1）方向控制阀的操作方式有哪几种？

（2）单作用气缸和双作用气缸的换向回路的主要区别是什么？

（3）要使双作用气缸自动换向，且在任意位置停止，可选择哪些换向阀？

（4）气动换向阀按控制方式不同可分为哪几种？各有何特点及应用？

（5）直动式电磁换向阀和先导式电磁换向阀有何主要区别？

任务 7.2　机械手压力控制回路的组建与调试

任务发布

在一个气动系统中，来自同一个压力源的压缩空气可能要控制不同的执行元件（气缸或马达等），而不同的执行元件对于压力的需求是不同的，因此在各个气动支路的压力也是不同的，这就需要使用一种控制元件为每一个支路提供不同的稳定压力，这种元件就是减压阀。减压阀是将较高的输入压力调到规定的输出压力的压力控制阀，并能保持稳定的出口侧压力。

任务要求

（1）理解气动压力控制阀的工作原理及应用，并合理选用气动压力控制阀；

（2）能够使用气动压力控制阀搭建气动压力控制回路。

任务目标

1. 知识目标

（1）掌握气动压力控制阀的结构、工作原理及应用；

（2）掌握气动压力控制回路的安装调试方法。

2. 能力目标

（1）能够合理选用气动压力控制阀；

(2)能够设计、搭建、调试气动压力控制回路。

3. 素养目标

(1)培养学生发现问题和解决问题的能力;

(2)培养学生对科学探究的兴趣。

7.2.1　压力控制阀认识

压力控制阀主要是用于调节和控制气动系统中的压力大小,以满足系统对各种压力的要求。常用的气动压力控制阀主要有减压阀(调压阀)、顺序阀、安全阀和溢流阀等。

1. 减压阀

减压阀的调压方式有直动式和先导式两种。直动式减压阀借助弹簧力直接进行调压;先导式减压阀利用预先调整好的气压来代替直动式调压弹簧进行调压。

图 7-2-1 所示为直动式减压阀的结构原理图和图形符号。若顺时针旋转调节手柄,调压弹簧 2 被压缩,推动膜片 4 和阀杆下移,进气阀门打开,在输出口有气压输出。同时,输出气压经反馈导管 6 作用在膜片 4 上而产生向上的推力。该推力与调压弹簧 2 的作用力相平衡时,阀便有稳定的压力输出。若该输出压力超过调定值,则膜片 4 离开平衡位置而向上变形,使得溢流阀打开,多余的空气经溢流口 3 排入大气。而当输出压力降至调定值时,溢流阀关闭,膜片 4 上的受力保持平衡状态,以维持压力的稳定。

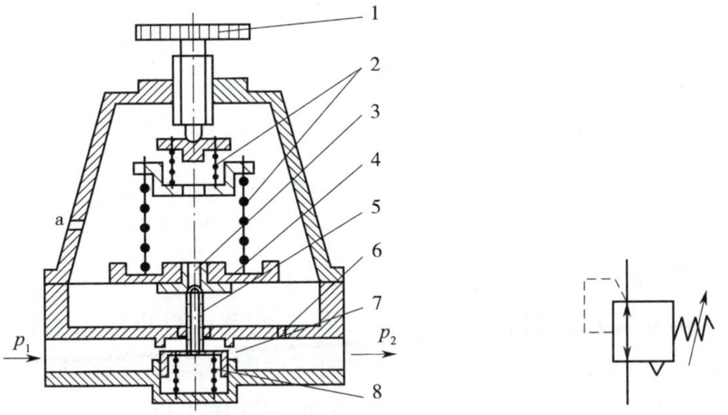

(a)结构原理图　　(b)图形符号

图 7-2-1　直动式减压阀的结构原理图和图形符号

1—调节手柄;2—调压弹簧;3—溢流口;4—膜片;5—阀芯;6—反馈导管;7—阀口;8—复位弹簧

2. 顺序阀

顺序阀是依靠气路中压力的作用而控制执行元件按顺序动作的压力控制阀,如图 7-2-2 所示。它根据弹簧的预压缩量来控制其开启压力,当输入压力达到或超过该开启压力时,顶开弹簧,阀口 A 才有输出;反之,阀口 A 无输出。

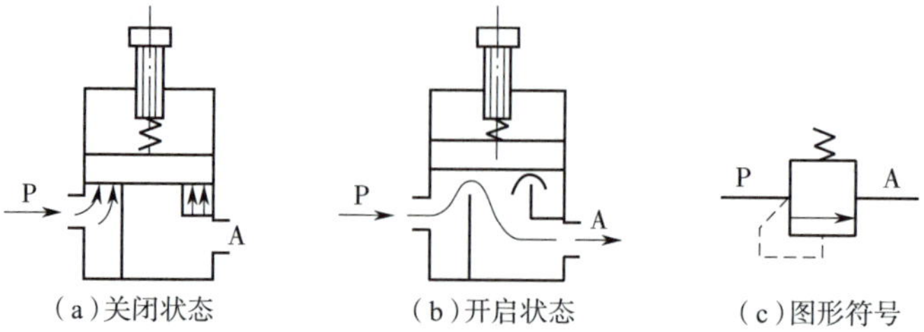

图 7-2-2　顺序阀工作原理图和图形符号

顺序阀一般很少单独使用,通常与单向阀组合在一起,构成单向顺序阀。单向顺序阀依靠气路中压力的作用控制元件的单向顺序动作,反向时单向阀打开,顺序阀不起作用。图 7-2-3 所示为单向顺序阀的工作原理图和图形符号。当压缩空气由左端进入阀腔后,作用于活塞 3 上的气压力超过调压弹簧 2 上的预紧力时,将活塞顶起,压缩空气经 A 口输出,如图 7-2-3(a)所示。此时,单向阀 4 在压差力及弹簧力的作用下处于关闭状态;反向流动时,输入侧变成排气口,输出侧压力将顶开单向阀 4 由 O 口排气,如图 7-2-3(b)所示。旋转调节手柄就可改变单向顺序阀的开启压力,以便在不同的开启压力下,控制执行元件的顺序动作。

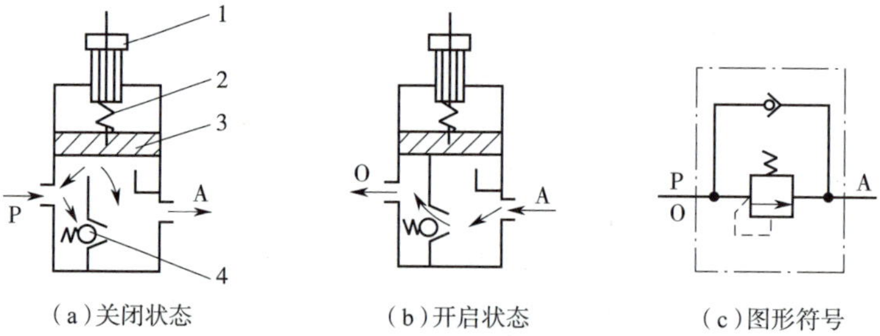

图 7-2-3　单向顺序阀工作原理图和图形符号

1—调节手柄;2—调压弹簧;3—活塞;4—单向阀

3. 安全阀和溢流阀

安全阀是为了防止元件和管路等的破坏,而限制回路中最高压力的阀,超过最高压力就自动放气。溢流阀是在回路中的压力达到阀的规定值时,使部分气体从排气侧放出,以保持回路内的压力在规定值以下的阀。溢流阀和安全阀的作用不同,但结构原理基本相同。

图 7-2-4 所示为溢流阀的结构原理图和图形符号。阀的输入口与控制系统(或装置)连接。当系统中的气体压力为零时,作用在阀芯上的弹簧力使它紧压在阀座上。随着系统中的气压增加,即在阀芯下面产生一个气压作用力,若此力小于弹簧力,则两者之差形成阀芯和阀座之间的密封力。当系统中的压力上升到某一值时,阀的密封力变为零。系统中的压力继续上升到阀的开启压力时,阀芯开始打开,压缩空气从排气口急速喷出。阀开启后,当系统中的压力继续上升到阀的全开压力时,阀芯全部开启,从排气口排出额定的流量。此后,系统中的压力逐渐降低,当其低于系统工作压力的调定值时(即阀的关闭压力),阀门关闭,并保持密封。

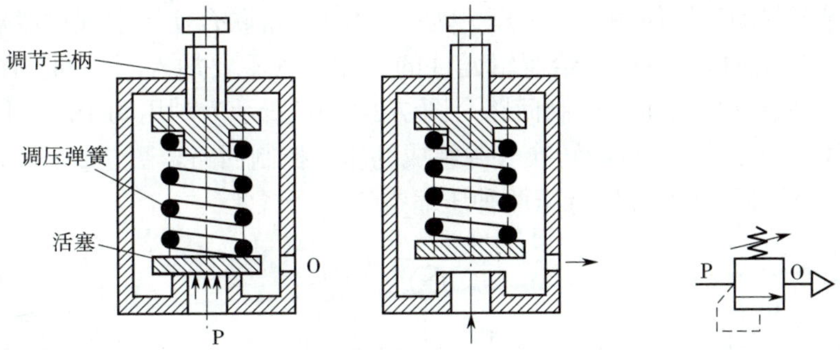

(a)结构原理图　　(b)图形符号

图 7-2-4　溢流阀的结构原理图和图形符号

动动脑：

气动压力控制阀有多种压力控制方式，如减压阀、溢流阀和顺序阀，它们在实际应用场景中，从控制精度、响应速度和能量损耗等方面来看，各有什么优缺点？

7.2.2　压力控制回路选用

压力控制回路可使系统压力保持在某一规定的范围内，常用的有一次压力控制回路、二次压力控制回路和高低压转换回路。

1. 一次压力控制回路

图 7-2-5 所示为一次压力控制回路。该回路用于控制储气罐的压力，使其不超过规定的压力值。该回路采用溢流阀 1 或电接点压力表 5 来控制空气压缩机 2 的转和停，使储气罐内压力保持在规定范围内。当采用溢流阀 1 进行控制时，若储气罐 4 内压力超过规定压力值时，溢流阀 1 接通，空气压缩机 2 输出的压缩空气由溢流阀 1 排入大气，使储气罐 4 内压力保持在规定范围内。当采用电接点压力表 5 进行控制时，可用它直接控制空气压缩机的启动和停止，这样也可以保证储气罐 4 内压力始终在规定范围内。

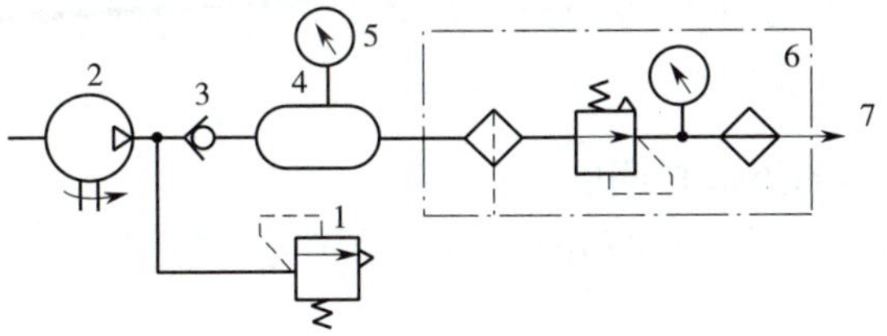

图 7-2-5　一次压力控制回路

1—溢流阀；2—空气压缩机；3—单向阀；4—储气罐；5—压力表；6—气动三联件

采用溢流阀控制，回路结构简单，工作可靠，但气量浪费大；采用电接点压力表控制，对电机及控制要求较高，常用于小型空气压缩机的控制。

2. 二次压力控制回路

二次压力控制回路主要是对气动系统的气源压力进行控制。图 7-2-6 所示为二次压力控制回路，为保证气动系统使用的气体压力为一稳定值，常联合使用空气过滤器、减压阀、油雾器（气动三联件）；但要注意，供给逻辑元件的压缩空气不要加入润滑油。图 7-2-6（a）所示为气缸、气动马达常用的压力控制回路。图 7-2-6（b）所示为利用两个减压阀和一个换向阀或输出低压（或输出高压）自动转换气源组成的压力控制回路。图 7-2-6（c）所示回路中，若去掉换向阀，就可同时输出高、低压两种压缩空气。

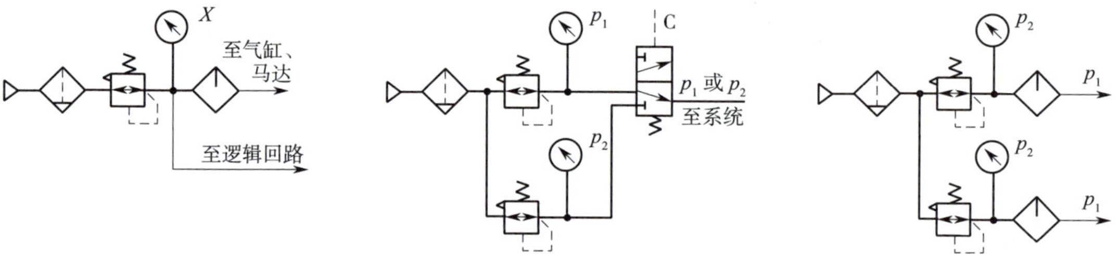

（a）气缸、气动马达常用压力控制回路　（b）两个减压阀和一个换向阀组成的压力控制回路　（c）输出高、低气压两种压缩空气的压力控制回路

图 7-2-6　二次压力控制回路

3. 高低压转换回路

图 7-2-7 所示为高低压转换回路，气源提供一定压力，经过两个减压阀分别调至要求的压力，当一个执行器在工作循环中需要高、低两种不同压力时，可通过换向阀进行切换。

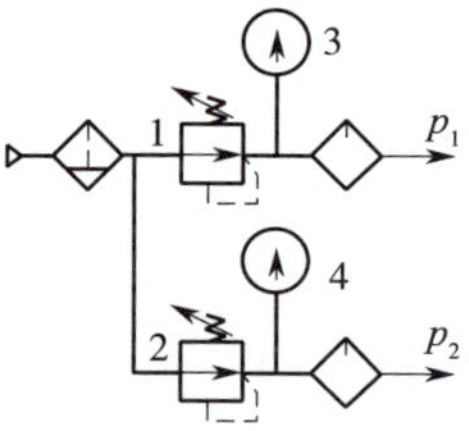

图 7-2-7　高低压转换回路

1、2—减压阀；3、4—压力表

动动脑：

气动压力控制回路和液压压力控制回路就像一对表兄弟，它们都能控制压力，那它们在调节压力的速度上谁更快呢？

4. 气动压力控制回路的组建与调试

按图 7-2-8 所示为高低压转换回路图进行气动压力控制回路的组建与调试。

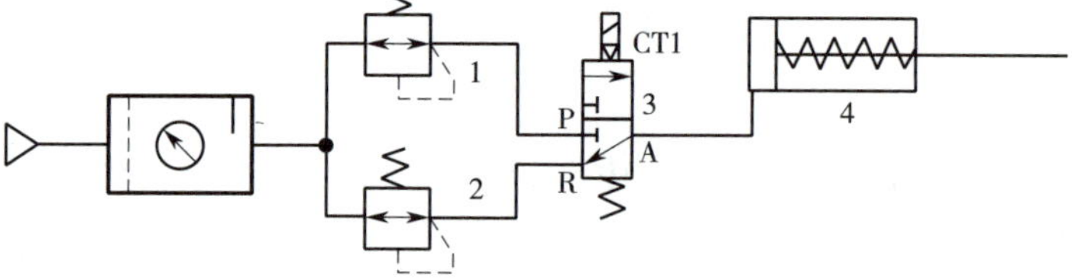

图 7-2-8　高低压转换回路

1、2—减压阀；3—旋钮式二位三通阀；4—气缸

该回路组建和调试步骤：

（1）根据图 7-2-8 把所需的气动元件卡在铝型台面上，并用气管将它们连接在一起，组成回路；

（2）仔细检查后，打开气泵的放气阀，压缩空气进入三联件，调节减压阀，使压力为 0.4 MPa；

（3）把减压阀 1 和减压阀 2 调到不同压力；

（4）转动旋钮式二位三通阀 3，观察气缸的速度；

（5）分析和解决实训中出现的问题；

（6）实训完成并经教师检查评估合格后，关闭电源、气源，拆下管线，整理各元件并放回原位。

善思问道

【大国重器】FL-62 风洞设备

任务验收考核

姓名			学号		
任务名称	考核要点	考核要求	配分	评分标准	得分
机械手压力控制回路的组建与调试	1. 基础知识（80 分）	（1）简述直动式减压阀的工作原理	10	说出给 10 分	
		（2）简述顺序阀的工作原理	10	说出给 10 分	
		（3）简述溢流阀的工作原理	10	说出给 10 分	
		（4）简述二次压力控制回路	15	说出给 15 分	
		（5）简述一次压力控制回路	15	说出给 15 分	
		（6）抄画高低压转换回路图	20	按完成度给分	
	2. 职业素养（20 分）	（1）实验前准备充分	5	每处错误扣 1 分	
		（2）操作过程中积极参与，互帮互助，团结协作	5	操作过程中发现不参与实训、影响团队合作的现象扣 1 分	
		（3）实验后工作台整理干净	5	工作台有一处垃圾扣 1 分	
		（4）各元件归还原处并摆放整齐	5	每个元件摆放不整齐扣 1 分	
合计			100	总分	

习题与测试

1. 填空题

（1）气动压力控制阀按控制功能可分为__________、__________、__________三种。

（2）压力控制回路的功用是使系统压力保持在某一规定范围内。常用的有一次压力控制回路、__________和__________。

（3）一次压力控制回路主要用来控制______________的压力，二次压力控制回路主要对______________进行控制。

（4）压力控制阀按控制功能可分为______________________、____________________、____________________。

2. 选择题

（1）气动系统的调压阀通常是指（　　）。

A. 溢流阀　　B. 减压阀　　C. 安全阀　　D. 顺序阀

（2）二次压力控制回路多采用（　　）。

A. 溢流阀　　B. 压力表　　C. 调压阀　　D. 气动三大件

（3）下列元件不能实现顺序动作的是（　　）。

A. 行程阀　　B. 顺序阀　　C. 行程开关　　D. 单向阀

3. 简答题

（1）对比说明一次压力控制回路与二次压力控制回路的主要区别及各自的优缺点。

（2）为什么气动减压阀又称为调压阀？减压阀一般安装在什么地方？

（3）简述气动压力控制阀的分类及功用。

（4）气动减压阀有何作用？常见有哪几种类型？各有何特点？

（5）气动溢流阀和安全阀有何区别与联系？

任务 7.3　机械手速度控制回路的组建与调试

任务发布

在气动自动化系统中，通常需要对压缩空气的流量进行控制，如控制气缸的运动速度、延时阀的延时时间等。对流过管道（或元件）的流量进行控制，只需改变管道的截面面积即可。从流体力学的角度来看，流量控制是在管路中设置一种局部阻力装置，改变局部阻力的大小，就能控制流量的大小。

任务要求

（1）理解气动流量控制阀的工作原理及应用，并合理选用气动速度控制阀；

(2)能够使用气动速度控制阀搭建气动速度控制回路。

任务目标

1. 知识目标

(1)掌握气动流量控制阀的结构、工作原理及应用;

(2)掌握气动速度控制回路的安装调试方法。

2. 能力目标

(1)能够合理选用气动流量控制阀;

(2)能够设计、搭建、调试气动速度控制回路。

3. 素养目标

(1)培养学生热爱祖国、热爱人民、热爱党的精神;

(2)培养学生对科学探究的兴趣。

7.3.1　流量控制阀认识

流量控制阀是通过改变阀的通流截面面积来实现气动系统中流量控制的元件。流量控制阀包括节流阀、单向节流阀、排气节流阀和快速排气阀等。

1. 节流阀

图 7-3-1(a)所示为节流阀的结构原理图。其中,压缩空气由 P 口进入,经过节流后,由 A 口流出。旋转阀芯螺杆,就可改变节流口的开度,从而调节压缩空气的流量。由于这种节流阀的结构简单、体积小,故应用范围较广。图 7-3-1(b)和(c)所示分别为节流阀的图形符号和实物图。

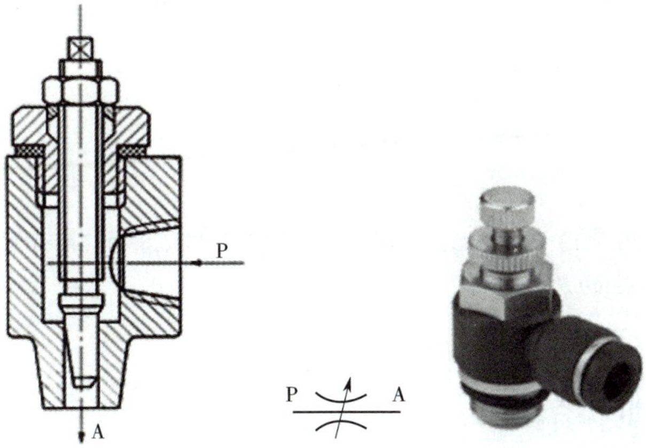

(a)结构原理图　(b)图形符号　(c)实物图

图 7-3-1　节流阀

2. 排气节流阀

排气节流阀是安装在执行元件的排气口处,以调节进入大气中的气体流量的一种控制阀。排气节流阀不仅能调节执行元件的运动速度，还往往带有消声器，以降低排气噪声。

图 7-3-2 所示为排气节流阀的结构原理图、图形符号和实物图。其中，排气节流阀安装在气动装置的排气口处，控制排入大气的气体流量，以改变执行机构的运动速度。排气节流阀常带有消声器以减小排气噪声，并能防止不清洁的气体通过排气孔污染气路中的元件。

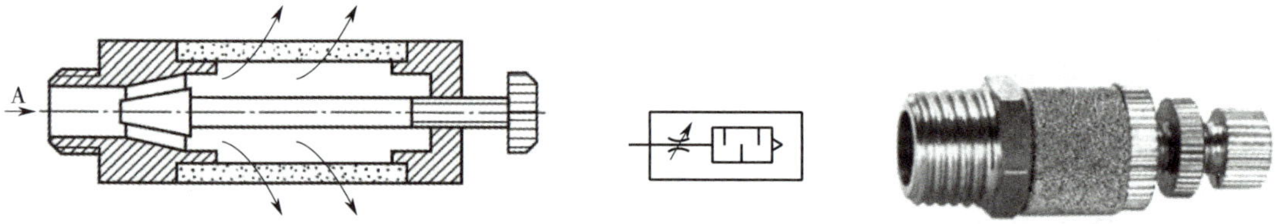

（a）结构原理图　（b）图形符号　（c）实物图

图 7-3-2　排气节流阀

3. 快速排气阀

快速排气阀又称快排阀，它是为加快气缸运动速度而设计的快速排气用设置。图 7-3-3 所示为快速排气阀的工作原理图、图形符号和实物图。其中，进气口 P 输入压缩空气，并将密封活塞迅速上推，开启阀口 2，同时关闭排气口 O，使进气口 P 和工作口 A 相通，如图 7-3-3（a）所示。图 7-3-3（b）所示为没有压缩空气进入时，在 A 口和 P 口压差作用下，密封活塞迅速下降，关闭 P 口，使 A 口通过 O 口快速排气。

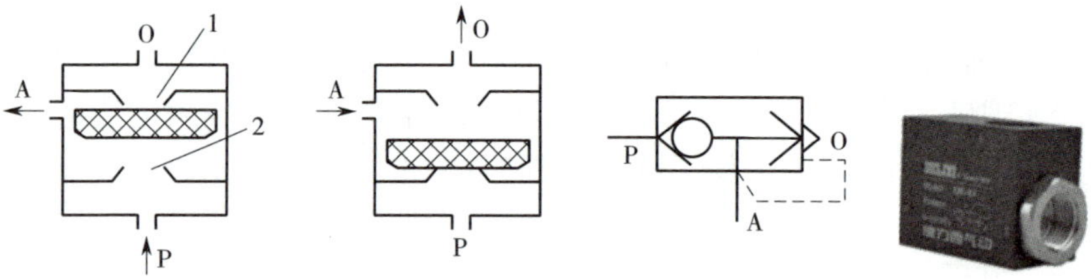

（a）P 口进气　（b）P 口关闭　（c）图形符号　（d）实物图

图 7-3-3　快速排气阀

1、2—阀口

动动脑：

气动流量控制阀是通过什么方式实现气压信号对流量的精确控制的？是依靠特殊的阀芯结构，还是其他的原理？

7.3.2　速度控制回路选用

控制气动执行元件运动速度的一般方法是改变气缸进、排气管路的阻力，因此利用流量控制阀来改变进、排气管路的有效截面面积，即可实现速度控制。

1. 单作用气缸的速度控制回路

1)进气节流调速回路

图 7-3-4(a)和(b)所示的进气节流调速回路分别采用了节流阀和单向节流阀,通过调节节流阀的不同开度,可以实现进气节流调速;而当气缸活塞杆返回时,由于没有节流,可以快速返回。

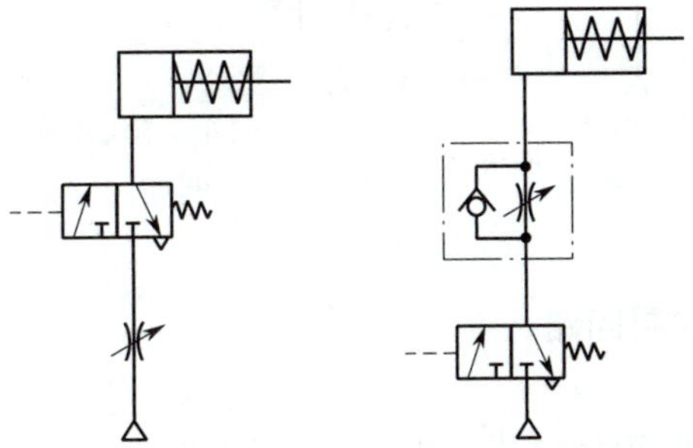

(a)节流阀调速　　(b)单向节流阀调速

图 7-3-4　单作用气缸进气节流调速回路

2)排气节流调速回路

图 7-3-5(a)和(b)所示的排气节流调速回路均是通过排气节流来实现快进和慢退的。

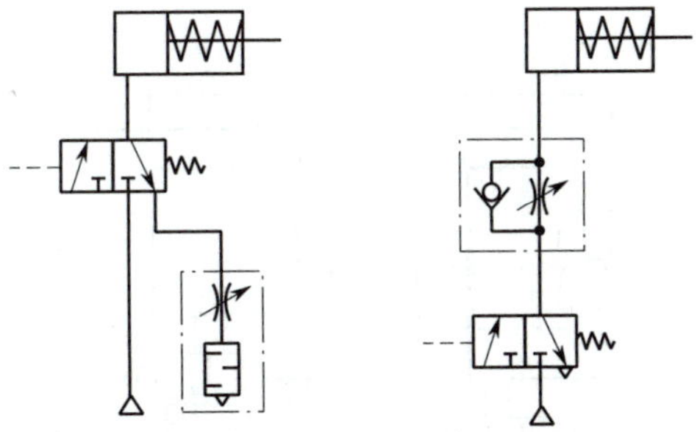

(a)排气节流阀节流调速　　(b)单向节流阀节流调速

图 7-3-5　单作用气缸排气节流调速回路

图 7-3-5(a)所示的回路是在排气口处设置一排气节流阀以实现调速的。其优点是安装简单、维修方便;但在管路比较长时,较大的管内容积会对气缸的运行速度产生影响,此时就不宜采用排气节流阀。

图 7-3-5(b)所示的回路是在换向阀与气缸之间安装一单向节流阀。其中,进气时不节流,活塞杆快速前进;换向阀复位时,由节流阀控制活塞杆的返回速度。这种安装形式不会影响换向阀的性能,工程中多数采用这种回路。

3)双向调速回路

图 7-3-6 所示的双向调速回路是气缸活塞杆伸出和返回速度都能调节的回路。图 7-3-6(a)所示回路进、退速度分别由节流阀 1、2 调节,图 7-3-6(b)所示回路进、退速度分别由单向节流阀 3、4 调节。

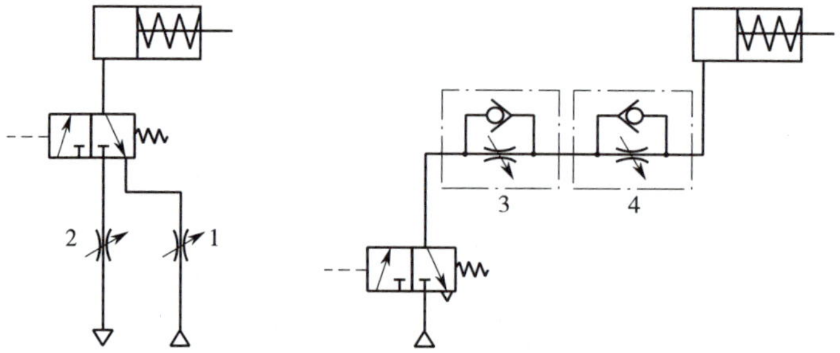

（a）节流阀调速　　（b）单向节流阀调速

图 7-3-6　单作用气缸双向调速回路

1、2—节流阀；3、4—单向节流阀

2. 双作用气缸的速度控制回路

1）进气节流调速回路

图 7-3-7（a）所示为双作用气缸进气节流调速回路。在进气节流时，气缸排气腔压力很快降至大气压力。当进气腔压力产生的合力大于活塞静摩擦力时，活塞开始运动，且活塞在启动时运动速度较快，进气腔容积急剧增大，但由于进气节流限制了供气速度，使得进气腔压力降低，从而容易造成气缸的“爬行”现象。一般来说，进气节流调速回路多用于垂直安装的气缸支撑腔的供气回路。

微课　双作用气缸换向回路的分析

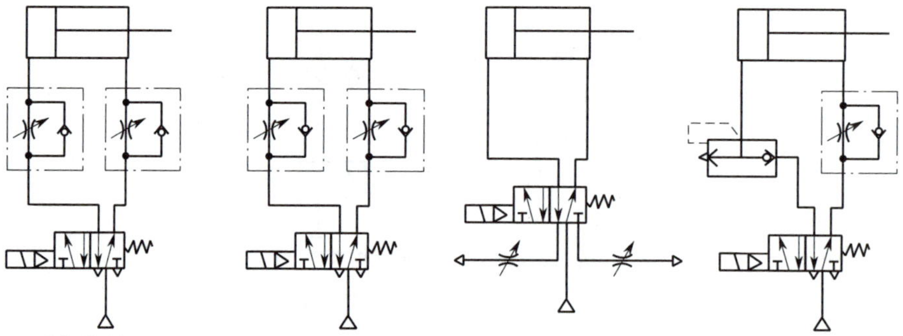

（a）进气节流调速　（b）排气节流调速　（c）排气节流阀调速　（d）快速返回回路

图 7-3-7　双作用气缸调速回路

2）排气节流调速回路

图 7-3-7（b）所示为双作用气缸排气节流调速回路。在排气节流时，气缸排气腔内可以建立与负载相适应的背压，在负载保持不变或微小变动的条件下，运动比较平稳，调节节流阀的开度即可调节气缸往复运动的速度。排气节流调速的效率比进气节流调速好，双作用气缸一般采用排气节流调速回路控制。

图 7-3-7（c）所示为采用排气节流阀的调速回路。

3）快速返回回路

图 7-3-7（d）所示为采用快速排气阀的气缸快速返回回路。此回路在气缸返回时的出口安装了快速排气阀，可以提高气缸的返回速度。

3. 气液转换速度控制回路

由于空气的可压缩性，气缸活塞的速度很难平稳，尤其在负载变化时，其速度波动更大。在有些场合，例如机械切削加工中的进给气缸要求速度平稳、加工精确，普通气缸难以满足此要求。因此，可使用气液转换器或气液阻尼缸，通过调节油路中的节流阀开度来控制活塞运动的速度，以实现低速和平稳的进给运动。

图 7-3-8 所示为采用气液转换器的双向调速回路。该回路中将原来的气缸换成液压缸，但原动力还是压缩空气。由电磁换向阀 1 输出的压缩空气通过气液转换器 2 转换成油压，推动液压缸 4 做前进与后退运动。其中，两个单向节流阀 3 串联在油路中，可控制液压缸活塞前进与后退运动的速度。由于油液是不可压缩的介质，因此具有调节速度容易控制、调速精度高、活塞运动平稳等特点。

需要注意的是，气液转换器的储油容积应大于液压缸的容积，而且要避免气体混入油液中，否则就会影响调速精度与活塞运动的平稳性。

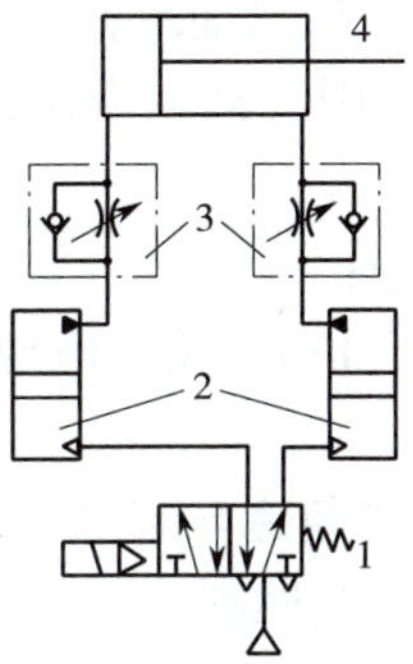

图 7-3-8　采用气液转换器的双向调速回路

1—电磁换向阀；2—气液转换器；3—单向节流阀；4—液压缸

动动脑：

气动速度控制回路就像给气体的“奔跑”速度设限，如果把它比作一场赛跑，节流阀在这场比赛中扮演的是裁判员还是起跑线呢？

4. 气动速度控制回路的组建与调试

以图 7-3-9 所示高速动作气压回路图和电路控制图为例，进行气动速度控制回路的组建与调试。

该回路组建与调试步骤：

（1）根据图 7-3-9（a）选择所需的气动元件，并把它们有布局地卡在铝型台面上，再用气管将它们连接在一起，组成回路；

（2）仔细检查后，打开气泵的放气阀，压缩空气进入三联件，调节减压阀，使压力为 0.4 MPa，气缸首先将被压回气缸初始位置；

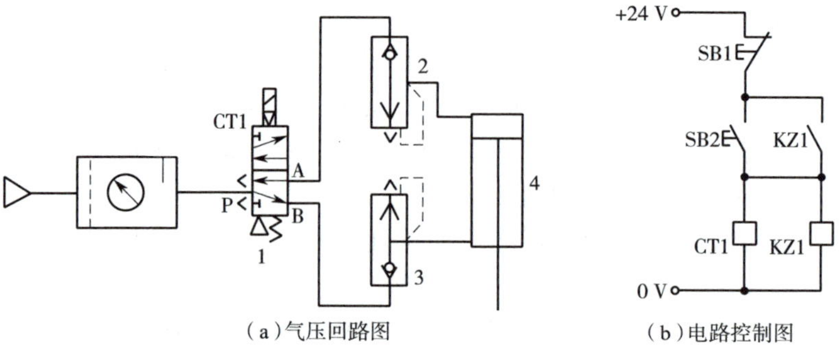

图 7-3-9　高速动作气压回路图和电路控制图

1—二位五通阀；2、3—快排阀；4—气缸

（3）按图 7-3-9（b）连接好电气线路；

（4）按下主面板上的启动按钮，按下 SB2，CT1 得电，双作用气缸 4 的有杆腔通过排气口把快排阀 3 顶开，气体快速排出，气缸快速前进；

（5）按下 SB1 后，CT1 失电，双作用气缸 4 换向，气缸退回时，压缩空气把快排阀 2 顶开，气体快速排出，气缸快速退回；

（6）分析和解决实训中出现的问题；

（7）实训完成并经教师检查评估合格后，关闭电源、气源，拆下管线，整理各元件并放回原位。

5. 气动机械手气动控制回路系统的组建与调试

根据图 7-2 进行气动机械手气动控制回路系统的组建与调试。

该回路组建与调试步骤：

（1）根据图 7-2 选择所需的气动元件，并把它们有布局地卡在铝型台面上，再用气管将它们连接在一起，组成回路；

（2）仔细检查后，打开气泵的放气阀，压缩空气进入三联件，调节减压阀，使压力为 0.4 MPa；

（3）依次控制回转气缸、升降气缸、伸缩气缸和气爪实现各种动作；

（4）分析和解决实训中出现的问题。

（5）实训完成并经教师检查评估合格后，关闭电源、气源，拆下管线，整理各元件并放回原位。

善思问道

【大国工匠】乔素凯：与“核”共舞

任务验收考核

姓名			学号		
任务名称	考核要点	考核要求	配分	评分标准	得分
机械手速度控制回路的组建与调试	1. 基础知识（80 分）	（1）简述节流阀的工作原理	10	说出给 10 分	
		（2）简述排气节流阀的工作原理	10	说出给 10 分	
		（3）简述双作用气缸的进气节流调速回路	15	说出给 15 分	
		（4）简述采用气液转换器的双向调速回路	15	说出给 15 分	
		（5）简述快速排气阀	10	说出给 10 分	
		（6）抄画双作用气缸的排气节流调速回路	20	按完成度给分	
	2. 职业素养（20 分）	（1）实验前准备充分	5	每处错误扣 1 分	
		（2）操作过程中积极参与，互帮互助，团结协作	5	操作过程中发现不参与实训、影响团队合作的现象扣 1 分	
		（3）实验后工作台整理干净	5	工作台有一处垃圾扣 1 分	
		（4）各元件归还原处并摆放整齐	5	每个元件摆放不整齐扣 1 分	
合计			100	总分	

习题与测试

1. 填空题

（1）流量控制阀是通过改变阀的__________来实现流量控制的元件。流量控制阀包括节流阀、单向节流阀、排气节流阀和快速排气阀等。

（2）通常采用节流调速回路控制气缸的速度，在气动系统中常用的有__________和排气节流调速。

（3）快速排气阀常装在__________和__________之间，它使气缸的排气不通过换向阀而__________排出，从而加快气缸往复运动速度，缩短工作周期。

（4）排气节流阀与节流阀一样，也是依靠调节__________来调节阀的流量，它必须装在执行元件的__________处，它不仅能调节执行元件的运动__________，还因为它常带有消声器，所以也起到降低排气__________作用。

2. 选择题

（1）“速度控制阀”通常是指（　　）。

A. 单向节流阀　　B. 调速阀　　C. 排气节流阀　　D. 快速排气阀

（2）下列可用于速度控制回路的是（　　）。

A. 或门型梭阀　　B. 顺序阀　　C. 单向阀　　D. 排气节流阀

3. 简答题

（1）在气压传动中，应选用何种流量控制阀来调节气缸的运行速度？

（2）为何气动流量控制阀在控制气动执行元件的运动速度时精度不高？如何提高气缸速度的控制精度？

（3）如何对气动执行元件进行速度控制？进气节流和排气节流有什么区别？

（4）快速排气阀为何可以提高气缸活塞的运动速度？

项目 8
全自动轧钢冲压模拟装置系统的搭建与调试

学习导读

全自动轧钢冲压模拟装置系统是由 THPHDW-1 型液压与气动传动综合实训系统实现全自动轧钢冲压的模拟装置。该综合实训系统由 THPHDW-01 液压与气动综合实训平台、THPHDW-02 工业双泵液压站和 THPHDW-03 全自动轧钢冲压模拟装置三大部分组成，如图 8-1 所示。

图 8-1 THPHDW-1 型液压与气动传动综合实训系统

全自动轧钢冲压模拟装置由气动上料实训模块、传送实训模块（液压马达控制）、轧钢实训模块（双缸同步）、冲压实训模块、顶料实训模块、下料实训模块（气动机械手）和堆料实训模块组成，通过 PLC 可以完成独立站点的运行，也可以组成系统实现联动控制，如图 8-2 所示。

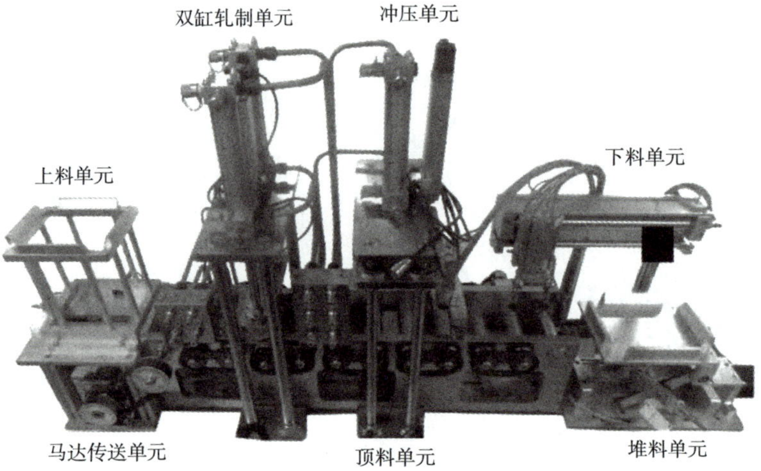

图 8-2　全自动轧钢冲压模拟装置的组成

项目描述

本项目通过分析工业双泵液压站的组成和工作原理，掌握工业双泵液压站的安装调试方法；分析全自动轧钢冲压模拟装置的液压控制回路，进行全自动轧钢冲压模拟装置液压控制系统的搭建与调试；分析全自动轧钢冲压模拟装置的气动控制回路，进行全自动轧钢冲压模拟装置气动控制系统的搭建与调试。

任务 8.1　工业双泵液压站的安装与调试

任务发布

工业双泵液压站的主要功能是为全自动轧钢冲压模拟装置提供动力，它采用两套液压泵机组，其中一套为高压定量柱塞泵机组，另一套为限压式变量叶片泵机组，每套液压泵机组上均安装有系统调压组件，并配套泵站控制单元，泵站系统中配置有系统压力表、风冷却器、蓄能器、液位控制继电器、油温液位计、压力管路过滤器、空气滤清器等。工业双泵液压站的安装调试是一个细致的过程，需采用规范的安装及调试工艺，按照任务要求完成泵站的安装及工作压力的调试。

任务要求

完成工业双泵液压站的安装与调试。

任务目标

1. 知识目标

(1)掌握工业双泵液压站的结构组成;

(2)掌握工业双泵液压站的安装调试方法。

2. 能力目标

能够完成工业双泵液压站的安装与调试。

3. 素养目标

(1)培养学生的动手操作能力及逻辑思维能力;

(2)培养学生的团队沟通合作能力。

8.1.1　工业双泵液压站的结构组成和工作原理

1. 工业双泵液压站的结构组成

工业双泵液压站采用两套液压泵机组,其中一套为高压定量柱塞泵机组,另一套为限压式变量叶片泵机组,每套液压泵机组上均安装有系统调压组件,并配套泵站控制单元,泵站系统中配置有系统压力表(含电接点压力表)、风冷却器、蓄能器、液位控制继电器、油温液位计、压力管路过滤器、空气滤清器等,如图 1-3-2 所示。

2. 工业双泵液压站的工作原理

工业双泵液压站通过电动机提供动力,驱动两路液压泵工作。当电动机旋转时,叶片泵和柱塞泵随之旋转进行吸油,当转速达到一定值时,系统压力固定在调定值范围内。通过液压控制阀对全自动轧钢冲压模拟装置的液压缸及液压马达进行方向、压力、流量的调节控制,从而实现该设备方向的变换、压力的调整及速度的控制,推动全自动轧钢冲压模拟装置做功。

综上所述,工业双泵液压站通过双泵双电机系统,利用电动机驱动液压泵产生高压油液,再通过控制装置调节油液的方向、压力和流量,最终驱动全自动轧钢冲压模拟装置完成各种预定的动作和工作循环。该系统不仅提高了系统的可靠性和稳定性,还增强了对复杂工况和高功率需求的适应能力。

8.1.2　工业双泵液压站的安装与调试

根据图 1-3-2 采用规范的安装及调试工艺,完成工业双泵液压站机械零件的组装,然后根据以下回路图完成工业双泵液压站的安装及工作压力的调试。

1. 变量叶片泵的安装与调试

图 8-1-1 所示为变量叶片泵的系统调压回路图。

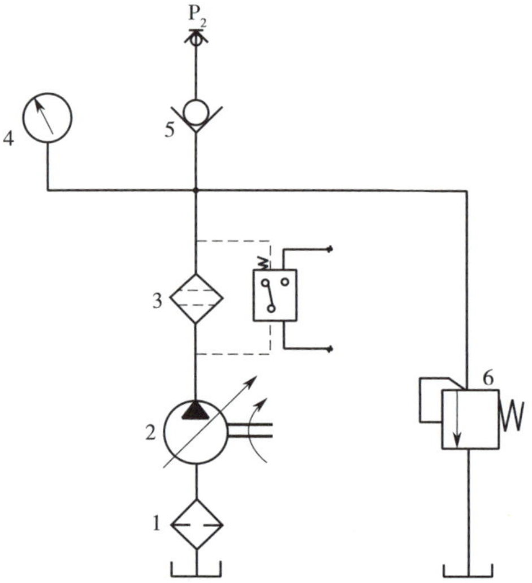

图 8-1-1　变量叶片泵的系统调压回路图

1—吸油过滤器；2—变量叶片泵；3—高压过滤器；4—耐震压力表；5—单向阀；6—直动式溢流阀

该回路安装与调试步骤：

（1）根据图 8-1-1 选用实验设备和元件，并用液压胶管连接成液压回路；

（2）将溢流阀 6 调节手柄逆时针旋松，连接好电气控制回路后，启动变量叶片泵 2；

（3）先旋紧溢流阀 6 调节手柄再旋松，重复操作几次，观察耐震压力表 4 的示值变化情况；

（4）调试变量叶片泵的限压式输出压力为 5.2 MPa、输出压力为 4.2 MPa，在此过程中若单向阀 5 反向安装，则 P_2 的压力应为 4.2 MPa；

（5）调压完成后，再将溢流阀 6 调节手柄逆时针旋松，停止变量叶片泵 2；

（6）安装调试完成无误后固定各接口。

2. 定量柱塞泵的安装与调试

图 8-1-2 所示为定量柱塞泵的系统调压回路图，其中用带有快速接头的橡胶软管连接 B_1 回油箱，构成简单的溢流阀调压回路。

该回路安装与调试步骤：

（1）根据图 8-1-2 选用实验设备和元件，并用橡胶软管连接成液压回路；

（2）将溢流阀 6 调节手柄逆时针旋松，连接好电气控制回路后，启动定量柱塞泵 2；

（3）先旋紧溢流阀 6 调节手柄再旋松，重复操作几次，观察耐震电接点压力表 4 的示值变化情况；

（4）调试定量柱塞泵的输出压力，1YA 得电压力为 6 MPa，1YA 失电压力为 3 MPa；

（5）调压完成后，再将溢流阀 6 调节手柄逆时针旋松，停止定量柱塞泵 2；

（6）安装调试完成无误后固定各接口。

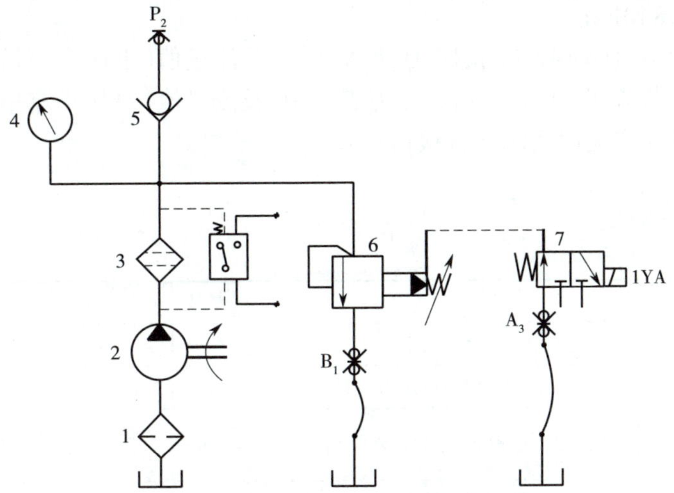

图 8-1-2　定量柱塞泵的系统调压回路图

1—吸油过滤器;2—定量柱塞泵;3—高压过滤器;4—耐震压力表;5—单向阀;
6—先导式溢流阀;7—二位三通电磁换向阀

3. 双泵并联供油回路

当液压系统需要双泵并联供油时,将变量叶片泵和定量柱塞泵并联起来,该液压供油回路如图 8-1-3 所示。

该回路安装与调试步骤:

(1)根据图 8-1-3 选用实验设备和元件,并用橡胶软管连接成液压回路;

(2)将溢流阀 6、12 调节手柄逆时针旋松,启动变量叶片泵 2 和定量柱塞泵 8,二位三通电磁换向阀 13 的电磁铁得电;

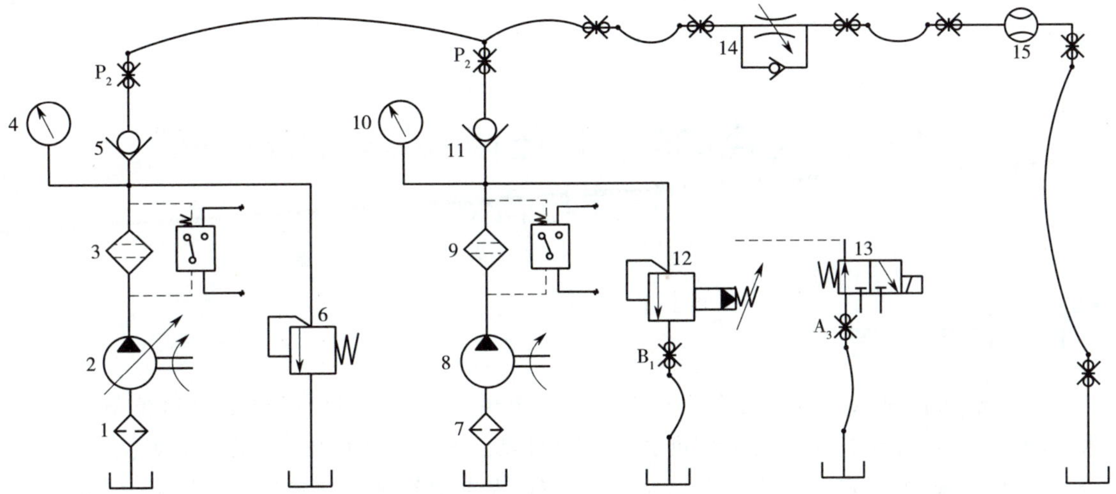

图 8-1-3　双泵并联供油回路

1、7—吸油过滤器;2—变量叶片泵;3、9—高压过滤器;4、10—耐震压力表;5、11—单向阀;6—直动式溢流阀;
8—定量柱塞泵;12—先导式溢流阀;13—二位三通电磁换向阀;14—单向节流阀;15—流量传感器

(3)分别调节直动式溢流阀 6 和先导式溢流阀 12,使耐震压力表 4 压力为 3 MPa,耐震

压力表 10 压力为 8 MPa;

(4)调松单向节流阀 14,观测耐震压力表 4、10 及流量值(低压大流量)变化;

(5)旋紧单向节流阀 14,观测耐震压力表 4、10 及流量值(高压小流量)变化;

(6)安装调试完成无误后固定各接口。

任务验收考核

姓名			学号		
任务名称	考核要点	考核要求	配分	评分标准	得分
工业双泵液压站的安装与调试	1. 安装与调试(80 分)	(1)简述变量叶片泵的调压原理	10	说出给 10 分	
		(2)完成变量叶片泵的安装与调试	20	运行正常给 10 分;调压正确给 10 分	
		(3)简述定量柱塞泵的调压原理	10	说出给 10 分	
		(4)完成定量柱塞泵的安装与调试	20	运行正常给 10 分;调压正确给 10 分	
		(5)完成双泵并联供油回路的安装与调试	20	运行正常给 10 分;调压正确给 10 分	
	2. 职业素养(20 分)	(1)实验前准备充分	5	每处错误扣 1 分	
		(2)操作过程中积极参与,互帮互助,团结协作	5	操作过程中发现不参与实训、影响团队合作的现象扣 1 分	
		(3)实验后工作台整理干净	5	工作台有一处垃圾扣 1 分	
		(4)各元件归还原处并摆放整齐	5	每个元件摆放不整齐扣 1 分	
合计			100	总分	

任务 8.2　全自动轧钢冲压模拟装置液压回路的搭建与调试

任务发布

全自动轧钢冲压模拟装置由气动上料实训模块、传送实训模块(液压马达控制)、轧钢实训模块(双缸同步)、冲压实训模块、顶料实训模块、下料实训模块(气动机械手)和堆料实训模块组成,通过 PLC 可以完成独立站点的运行,也可以组成系统实现联动控制。

任务要求

完成全自动轧钢冲压模拟装置液压系统回路的搭建与调试。

任务目标

1. 知识目标

（1）掌握全自动轧钢冲压模拟装置液压系统回路的工作原理；

（2）掌握全自动轧钢冲压模拟装置液压系统回路的搭建与调试方法。

2. 能力目标

能够完成全自动轧钢冲压模拟装置液压系统回路的搭建与调试。

3. 素养目标

（1）规范实训操作，培养学生良好的职业素养；

（2）培养学生爱岗敬业的良好品质。

图 8-2-1 所示为全自动轧钢冲压模拟装置液压系统回路图。

全自动轧钢冲压模拟装置的气动上料单元采用方形井式的上料机构。当上料传感器检测到物料后，针型气缸先固定上面的物料，然后用推料气缸把下面的物料推送到传送单元上，传送机构采用液压马达驱动；当传送线上的传感器检测到物料传送到轧钢实训模块上时，轧钢单元上的双缸同步下降，通过双缸上的位移传感器可以控制物料的厚度，双缸下面安装有带缓冲的轧辊，完成模拟轧钢过程后，当传动线上的传感器检测到物料传动到冲压单元时，冲压单元的定位气缸把物料停下，冲压单元下面的液压缸把物料顶起，冲压单元上面的液压缸完成冲压过程后，定位气缸放开物料继续向前；当传送线上最后的传感器检测到物料后，下料单元气动机械手通过多个吸盘把物料抓起；通过水平、垂直方向移动的气缸以及无杆气缸的动作后，通过步进电机定位机械结构后，机械手把物料放下，完成物料的堆垛。

（1）物料传输单元选用叶片泵油路系统供油，其油路系统按照图 8-2-1 选用板式液压元件进行液压系统的安装与调试。

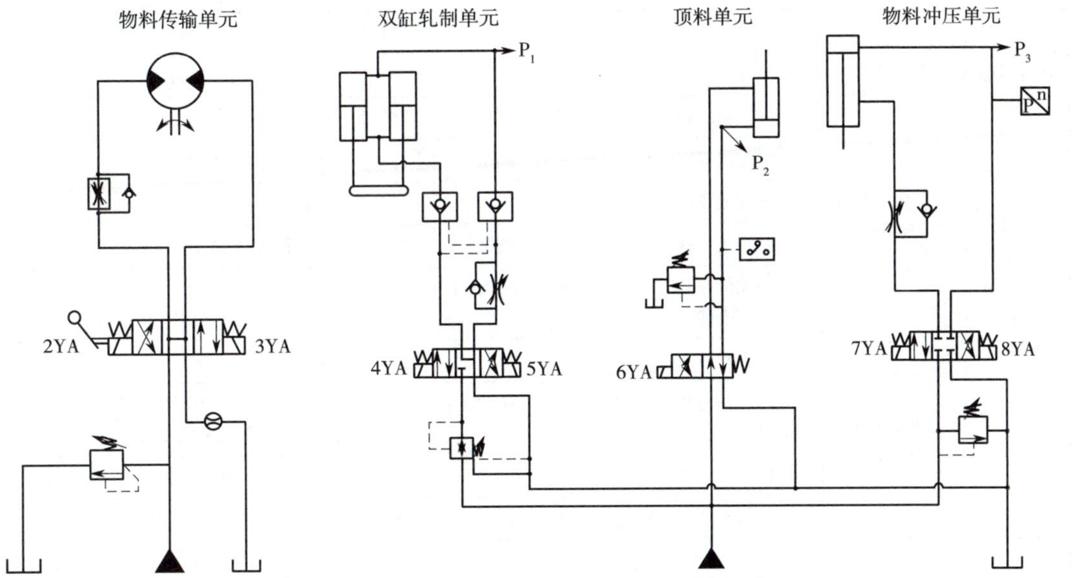

图 8-2-1　全自动轧钢冲压模拟装置液压系统回路图

（2）双缸轧制单元选用柱塞泵油路系统供油，其油路系统按照图 8-2-1 选用叠加式液压元件进行液压系统的安装与调试。

（3）顶料单元选用柱塞泵油路系统供油，其油路系统按照图 8-2-1 选用叠加式液压元件进行液压系统的安装与调试。

（4）物料冲压单元选用柱塞泵油路系统供油，其油路系统按照图 8-2-1 选用叠加式液压元件进行液压系统的安装与调试。

动动脑：

已知顶料单元的顶料缸缸筒内径尺寸为 30 mm，活塞杆外径尺寸为 20 mm，调节相应的液压元件，使顶料缸上行模拟最大举升力为 2 826 N（忽略摩擦及自重），思考一下 P_2 的压力是多少？

该回路安装与调试步骤：

（1）熟悉实训设备及各元件，包括电源模块的连接、液压泵的启动、溢流阀的调节、元件的选择和固定、管线的插接等；

（2）根据图 8-2-1 进行全自动轧钢冲压模拟装置液压回路的安装和调试，安装时要严格按规范操作，小组成员协作互助；

（3）确认连接无误后，将溢流阀开启压力调至最低，空载启动液压泵；

（4）打开液压泵及电源，调节溢流阀，设置泵口压力至 3 MPa；

（5）依次调试，确定各液压元件动作是否正常；

（6）安装调试完成后固定各接口。

任务验收考核

<table>
<tr><td>姓名</td><td colspan="2"></td><td>学号</td><td colspan="2"></td></tr>
<tr><td>任务名称</td><td>考核要点</td><td>考核要求</td><td>配分</td><td>评分标准</td><td>得分</td></tr>
<tr><td rowspan="9">全自动轧钢冲压模拟装置液压回路的搭建与调试</td><td rowspan="5">1. 安装与调试（80 分）</td><td>（1）完成物料传输单元的安装与调试</td><td>15</td><td>运行正常给 15 分</td><td></td></tr>
<tr><td>（2）完成双缸轧制单元的安装与调试</td><td>15</td><td>运行正常给 15 分</td><td></td></tr>
<tr><td>（3）完成顶料单元的安装与调试</td><td>15</td><td>运行正常给 15 分</td><td></td></tr>
<tr><td>（4）完成物料冲压单元的安装与调试</td><td>15</td><td>运行正常给 15 分</td><td></td></tr>
<tr><td>（5）完成全自动轧制冲压模拟装置液压系统联动控制</td><td>20</td><td>运行正常给 20 分</td><td></td></tr>
<tr><td rowspan="4">2. 职业素养（20 分）</td><td>（1）实验前准备充分</td><td>5</td><td>每处错误扣 1 分</td><td></td></tr>
<tr><td>（2）操作过程中积极参与，互帮互助，团结协作</td><td>5</td><td>操作过程中发现不参与实训、影响团队合作的现象扣 1 分</td><td></td></tr>
<tr><td>（3）实验后工作台整理干净</td><td>5</td><td>工作台有一处垃圾扣 1 分</td><td></td></tr>
<tr><td>（4）各元件归还原处并摆放整齐。</td><td>5</td><td>每个元件摆放不整齐扣 1 分</td><td></td></tr>
<tr><td colspan="3">合计</td><td>100</td><td>总分</td><td></td></tr>
</table>

任务 8.3　全自动轧钢冲压模拟装置气动回路的安装与调试

任务发布

全自动轧钢冲压模拟装置是一台综合性的设备,包括液压、气动以及电气部分,在整台设备的运行中,气动部分占有较大比重,如气动上料实训模块、下料实训模块(气动机械手)和堆料实训模块等。

任务要求

完成全自动轧钢冲压模拟装置气动回路的搭建与调试。

任务目标

1. 知识目标

(1)掌握全自动轧钢冲压模拟装置气动回路的工作原理;

(2)掌握全自动轧钢冲压模拟装置气动回路的搭建与调试方法。

2. 能力目标

能够完成全自动轧钢冲压模拟装置气动回路的搭建与调试。

3. 素养目标

(1)培养学生获取新知识、新技能的学习能力;

(2)培养学生解决实际问题的能力。

图 8-3-1 所示为全自动轧钢冲压模拟装置气压系统回路图,全自动轧钢冲压模拟装置的具体动作过程在任务 8.2 已做介绍,这里不再重复。

该回路安装与调试步骤:

(1)熟悉实训设备及各元件,包括电源模块的连接、气泵的启动、元件的选择和固定、管线的插接等;

(2)根据图 8-3-1 进行气压回路的安装和调试,安装时要严格按规范操作,小组成员协作互助;

(3)确认连接无误后,将调压阀开启压力调至最低,空载启动气泵;

(4)调节气动系统压力为 0.42 MPa;

(5)依次调试,确定各气动元件动作是否正常;

(6)安装调试完成后固定各接口。

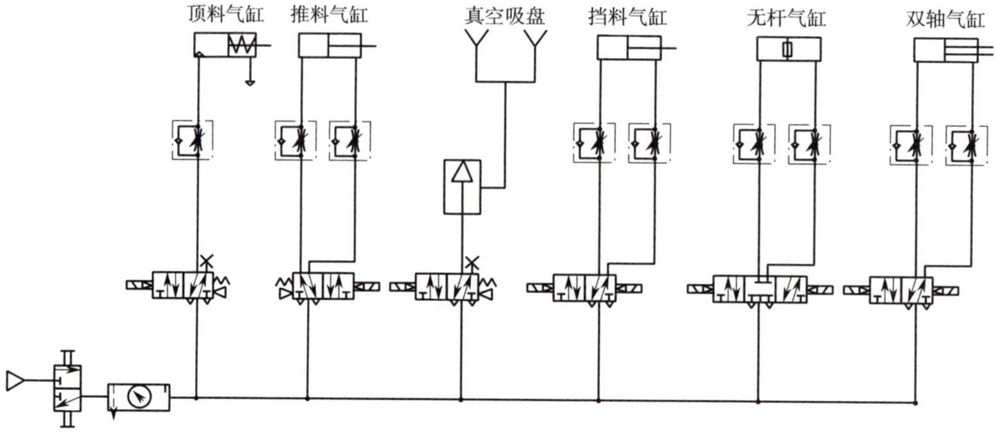

图 8-3-1　全自动轧钢冲压模拟装置气压系统回路图

善思问道

【大国工匠】张帅坤：做中国人自己的盾构机

任务验收考核

姓名			学号		
任务名称	考核要点	考核要求	配分	评分标准	得分
全自动轧钢冲压模拟装置气动回路的安装与调试	1. 安装与调试（80 分）	（1）正确调节气动系统压力	10	正确调节给 10 分	
		（2）完成顶料气缸的安装与调试	10	运行正常给 10 分	
		（3）完成推料气缸的安装与调试	10	运行正常给 10 分	
		（4）完成真空吸盘的安装与调试	10	运行正常给 10 分	
		（5）完成挡料气缸的安装与调试	10	运行正常给 10 分	
		（6）完成无杆气缸的安装与调试	10	运行正常给 10 分	
		（7）完成双轴气缸的安装与调试	10	运行正常给 10 分	
		（8）完成全自动轧钢冲压模拟装置气动系统联动控制	10	运行正常给 10 分	
	2. 职业素养（20 分）	（1）实验前准备充分	5	每处错误扣 1 分	
		（2）操作过程中积极参与，互帮互助，团结协作	5	操作过程中发现不参与实训、影响团队合作的现象扣 1 分	
		（3）实验后工作台整理干净	5	工作台有一处垃圾扣 1 分	
		（4）各元件归还原处并摆放整齐	5	每个元件摆放不整齐扣 1 分	
合计			100	总分	

参考文献

References

[1] 曹建东,龚消新. 液压传动与气动技术[M].3 版. 北京:北京大学出版社,2017.
[2] 尹凝霞. 液压与气压传动[M]. 上海:上海科学技术出版社,2023.
[3] 宁辰校. 液压与气压传动[M]. 北京:化学工业出版社,2017.
[4] 王积伟. 液压传动[M].3 版. 北京:机械工业出版社,2018.
[5] 王德洪,周慎,姜晶. 液压与气动系统拆装及维修[M]. 北京:人民邮电出版社,2011.
[6] 曹燕,宋正和. 液压与气动技术[M].2 版. 北京:机械工业出版社,2024.
[7] 张立秀,魏星雷. 液压与气动技术[M].2 版 . 南京:南京大学出版社,2017.
[8] 刘文倩. 液压与气动技术项目式教程[M]. 北京:人民邮电出版社,2018.
[9] 姜佩东. 液压与气动技术[M]. 北京:高等教育出版社,2000.
[10] 张群生. 液压与气压传动[M]. 北京:机械工业出版社,2002.
[11] 陆望龙. 液压系统使用与维修手册[M]. 北京:化学工业出版社,2017.
[12] 毛好喜. 液压与气动技术[M].3 版. 北京:人民邮电出版社,2016.